高职高专“十二五”规划教材

工厂电气控制技术

刘　玉　主　编
严之光　副主编

北　京
冶　金　工　业　出　版　社
2024

内容提要

全书共分4章，主要内容包括：常用低压电器；继电-接触器电气控制电路的基本环节；电气控制线路设计基础；继电-接触器电气控制系统分析。

本书可供高职高专机电一体化、电气工程、电气自动化技术专业教学使用，也可供相关专业的技术人员参考。

图书在版编目(CIP)数据

工厂电气控制技术/刘玉主编.—北京：冶金工业出版社，2011.4（2024.8重印）

高职高专“十二五”规划教材

ISBN 978-7-5024-5524-8

Ⅰ.①工…　Ⅱ.①刘…　Ⅲ.①工厂—电气控制—高等职业教育—教材　Ⅳ.①TM571.2

中国版本图书馆CIP数据核字(2011)第036047号

工厂电气控制技术

出版发行　冶金工业出版社　**电　话**　(010)64027926

地　址　北京市东城区嵩祝院北巷39号　**邮　编**　100009

网　址　www.mip1953.com　**电子信箱**　service@mip1953.com

责任编辑　郭冬艳　美术编辑　彭子赫　版式设计　葛新霞

责任校对　石　静　责任印制　窦　唯

北京虎彩文化传播有限公司印刷

2011年4月第1版，2024年8月第8次印刷

787mm×1092mm　1/16；13印张；315千字；199页

定价27.00元

投稿电话　(010)64027932　投稿信箱　tougao@cnmip.com.cn

营销中心电话　(010)64044283

冶金工业出版社天猫旗舰店　yjgycbs.tmall.com

（本书如有印装质量问题，本社营销中心负责退换）

前　言

工厂电气控制技术是高职高专电气工程、电气自动化技术、机电一体化专业中应用性很强的一门专业课。随着计算机技术、电力电子技术、各种自动控制技术的发展,工业电气控制系统的核心设备及关键技术出现了多样化的格局。例如:随着可编程控制器等各种现代控制技术的不断问世,一些控制技术已成为工业控制领域的主流技术。但继电-接触器电气控制系统由于其线路简单、价格低廉,许多工厂底层的自动化、生产一线最前端的控制与执行仍然采用传统技术的继电-接触器控制。学习该技术可在各种生产机械的电气控制系统领域中得到广泛应用,也可为学习可编制控制器及其应用课程打下良好的基础。因此,学习和掌握这一传统的工业自动化电气控制系统的分析和设计方法具有重要的现实意义。

本书是根据高等职业教育"淡化理论,加强应用,联系实际,突出特色"的原则,在内容和编写思路上力求体现高职高专培养生产一线高技能人才的要求,力争做到重点突出、概念清楚、层次清晰、深入浅出、学以致用的目的。本书在内容处理上,既注意反映电气控制领域的最新技术,又注意专科学生的知识结构和能力培养,强调理论联系实际,注重学生动手能力、分析和解决实际问题的能力,以及工程设计能力和创新意识的培养。本书的编写力求由浅入深、通俗易懂、注重联系工程应用实际,以工厂电力拖动为背景,系统地介绍了常用低压电器及使用、继电控制的基本环节、通过对工厂典型生产机械及其控制系统的实例分析,进一步阐述电气控制系统的分析方法和经验设计方法,使读者掌握阅读分析电气控制系统原理图的基本方法,提高阅图能力和综合设计能力,深入了解电气控制技术在工控领域中具体的应用与发展的实际。此外书中还介绍了软启动的基础知识。

本书中的电力拖动是指用电动机拖动生产机械的工作机构,并使之运转的一种方法。如车床、钻床、铣床、磨床等,都采用电力拖动。电力拖动系统一般由电源、控制设备、电动机、传动机构四部分构成。其中电源是电动机和控制设备的电源,分为交流电源和直流电源;电动机是生产机械的原动机,其作用是将电能转换成机械能,分为交流电动机和直流电动机;控制设备用来控制电动机的运转,由各种控制电动机、电器、自动化元件及工业控制计算机等组成;传动机构是在电动机与生产机械的工作机构之间传递动力的装置,如减速箱、传动带、联轴器等。作为生产机械动力的电力拖动,经历了漫长的发展过程。20世纪初,电动机直接取代蒸汽机。开始是成组拖动,用一台电动机通过中间机构(天轴)实现能量分配与传递,拖动多台生产机械。这种拖动方式电气控制线路简单,但机构复杂,能量损耗大,生产灵活性也差,不适应现代化生产的需要。

20世纪20年代,出现了单电机拖动,即由一台电动机拖动一台生产机械。单电机拖动相对成组拖动,机械设备结构简单,传动效率提高,灵活性增大,这种拖动方式至今仍在一些机床中使用。随着生产发展及自动化程度的提高,又出现了多台电动机分别拖动各运动机构的多电机拖动方式,进一步简化了机械结构,提高了传动效率,而且使机械的各运动部分能够选择最合理的运动速度,缩短了工时,也便于分别控制。

全书共分四章。第一章低压电器、第二章继电－接触器电气控制电路的基本环节、第三章电气控制线路设计基础,第四章继电－接触器电气控制系统分析,每章后附有习题,供读者进行控制线路的设计练习与实践。书中"＊"内容为参考内容,可供学生自学。

通过学习本课程,可掌握电气控制技术的有关专业理论知识和操作技能,培养理论联系实际和分析解决一般技术问题的能力,达到国家规定的高级维修电工技术等级标准的要求。通过学习,掌握低压电器的功能、结构、工作原理、选用原则;熟悉电气控制线路的基本环节,对一般电气控制线路具有独立分析能力;初步具有对不太复杂的电气控制系统进行改造和设计的能力;初步具有对一般继电器－接触器控制线路的故障分析与检查能力。

本书由云南锡业职业技术学院刘玉担任主编,云南锡业集团(控股)公司设备能源处严之光任副主编,红河学院徐绍坤、云南锡业职业技术学院马俊伟、云南锡业集团(控股)公司松树脚分矿杨学文任编委。具体分工为:杨学文提供部分资料,马俊伟负责绘制图形,严之光负责编写第三章,徐绍坤负责编写第四章,刘玉负责编写第一章、第二章和全书的统稿、定稿工作。

本书在编写过程中得到云南锡业集团(控股)公司、云南锡业职业技术学院领导的关怀和支持,并得到了云南锡业集团(控股)公司松树脚分矿以及红河学院、云南锡业职业技术学院部分教师的支持,在此表示衷心的感谢!

由于编者水平及编写时间所限,书中难免存在错误和不妥之处,恳请读者批评指正。

编　者

2010年8月

目录

第一章　常用低压电器

本章首先介绍了低压电器的分类和常用术语，然后介绍了电气控制系统中常用的刀开关、组合开关、低压断路器、熔断器、接触器、继电器（电磁式继电器、时间继电器、速度继电器等）和主令电器（按钮开关、行程开关、接近开关、光电开关、万能转换开关、主令控制器等）的结构，基本工作原理、作用、应用场合、主要技术参数、典型产品、图形符号和文字符号以及选择、使用方法等。

第一节　低压电器的作用与分类

凡是根据外界特定的信号或要求，自动或手动接通和断开电路，断续或连续地改变电路参数，实现对电路或非电现象的切换、控制、保护、检测和调节的电气元件或设备均称为电器。

所谓电器就是一种根据外界的信号和要求，手动或自动地接通或断开电路，实现对电路或非电现象的切换、控制、保护、检测和调节的元件或设备。

根据工作电压的高低，电器可分为高压电器和低压电器。高压电器是指工作在交流1200 V以上、直流1500 V以上的电器；低压电器是指工作在交流1200 V、直流1500 V以下的电路中起通断、保护、控制或调节作用的电器。

低压电器作为一种基本器件，广泛应用于输配电系统和电力拖动系统中，在实际生产中起着非常重要的作用。

一、低压电器的分类

（一）按操作方式分类

（1）非自动切换电器：主要依靠外力（如手控）直接操作来进行切换。如：刀开关、按钮、转换开关以及不具备伺服电机操作的控制器。

（2）自动电器：主要依靠电器本身参数的变化或外来信号的作用，自动完成接通或分断等动作。如：低压断路器、接触器、继电器。

（二）按用途分类

（1）低压配电电器：主要用在低压配电系统及动力设备中。如：刀开关、低压断路器、熔断器等。

（2）低压控制电路：主要用在电力拖动与自动控制系统中。如：接触器、继电器、控制器、按钮等。

（三）按工作原理分类

（1）电磁式电器：根据电磁感应原理来工作的电器。如：交直流接触器、电磁式继电器等。

（2）非电量控制电器：主要是靠外力或非电物理量的变化而动作的电器。如刀开关、行程开关、按钮开关等。

（四）按执行机构分类

（1）有触点电器：主要利用触点的接通和分离来实现电路的接通和断开控制，具有可分离的常开触点和常闭触点。如：接触器、继电器。

（2）无触点电器：主要利用半导体元器件的开关效应来实现电路的通断控制，没有可分离的触点。如：接近开关、固态继电器等。

（五）其他分类方式

（1）按其工作条件可分为：低压防爆电器、普通电器、矿用电器、通用电器、热带电器、高原电器等。

（2）按其功能可分为：刀开关、主令开关、转换开关、自动开关、熔断器、控制器、控制继电器、启动器、接触器、电阻（变阻器）、电磁铁、调整器等。

（3）按低压电器的灭弧条件及工作制分为：

1）按灭弧条件：空气灭弧装置（消弧罩）、油冷灭弧。

2）按工作制：对低压电器的线圈来说，存在通电时间连续与否的问题，即分为长期工作制和短期工作制两种。

二、低压电器的常用术语

低压电器的常用术语及含义见表1–1。

表1–1　低压电器的常用术语

常用术语	常用术语的含义
通断时间	从电流开始在开关电器的一个极流过的瞬间起，到所有极的电弧最终熄灭的瞬间为止的时间间隔
燃弧时间	电器分断过程中，从触头断开（或熔体熔断）出现电弧的瞬间开始，至电弧完全熄灭为止的时间间隔
分断能力	电器在规定的条件下，能在给定的电压下分断的预期分断电流值
接通能力	开关电器在规定的条件上，能在给定的电压下接通的预期接通电流值
通断能力	开关电器在规定的条件上，能在给定的电压下接通和分断的预期电流值
短路接通能力	在规定条件下，包括开关电器的出线端短路在内的接通能力
短路分断能力	在规定条件下，包括电器的出线端短路在内的分断能力
操作频率	开关电器在每小时内可能实现的最高循环操作次数
通电持续率	电器的有载时间和工作周期之比，常以百分数表示
电寿命	在规定的正常工作条件下，机械开关电器不需要修理或更换零件的负载操作循环次数

第二节　低压开关

低压开关是低压配电电器中结构最简单、应用最广泛的电器，主要用在低压成套配电装置中，用于不频繁手动接通和断开交直流电路或作隔离开关的场合，也可以用于不频繁通、断额定电流以下的负载，如小型电动机等。

低压开关一般为非自动切换电器,常用的主要类型有刀开关、组合开关和低压断路器。

一、刀开关

刀开关的主要作用是隔离电源,不频繁通断电路。刀开关按级数分为:单极、双极和三极;按灭弧装置分为:带灭弧装置和不带灭弧装置;按刀的转换方向分为:单掷和双掷;按接线方式分为:板前接线和板后接线;按操作方式分为:手柄操作和远距离联杆操作;按有无熔断器分:带熔断器和不带熔断器。

(一) 开关板用刀开关(不带熔断器式刀开关)

(1) 功能:开关板用刀开关具有不频繁地手动接通、断开电路和隔离电源的功能。

(2) 结构、符号:

开关板用刀开关的结构如图 1-1 所示,符号如图 1-2 所示。

图 1-1　刀开关结构

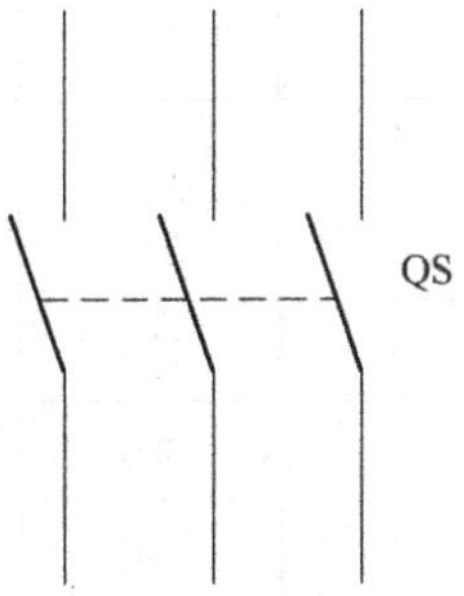

图 1-2　刀开关符号

(二) 负荷开关

1. 开启式负荷开关(闸刀开关或 HK)

(1) 功能及特点:结构简单,价格便宜,手动操作,适用于交流频率 50 Hz、额定电压单相 220 V 或三相 380 V、额定电流 10～100 A 的照明、电热设备及小容量电动机等不需要频繁带负荷操作和短路保护的场合。

(2) 结构:由刀开关和熔断器组合成,如图 1-3 所示。

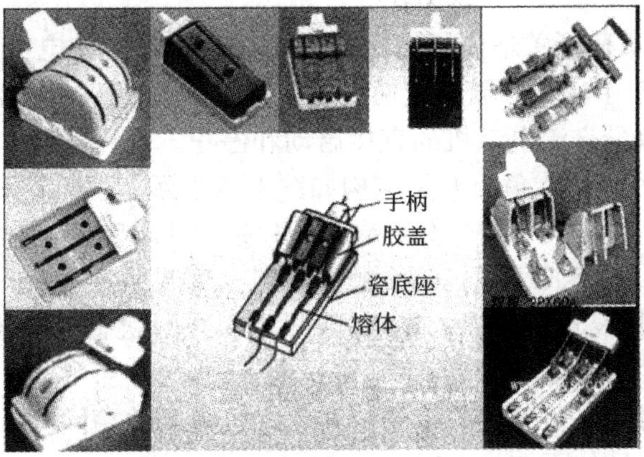

图 1-3　开启式负荷开关外形、结构

瓷底板上装有进线座、静触头、熔丝、出线座及刀片式动触头，工作部分用胶木盖罩住，以防电弧灼伤人手。

（3）分类：单相双极和三相三极两种。

（4）符号、型号及主要技术数据。符号如图 1-4 所示，主要技术数据见表 1-2，型号含义如下：

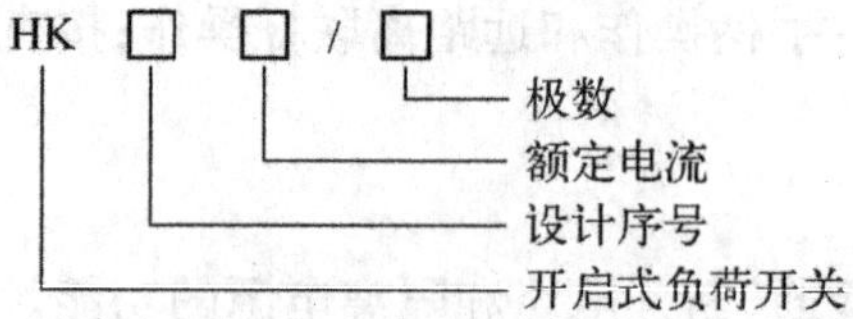

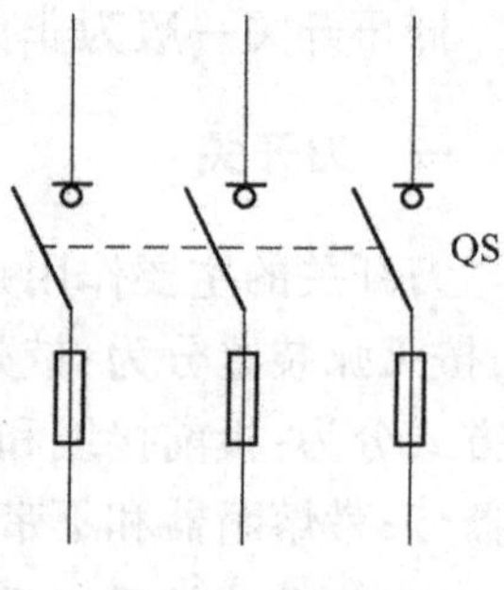

图 1-4　HK 符号

表 1-2　HK 系列开启式负荷开关的主要技术数据

型号	极数	额定电流/A	额定电压/V	可控制电动机最大容量/kW		配用熔丝规格			
						熔丝成分/%			熔丝线径/mm
				220V	380V	铅	锡	锑	
HK1－15	2	15	220	—	—				1.45～1.59
HK1－30	2	30	220	—	—				2.30～2.52
HK1－60	2	60	220	—	—	98	1	1	3.36～4.00
HK1－15	3	15	380	1.5	2.2				1.45～1.59
HK1－30	3	30	380	3.0	4.0				2.30～2.52
HK1－60	3	60	380	4.5	5.5				3.36～4.00

（5）选用。HK 系列开启式负荷开关用于一般的照明电路和功率小于 5.5 kW 的电动机控制线路中。具体选用方法为：

1）用于照明和电热负载时，选用额定电压 220 V 或 250 V、额定电流不小于电路所有负载额定电流之和的两极开关。

2）用于控制电动机的直接启动和停止时，选用额定电流 380 V 或 500 V，额定电流不小于电动机额定电流 3 倍的三极开关。

2. 封闭式负荷开关（铁壳开关或 HH）

（1）功能：封闭式负荷开关适用于交流频率 50 Hz、额定工作电压 380 V、额定工作电流至 400 A 的电路中，用于手动不频繁地接通和分断带负载的电路及线路末端的短路保护，或控制 15 kW 以下的小容量交流电动机的直接启动和停止。

（2）结构：HH 系列封闭式负荷开关结构如图 1-5 所示，主要由操作机构、熔断器、触头系统和铁壳组成。操作机构具有快速分断装置，开关的闭合和分断速度与操作者手动速度无关，从而保证了操作人员和设备的安全；触头系统全部封装在铁壳内，并带有灭弧室以保证安全；罩盖与操作机构设置了联锁装置，保证开关在合闸状态下罩盖不能开启，罩盖开启时不能合闸。另外罩盖也可以加锁，确保操作安全。

（3）符号、型号：封闭式负荷开关符号与开启式负荷开关相同。

封闭式负荷开关型号如下：

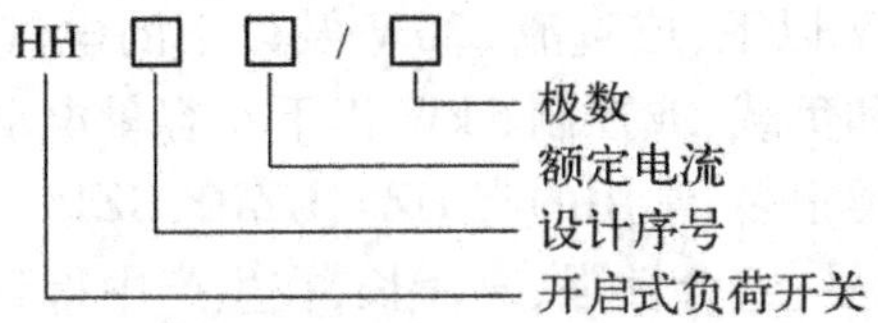

(4) 选用:封闭式负荷开关的额定电压应不小于工作电路的额定电压;额定电流应等于或稍大于电路的工作电流。用于控制电动机工作时,考虑到电动机的启动电流较大,应使开关的额定电流不小于电动机额定电流的3倍。

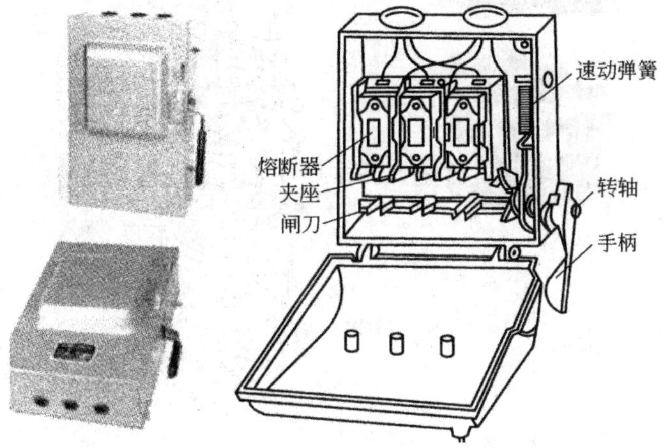

图1-5　HH系列封闭式负荷开关

目前,封闭式负荷开关的使用有逐渐减弱的趋势,取而代之的是大量使用的低压断路器。

(三) 其他形式的刀开关

其他形式的刀开关,如图1-6所示。

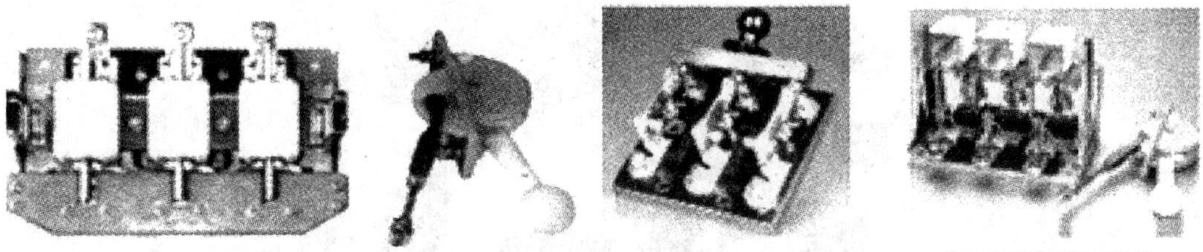

HR3熔断式刀开关　　HD11　　HR3熔断器式刀开关

图1-6　其他形式的刀开关

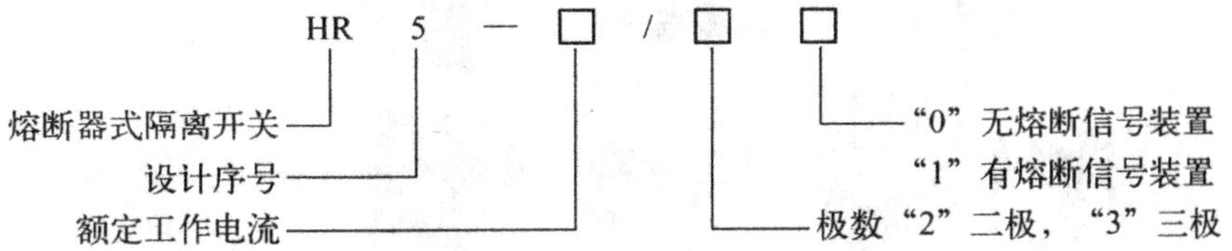

二、组合开关

(1) 功能及特点:结构紧凑,安装面积小,触头对数多,接线方式灵活,操作方便。适用于交流频率50 Hz，电压至380 V以下，或直流220 V及以下的电气线路中，用于手动不频繁地接通和分断电路、换接电源和负载，或控制5 kW以下小容量电动机启动、停止和正反转。

（2）结构：组合开关的种类很多，常用的有HZ5、HZ10、HZ15。HZ10组合开关是全国统一设计产品，性能可靠、结构简易、组合性强、寿命长，在生产中得到广泛应用。HZ10组合开关静触头一端固定在胶木盒内，另一端伸出盒外与电源或负载相连。动触片套在绝缘方杆上，绝缘方轴每次做90°正或反方向的转动，带动静触头通。如图1-7所示。

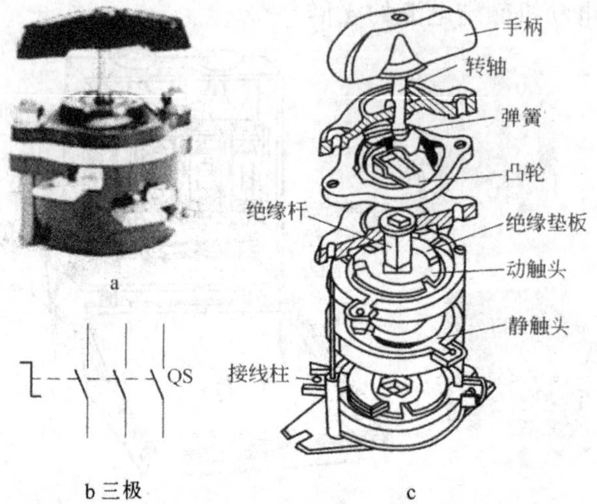

图1-7　HZ10系列转换开关系列

a—外形；b—符号；c—结构

（3）分类：按极数分类可分为单极、双极和多极。按功能、结构、用途分类较多，常见的几种组合开关外形如图1-8所示。

图1-8　组合开关

(4) 符号、型号、主要技术数据。组合开关的图形符号如图 1-7b 所示。HZ3 系列倒顺开关图形符号如图 1-9 所示。

组合开关的型号如下：

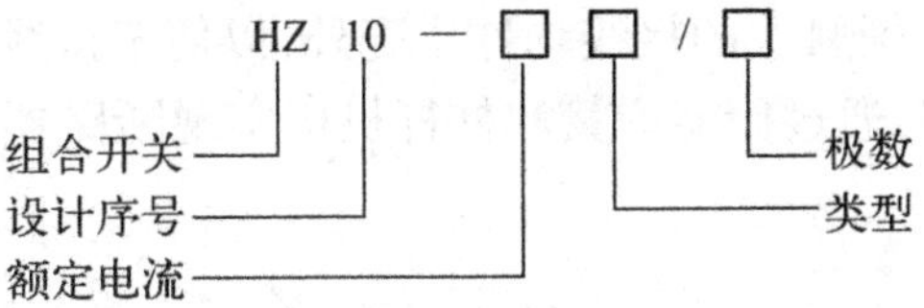

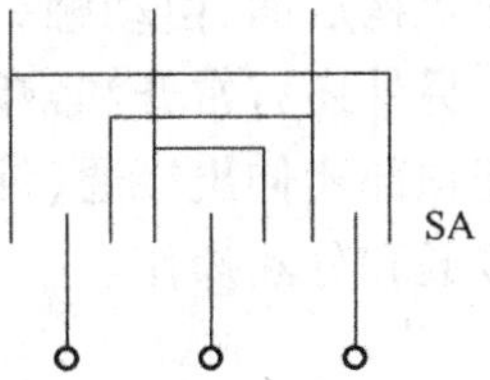

图 1-9　HZ3 倒顺开关符号

HZ10 系列组合开关主要技术数据见表 1-3。

表 1-3　HZ10 系列组合开关主要技术数据

型号	额定电压/V	额定电流/A	极数	极限操作电流/A		可控制电动机最大容量和额定电流		额定电压及额定电流下的通断次数			
								$A\cos\Phi$		直流时间常数 S	
				接通	分断	容量/kW	额定电流/A	≥0.8	≥0.3	≤0.0025	≤0.01
HZ10-10	DC220V AC380V	6	单极	94	62	3	7	20000	10000	20000	10000
		10	2								
HZ10-25		25		155	108	5.5	12				
HZ10-60		60	3								
HZ10-100		100						10000	50000	10000	50000

(5) 选用：组合开关应根据电源种类、电压等级、所需触头数、接线方式和负载容量进行选用。用于控制小型异步电动机的运转时，开关的额定电流一般取电动机额定电流的1.5～2.5 倍。

三、低压断路器

(一) 低压断路器的功能及分类

(1) 功能：低压断路器又称自动开关或空气开关。它相当于刀开关、熔断器、热继电器和欠电压继电器的组合，是一种既有手动开关作用又能自动进行欠压、失压、过载和短路保护的电器。

低压断路器具有操作安全、分断能力较高、工作可靠、动作值可调、兼作多种保护、动作后不需要更换元件等优点。

(2) 分类：低压断路器按结构形式分为塑壳式(装置式)、万能式(框架式)、限流式、直流快速式、灭磁式和漏电保护式等六类；按操作方式分为人力操作式、动力操作式和储能操作式；按极数分为单极、二极、三极和四极式；按安装方式分为固定式、插入式和抽屉式；按断路器在电路中的用途分为配电用断路器、电动机保护用断路器和其他负载用断路器。

几种常见的低压断路器如图 1-10 所示。

(二) 低压断路器结构及工作原理

DZ5 系列低压断路器的结构如图 1-11 所示。它由触头系统、灭弧装置、操作机构、热脱扣器、电磁脱扣器及绝缘外壳等部分组成。其结构采用立体布置，操作机构在中间，上面是热脱扣器,作过载保护,配有电流调节装置,调节整定电流。下面是由线圈和铁心等组成的电磁脱扣器,作短路保护,它也有一个电流调节装置,调节瞬时脱扣整定电流。主触头在操作机构后面,由动触头和静触头组成,配有栅片灭弧装置,用以接通和分断主回路的大电流。另外还有常开和常闭辅助触头各一对。主、辅触头的接线均伸出壳外,以便于接线。在外壳顶部还伸出接通(绿色)和分断(红色)按钮,通过储能弹簧和杠杆机构实现断路器的手动接通和分断操作。

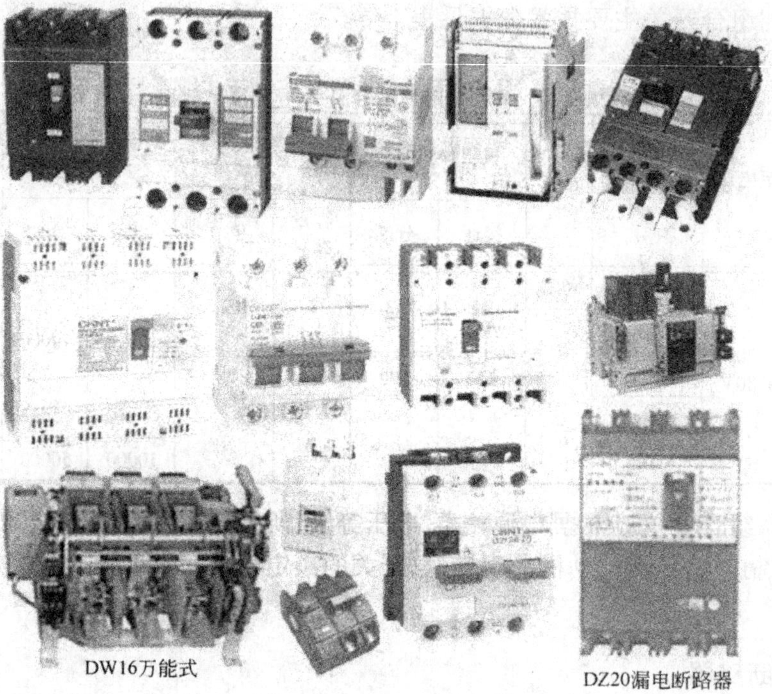

图 1-10 常见低压断路器

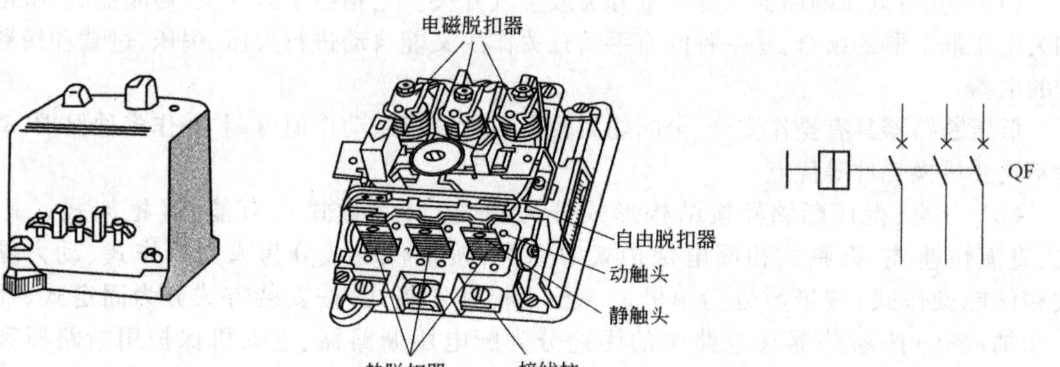

图 1-11 低压断路器的结构和符号

a—外形图;b—结构图;c—符号

断路器的工作原理如图 1-12 所示。使用时断路器的三副主触头串联在被控制的三相电路中，按下接通按钮时，外力使锁扣克服反作用弹簧的反力，将固定在锁扣上面的动触头与静触头闭合，并由锁扣锁住搭钩使动静触头保持闭合，开关处于接通状态。

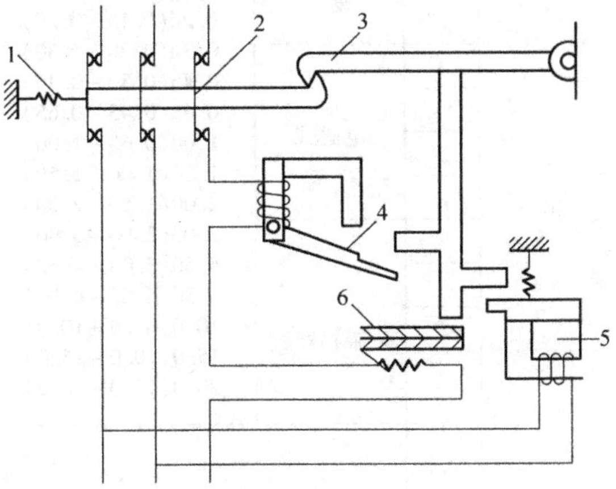

图 1-12　断路器的工作原理图

1—弹簧；2—触点；3—搭钩；4—过电流脱扣器；5—欠电压脱扣器；6—热脱扣器

当线路发生过载时，过载电流流过热元件产生一定的热量，使金属片受热向上弯曲，通过杠杆推动搭钩与锁扣脱开，在反作用弹簧的推动下，动、静触头分开，从而切断电路，使用电设备不致因过载而烧毁。

当线路发生短路故障时，短路电流超过电磁脱扣器的瞬时脱扣整定电流，电磁脱扣器产生足够大的吸力将衔铁吸合，通过杠杆推动搭钩与锁扣分开，从而切断电路，实现短路保护。低压断路器出厂时，电磁脱扣器的瞬时脱扣整定电流一般整定为 $10I_N$。

欠压脱扣器的动作过程与电磁脱扣器恰好相反。当线路电压正常时，欠压脱扣器的衔铁被吸合，衔铁与杠杆脱离，断路器的主触头能够闭合；当线路上的电压消失或下降到某一数值时，欠压脱扣器的吸力消失或减小到不足以克服拉力弹簧的拉力时，衔铁在拉力弹簧的作用下撞击杠杆，将搭钩顶开，使触头分断。由此也可看出，具有欠压脱扣器的断路器在欠压脱扣器两端无电压或电压过低时，不能接通电路。

需手动分断电路时，按下分断按钮即可。

（三）符号、型号、主要技术数据

低压断路器的符号如图 1-11c 所示。低压断路器的主要技术数据见表 1-4。

低压断路器的型号如下：

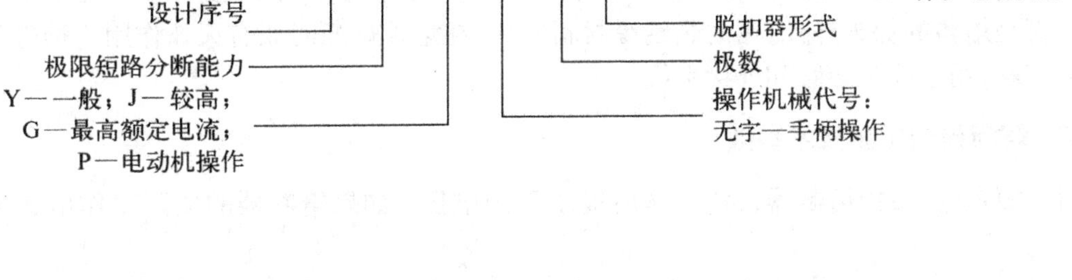

表 1-4 低压断路器的主要技术数据

型 号	额定电压/V	主触头额定电流/A	极数	脱扣器形式	热脱扣器额定电流（调节范围）/A	电磁脱扣瞬时动作整定值/A
DZ5－20/330	AC380 DC220	20	3	复式	0.15(0.10～0.15) 0.20(0.15～0.20) 0.30(0.20～0.30) 0.45(0.30～0.45) 0.65(0.45～0.65) 1.00(0.65～1.00) 1.50(1.00～1.50) 2.00(1.50～2.00) 3.00(2.00～3.00) 4.50(3.00～4.50) 6.50(4.50～6.50) 10.0(6.50～10.0) 15.0(10.0～15.0) 20.0(15.0～20.0)	为电磁脱扣器整定电流的 8～12 倍（出厂时整定为 10 倍）
DZ5－20/230			2			
DZ5－20/320			3	电磁式		
DZ5－20/220			2			
DZ5－20/310			3	热脱扣器式		
DZ5－20/210			2			
DZ5－20/300			3	无脱扣器		
DZ5－20/200			2			

（四）选用

（1）断路器额定电压等于或大于线路额定电压。

（2）断路器额定电流等于或大于线路或设备额定电流。

（3）断路器通断能力等于或大于线路中可能出现的最大短路电流。

（4）欠压脱扣器额定电压等于线路额定电压。

（5）电磁脱扣器的瞬时脱扣整定电流应大于负载正常工作时可能出现的峰值电流。用于控制电动机的断路器，其瞬时脱扣整定电流可按下式选取：

$$I_z \geqslant KI_{st}$$

式中 K——安全系数，可取 1.5～1.7；

I_{st}——电动机的启动电流。

第三节 熔 断 器

熔断器是一种当电流超过规定值一定时间后，以其产生的热量使它本身熔化来分断电路的电器。它广泛应用于低压配电系统及用电设备中作短路和过电流保护。

熔断器主体是低熔点金属丝或技术薄片制成的熔体，串联在被保护的电路中。

一、熔断器的结构及保护特性

熔断器主要由熔体、安装熔体的熔管和熔座三部分组成。熔体是熔断器的核心，常做成丝状、片状或栅状，制作熔体的材料一般有铅锡合金、锌、铜、银等，根据受保护电路的要求而定。熔管是熔体的保护外壳，用耐热绝缘材料制成，在熔体熔断时兼有灭弧作用。熔管是熔断器的底座，用于固定熔管和外接引线。

二、熔断器的主要技术参数

（1）额定电压：指熔断器长期工作所能承受的电压。如果熔断器的实际工作电压大于其额定电压,熔体熔断时可能会发生电弧不能熄灭的危险。

(2) 额定电流:指保证熔断器能长期正常工作的电流。它由熔断器各部分长期工作时允许的温升决定。

(3) 极限分断能力:在规定的额定电压和功率因数的条件下,能分断的最大短路电流值。

(4) 时间 - 电流特性(也称保护特性):是指在规定的条件下,表征流过熔体的电流与熔体熔断时间的关系曲线,如图 1-13 所示。从特性上可以看出,熔断器的熔断时间随电流的增大而缩短,是反时限特性。

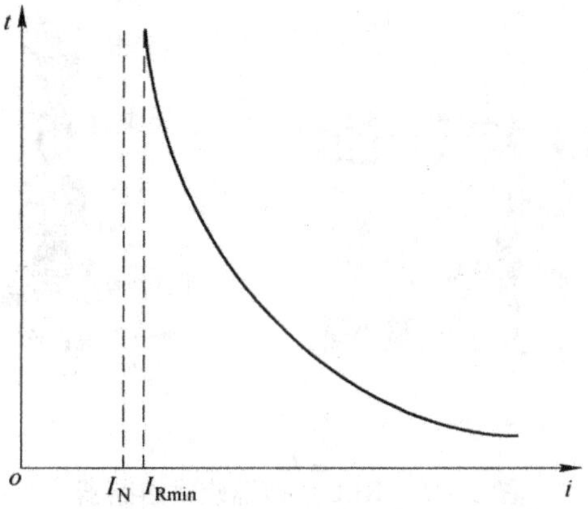

图 1-13 熔断器的保护特性

图 1-13 所示中的 I_{Rmin} 称为最小熔化电流或临界电流,I_N 为额定电流。往往以在 1 ~ 2 h 内能熔断的最小电流值作为最小熔断电流。一般熔断器的熔断电流 I_s 与熔断时间 t 的关系见表 1-5。

表 1-5 熔断器的熔断电流 I_s 与熔断时间 t 的关系

熔断电流 I_s	$1.25I_N$	$1.6I_N$	$2.0I_N$	$2.5I_N$	$3.0I_N$	$4.0I_N$	$8.0I_N$	$10.0I_N$
熔断时间 t	∞	3600	40	8.0	4.5	2.5	1.0	0.4

由表 1-5 可知,熔断器对过载的反应是不灵敏的,当电气设备发生轻度过载时,熔断器将持续很长时间才能熔断,有时甚至不熔断。因此,除照明和电加热电路外,熔断器一般不宜作过载保护电器,主要用于短路保护。

三、常用的熔断器

(一) RC1A 系列瓷插式熔断器(如图 1-14 所示)

由瓷座、瓷盖、动触头、静触头、熔丝五部分组成。

主要用于交流 50 Hz、额定电压 380 V 及以下,额定电流为 5 ~ 200 A 的低压线路末端或分支电路中,作线路和用电设备的短路保护,在照明线路还可起过载保护作用。

(二) RL1 系列螺旋式熔断器

如图 1-15 所示,由瓷帽、熔断管、瓷套、上接线座、下接线座及瓷底座等部分组成。熔断管内装有石英砂、熔丝和带小红点的熔断指示器。

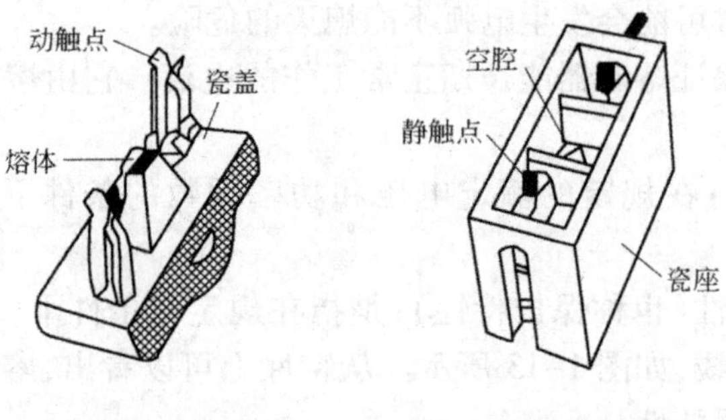

图 1-14　RC1A 系列瓷插式熔断器

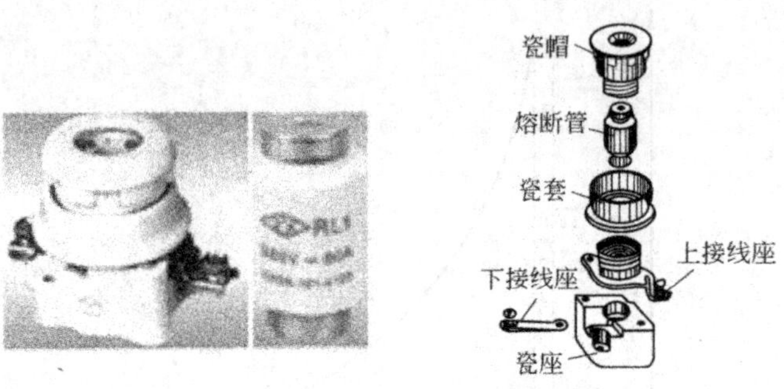

a　　　　b

图 1-15　RL1 系列螺旋式熔断器

a—外形；b—结构

主要用于控制箱、配电屏、机床设备及振动较大的场合，在交流额定电压 500V、额定电流 200A 及以下的电路中，作为短路保护器件。

其他系列：RL2、RL6。

（三）RM10 系列无填料封闭管式熔断器

如图 1-16 所示，由熔断管、熔体、夹头及夹座等部分组成。熔断管为钢纸制成，两端为黄铜制成的可拆式管帽，管内熔体为变截面的熔片，更换熔体方便。主要用于交流额定电压 380 V 及以下、直流 440 V 及以下、电流在 600 A 以下的电力线路中，作导线、电缆及电气设备的短路和连接过载保护。

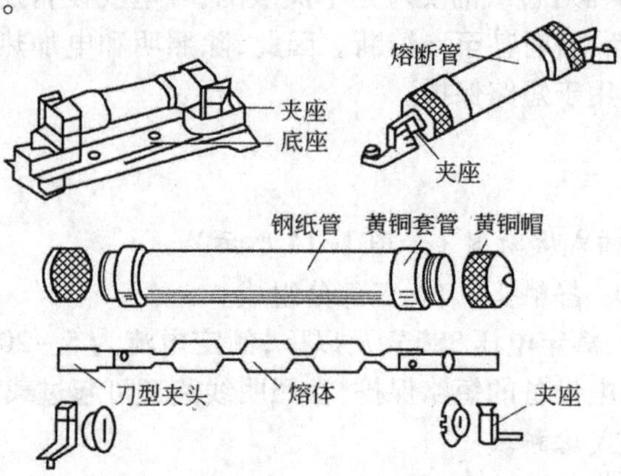

图 1-16　RM10 系列封闭管式熔断器

(四) RT0 系列有填料封闭管式熔断器

如图 1-17 所示,由熔管、底座、夹头及夹座等部分组成。熔管用高频电工瓷制成,熔体是两片网状紫铜片,中间用锡桥连接。熔体周围填满石英砂起灭弧作用。配有熔断指示装置和专用绝缘手柄在带电的情况下更换熔管。

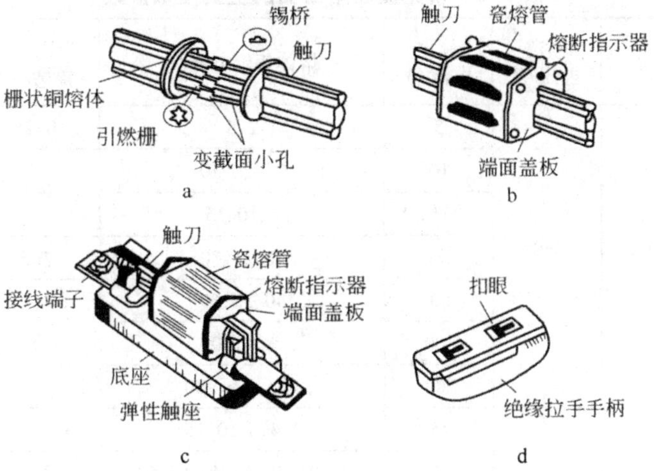

图 1-17 RT0 系列有填料封闭管式熔断器

a—熔体;b—熔管;c—熔断器;d—绝缘操作手柄

广泛用于交流 380 V 及以下、短路电流较大的电力输配电系统中,作为线路及电气设备的短路保护及过载保护。

其他系列有填料封闭管式熔断器:RT12、RT15、RT14、RT19、RT18 等,如图 1-18 所示。

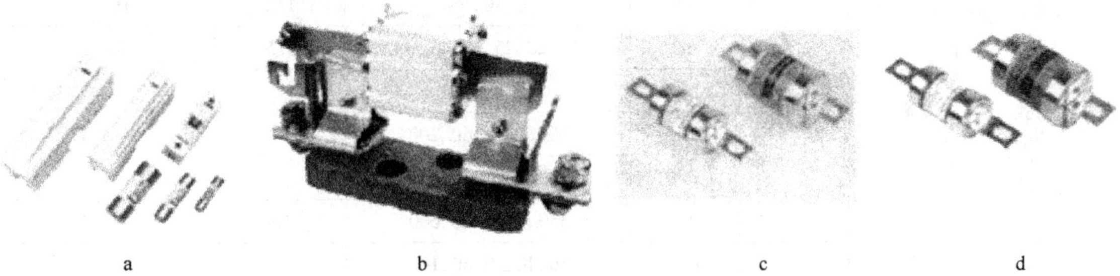

图 1-18 常见 RT 系列熔断器

a—RT14 系列圆筒形帽熔断器;b—RT0 系列有填料封闭管式熔断器;

c—RT12 系列螺栓连接熔断器;d—RT15 系列螺栓连接熔断器

(五) RS0、RS3、RLS 系列有填料快速熔断器

如图 1-19 所示,RS0、RS3、RLS 系列有填料快速熔断器又称半导体器件保护用熔断器。外形与 RT0 相似,熔断管内有石英砂填料,熔体也采用变截面形状、导热性能强、热容量小的银片,熔化速度快。

图 1-19 RS0 系列有填料快速熔断器

主要用于半导体硅整流元件的过电流保护。RLS 系列主要用于小容量硅元件及成套的短路保护;RS0 和 RS3 系列主要用于大容量晶闸管元件的短路和过载保

护。其中 RS3 系列的动作更快,分断能力更高。

四、常见低压熔断器的主要技术参数

常见低压熔断器的主要技术参数,见表 1-6。

表 1-6　常见低压熔断器的主要技术参数

类　别	型号	额定电压/V	额定电流/A	熔体额定电流/A	极限分断能力/kA	功率因数
瓷插式熔断器	RC1A	380	5	2、5	0.25	0.8
			10	2、4、6、10	0.5	
			15	6、10、15		
			30	20、25、30	1.5	0.7
			60	40、50、60	3	0.6
			100	80、100		
			200	120、150、200		
螺旋式熔断器	RL1	500	15	2、4、6、10、15	2	≥0.3
			60	20、25、30、35、40、50、60	3.5	
			100	60、80、100	20	
			200	100、125、150、200	50	
	RL2		25	2、4、6、10、15、20、25	1	
			60	25、35、50、60	2	
			100	80、100	3.5	
无填料封闭管式熔断器	RM10	380	15	6、10、15	1.2	0.8
			60	15、20、25、35、45、60	3.5	0.7
			100	60、80、100	10	0.35
			200	100、125、160、200		
			350	200、225、260、300、350		
			600	350、430、500、600	12	0.35
有填料封闭管式熔断器	RT0	AC380 DC440	100	30、40、50、60、100	交流 50 直流 25	>0.3
			200	120、150、200、250		
			400	300、350、400、450		
			600	500、550、600		
有填料封闭管式圆筒形	RT18	380	32	2、4、6、8、10、12、16、20	100	0.1～0.2
			63	25、32		
				2、4、6、8、10、16、20、25		
				32、40、50、63		
快速熔断器	RLS2	500	30	16、20、25、30	50	0.1～0.2
			63	35、45、50、63		
			100	75、80、90、100		

五、熔断器的符号、型号

熔断器的符号(如图 1-20 所示)及型号如下所述：

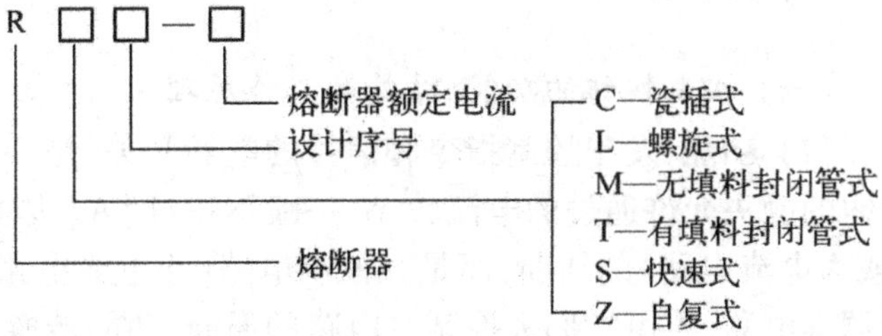

图 1-20　熔断器的符号

六、熔断器的选择

对熔断器的选用主要包括熔断器类型、熔断器额定电压、熔断器额定电流和熔体额定电流的选用。

(一) 熔断器类型的选用

根据使用环境、负载性质和短路电流的大小选用适当类型的熔断器。例如，对于容量较小的照明电路，可选用 RT 系列圆筒帽形熔断器或 RC1A 系列瓷插式熔断器；对于短路电流相当大的电路或易燃气体的环境，应选用 RT0 系列有填料封闭管式熔断器；在机床控制线路中，多选用 RL 系列螺旋式熔断器；用于半导体功率元件及晶闸管的保护时，应选用 RS 或 RLS 系列快速熔断器。

(二) 熔断器额定电压和额定电流的选用

熔断器的额定电压必须等于或大于线路的额定电压；熔断器的额定电流必须等于或大于所装熔体的额定电流；熔断器的分断能力应大于电路中可能出现的最大短路电流。

(三) 熔体额定电流的选用

(1) 对于照明和电热等电流较平稳、无冲击电流的负载的短路保护，熔体的额定电流应等于或稍大于负载的额定电流。

(2) 单台电动机：电动机能够正常启动，其冲击电流不大时可选用较小的熔件；而机械负载较重电机难以启动，启动电流较大或频繁启动的电动机则选用较大的熔件。一般按下式计算：

熔体额定电流　　$I_{RN} \geq (1.5 \sim 2.5) I_N$

(3) 多台电动机：分支电路中主干线上熔断器的选择：一般以计算电流 I_{Nmin} 为熔断器熔件的最大电流值(额定电流)。按电机容量最大的一台的启动电流与其余电机的额定电流的总和来考虑。

$$I_{RN} \geq (1.5 \sim 2.5) I_{Nmax} + \sum I_N$$

式中　I_{Nmax}——容量最大的一台电机的额定电流；

　　$\sum I_N$——其余电动机额定电流的总和。

第四节　主 令 电 器

主令电器主要用来接通或断开控制电路，以发布命令或信号，改变控制系统工作状态，以获得远距离控制的电器。主令电器应用广泛，种类繁多。常用的主令电器有控制按钮、行程开关、接近开关、万能转换开关、主令控制器等。

一、控制按钮

（一）控制按钮的功能、结构及工作原理

（1）功能：发出控制指令和信号的电器开关，是一种手动且一般自动复位的主令电器。按钮的触头允许通过的电流较小，一般不超过5A。因此，一般情况下，它不直接控制主电路（或大电流电路）的通断，而是在控制电路（小电流电路）中发出指令或信号，控制接触器、继电器等电器，再由它们去控制主电路的通断、功能转换或电气联锁。

（2）结构、工作原理：按钮一般由按钮帽、复位弹簧、桥式动触头、静触头、支柱连杆及外壳等部分组成，如图1-21所示。

名称	常闭按钮（停止按钮）	常开按钮（启动按钮）	复合按钮
结构	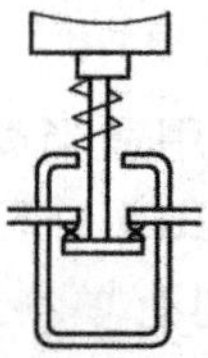	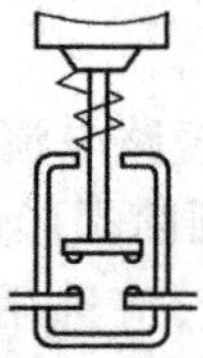	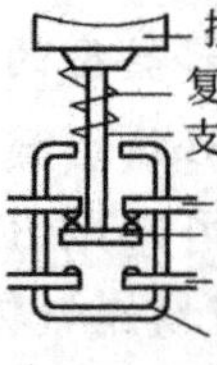
符号	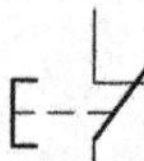	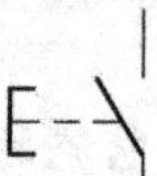	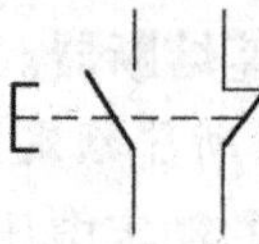

图1-21　按钮结构外形与符号

按钮按照不受外力作用时触头的分合状态，可分为启动按钮（常开按钮）、停止按钮（常闭按钮）和复合按钮（常开、常闭触头组合为一体的按钮）。

对于启动按钮，按下按钮帽时触头闭合，松开后触头自动断开复位；对于停止按钮，按下按钮帽时触头分断，松开后触头自动闭合复位。对于复合按钮是当按下按钮帽时，桥式动触头向下运动，使常闭触头先断开后，常开触头才闭合；松开按钮帽时，则常开触头先分断复位后，常闭触头再闭合复位。

（二）按钮的型号、含义、主要技术数据

按钮的型号及含义如下：

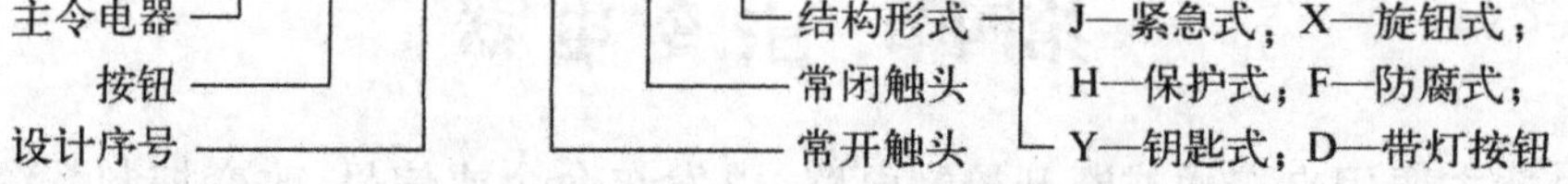

按钮的结构形式多种多样,适用于不同的场合;紧急式装有突出的蘑菇形钮帽,以便于紧急操作;指示灯式在透明的按钮内装入信号灯,用作信号显示;钥匙式为了安全起见,需用钥匙插入方可旋转操作等。常见的按钮如图 1-22 所示。

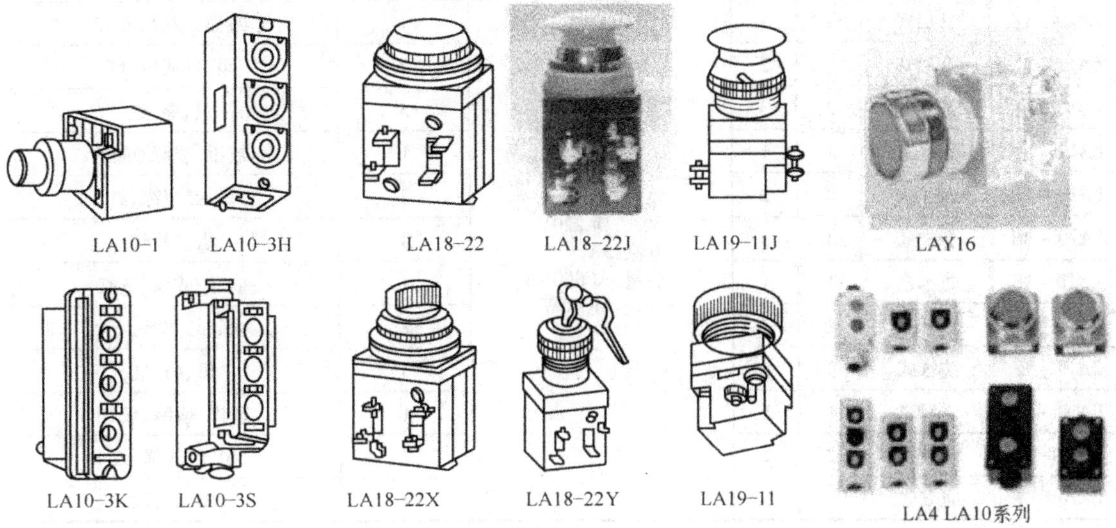

图 1-22 常见的按钮外形图

为了表明各个按钮的作用,避免误操作,通常将钮帽做成不同的颜色以示区别。按帽颜色的含义见表 1-7,指示灯颜色的含义见表 1-8。LA10 系列的主要技术数据见表 1-9。

表 1-7 按帽颜色的含义

颜 色	含 义	说 明	应用举例
红	紧 急	危险或紧急情况时操作	急停
黄	异 常	异常情况时操作	开预、制止异常情况
绿	安 全	安全情况或为正常情况	启动/接通
蓝	强制性的	要求强制动作情况下的操作	复位功能
白	未赋予特定含义	除急停以外的一般功能的启动	启动/接通(优先),停止/断开
灰			启动/接通,停止/断开
黑			启动/接通,停止/断开(优先)

表 1-8 指示灯颜色的含义

颜 色	含 义	说 明	操作者的动作
红	紧 急	危险情况	立即动作去处理危险情况
黄	异 常	异常情况、紧急临界情况	监视和干预
绿	正 常	正常情况	任选
蓝	强制性	指示操作者需要动作	强制性动作
白	无确定性质	其他情况,可用于红、绿、蓝色的应用有疑问时	监视

表 1-9　LA10 系列按钮的主要技术数据

型号	形式	触头数量		额定电压 额定电流 控制容量	按钮	
		常开	常闭		钮数	颜色
LA10-1K	开启式	1	1	电压:AC380V DC220V 电流:5A 容量:AC300VA DC60W	1	或黑、或绿、或红
LA10-2K	开启式	2	2		2	黑、红或绿、红
LA10-3K	开启式	3	3		3	黑、绿、红
LA10-1H	保护式	1	1		1	或黑、或绿、或红
LA10-2H	保护式	2	2		2	黑、红或绿、红
LA10-3H	保护式	3	3		3	黑、绿、红
LA10-1S	防水式	1	1		1	或黑、或绿、或红
LA10-2S	防水式	2	2		2	黑、红或绿、红
LA10-3S	防水式	3	3		3	黑、绿、红
LA10-1F	防腐式	1	1		1	或黑、或绿、或红
LA10-2F	防腐式	2	2		2	黑、红或绿、红
LA10-3F	防腐式	3	3		3	黑、绿、红

（三）按钮的选用

（1）根据使用场合和具体用途选择按钮的种类。例如，嵌装在操作面板上的按钮可选用开启式；需显示工作状态的选用光标式；需要防止无关人员误操作的重要场合宜用钥匙操作式；在有腐蚀性气体处要用防腐式。

（2）根据工作状态指示和工作情况要求，选择按钮或指示灯的颜色。例如，启动按钮可选用白、灰或黑色，优先选用白色，也可选用绿色；急停按钮应选用红色。停止按钮可选用黑、灰或白色，优先用黑色，也可选用红色。

（3）根据控制回路的需要选择按钮的数量。如单联钮、双联钮和三联钮。

二、行程开关

（一）行程开关的功能、结构和符号

（1）功能。行程开关是用以反映工作机械的行程，发出命令控制其运动方向或行程大小的主令电器。

行程开关的作用原理与按钮相同，不同点是利用生产机械运动部件的碰压使其触头动作，从而将机械信号转变为电信号，使运动机械按一定的位置或行程实现自动停止、反向运动、变速运动或自动往返运动等。

（2）结构、符号。行程开关由操作头、触头系统和外壳三个部分组成。常见的行程开关如图 1-23 所示，符号如图 1-24 所示。

行程开关又称限位开关，能将机械位移转变为电信号，以控制机械运动。种类按运动形式分为直动式、转动式；按结构分为直动式、滚动式、微动式；按操作方式有瞬动型和蠕动型。

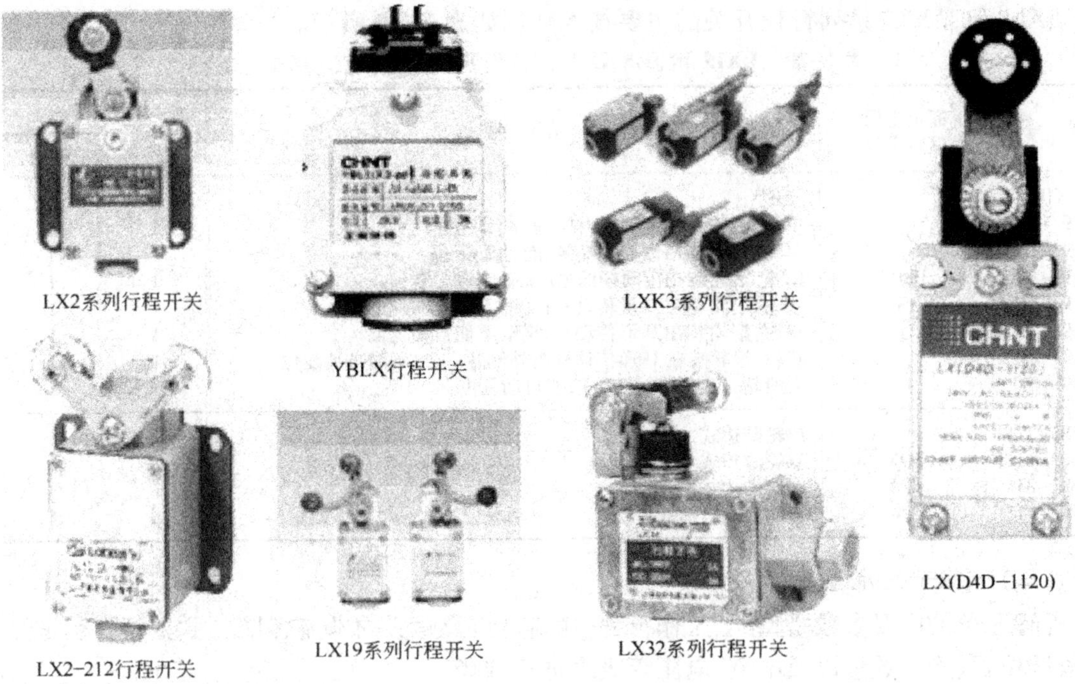

图 1−23　常见的行程开关

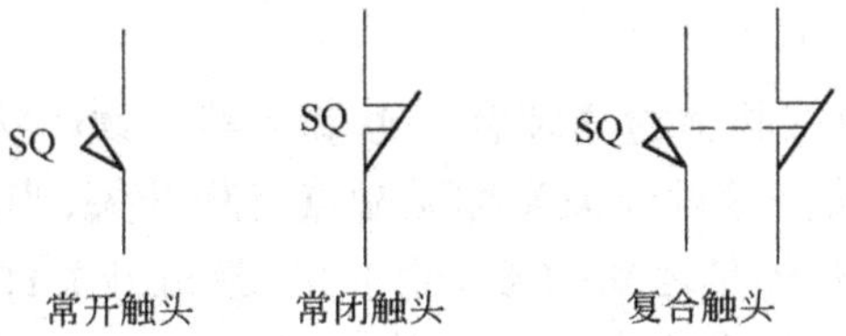

图 1−24　行程开头符号

（二）行程开关的型号、含义、主要技术数据

行程开关的型号主要分为两大类，具体含义分述如下：

L X □—□ □ □

- L：主令电器
- X：行程开关
- 第一个□：设计设号
- 第二个□：0—无滚轮；1—单滚轮；2—双滚轮；3—直动无滚轮；4—直动带滚轮
- 第三个□：0—仅有径向传动杆；1—滚轮装在传动杆外侧；2—滚轮装在传动杆内侧；3—滚轮装在传动杆凹槽内侧
- 第四个□：1—自动复位；2—不能自动复位

J L X K 1 — □ □ □

- J：机床电器
- L：主令电器
- X：行程开关
- K：快速
- 1：设计序号
- 第一个□：1—单滚轮；2—双滚轮；3—直动，无滚轮；4—直动带滚轮
- 第二个□：常开触点数
- 第三个□：常闭触点数

LX19 和 JLXK1 系列行程开关的主要技术数据如表 1-10 所示。

表 1-10　LX19 和 JLXK1 系列行程开关的主要技术数据

型　号	额定电压 额定电流	结构特点	触头对数	
			常开	常闭
LX19	380V 5A	元件	1	1
LX19-111		单轮,滚轮装在传动杆内侧,能自动复位	1	1
LX19-121		单轮,滚轮装在传动杆外侧,能自动复位	1	1
LX19-131		单轮,滚轮装在传动杆凹槽内,能自动复位	1	1
LX19-212		双轮,滚轮装在 U 形传动杆内侧,不能自动复位	1	1
LX19-222		双轮,滚轮装在 U 形传动杆外侧,不能自动复位	1	1
LX19-232		双轮,滚轮装在 U 形传动杆内外侧各一个,不能自动复位	1	1
LX19-001		无滚轮,仅有径向传动杆,能自动复位	1	1
JLXK1-111	500V 5A	单轮防护式	1	1
JLXK1-211		双轮防护式	1	1
JLXK1-311		直动防护式	1	1
JLXK1-411		直动滚轮防护式	1	1

（三）行程开关的选用

行程开关的主要参数是型式、工作行程、额定电压及触头的电流容量。主要根据动作要求、安装位置、触头数量以及电流、电压等级来进行选择。

三、接近开关

（一）功能

接近开关是一种无接触式物体检测装置。也就是某一物体接近某一信号机构时,信号机构发出“动作”信号的开关。接近开关又称无触点行程开关,当检测物体接近它的工作面并达到一定距离时,不论检测体是运动的还是静止的,接近开关都会自动地发出物体接近而“动作”的信号,而不像机械式行程开关那样需施以机械力。

接近开关是一种无触点、与运动部件无机械接触而能操作的行程开关,具有动作可靠、性能稳定、频率响应快、使用寿命长、抗干扰能力强、防水、防震、耐腐蚀等特点,目前应用范围越来越广泛。

（二）结构和工作原理

接近开关的种类很多,按工作原理可分为高频振荡型、感应电桥型、霍尔效应型、光电型、永磁及磁敏元件型、电容型和超声波型,其中高频振荡型应用最为广泛。但不论何种类型的接近开关,其基本组成都是由信号发生机构(感测机构)、振荡器、检波器、鉴幅器和输出电路组成,如图 1-25 所示。

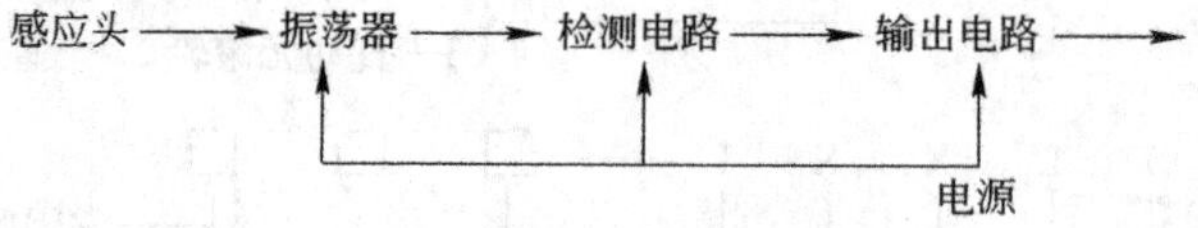

图 1-25　接近开关原理框图

工作原理为:当有金属物体接近一个以一定频率稳定振荡的高频振荡器的感应头时,由于电磁感应,该物体内部产生涡流损耗,以致振荡回路等效电阻增大,能量损耗增加,使振荡减弱直至终止。检测电路根据振荡器的工作状态控制输出电路的工作,输出信号去控制继电器或其他电器，达到控制目的。通常把接近开关刚好动作时感应头与检测体之间的距离称为检测距离。

目前市场上接近开关的产品很多，型号各异。例如：LXJO 型、LJ－1 型、LJ－2 型、LJ－3 型、CJK 型、JKDX 型、JKS 型、J 系列型，其外形有圆柱形、方形、普通型、分离型、槽形等，其外形和符号如图 1-26 所示。

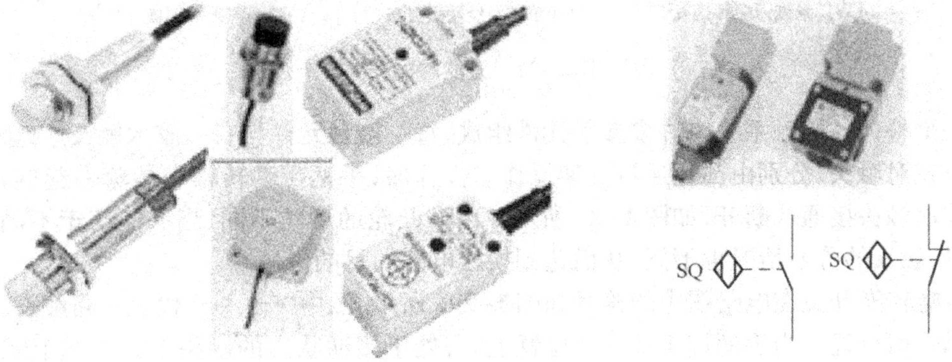

a　　　　b

图 1-26　接近开关

a—外形；b—符号

（三）型号

LJ 型开关的表示方法如下所示：

LJ	□□	□ ——	□	□ /	□□
代号	结构形式	感应形式	检测距离	电源种类	输出形式
LJ—电感式； GJ—电容式； SJ—霍尔式	M—圆柱形； B—小方形； C—大方形； D—普通形； E—槽 形； F—分离形	T—埋入式； A—非埋入式； C—分离式		Z—直流； J—交流	NK—NPN常开； NH—NPN常闭； NU—NPN常开常闭； PK—PNP常开； PH—PNP常闭； PU—PNP常开常闭； W—继电器输出

四、万能转换开关

（一）功能

万能转换开关是由多组相同的触头组件叠装而成、控制多回路的主令电器。主要用于控制线路的转换及电气测量仪表的转换，也可用于控制小容量异步电动机的启动、换向及变速。由于触头挡数多、换接线路多、用途广泛，故称为万能转换开关。

目前常用的万能转换开关有 LW2、LW5、LW6、LW8、LW9、LW10－10、LW12、LW15 和 3LB、3ST1、JXS2－20 等系列，外形如图 1-27 所示。

（二）结构、工作原理、符号

万能转换开关主要由接触系统、操作机构、转轴、手柄、定位机构等部件组成，用螺栓组

LW12系列万能转换开关　　LW6系列万能转换开关　　LW2系列万能转换开关

图 1-27 万能转换开关

装成一个整体。接触系统由许多接触元件组成,每一接触元件均有一胶木触头座,中间装有一对或三对触头,分别由凸轮通过支架操作。操作时,手柄带动转轴和凸轮一起旋转,凸轮即可推动触头接通或断开,如图 1-28 所示。由于凸轮的形状不同,当手柄处于不同的操作位置时,触头的分合情况也不同,从而达到换接电路的目的。

万能转换开关在电路图中的符号如图 1-29a 所示,图中"—o o—"代表一路触头,竖的虚线表示手柄位置。当手柄置于某一个位置上时,处于接通状态的触头下方虚线上就标注黑点". "。触头的通断用触头分合表表示,如图 1-29b 所示。

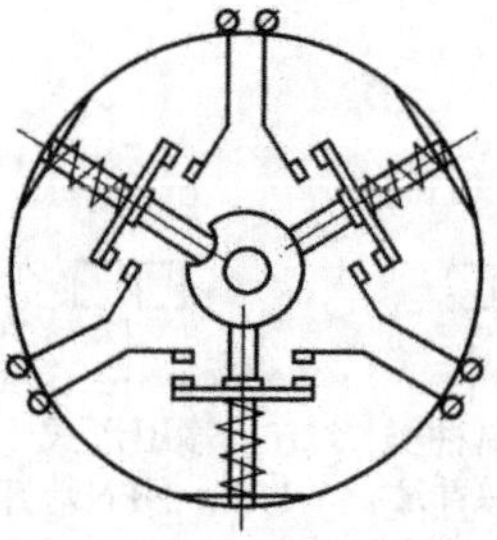

图 1-28 LW6 万能转换开关

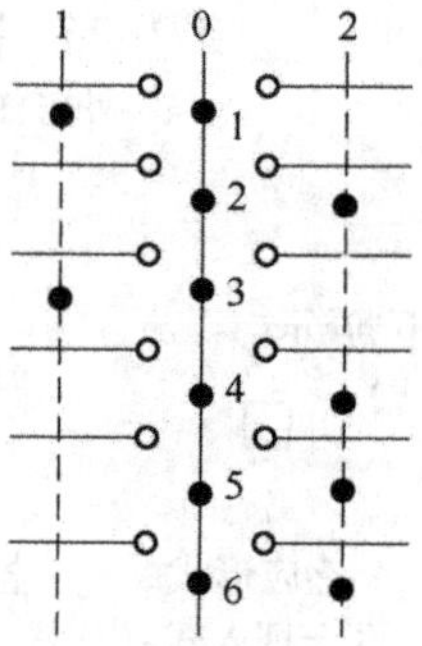

a

触头号	1	0	2
1	×	×	
2		×	×
3	×	×	
4		×	×
5		×	×
6		×	×

b

图 1-29 万能转换开关触头分合表

a—符号;b—触头分合表

(三) 型号

LW5 型开关的表示方法如下:

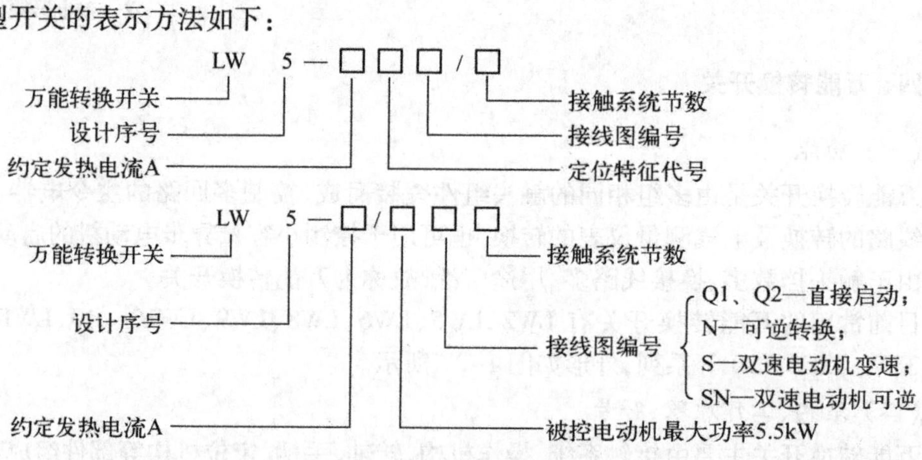

（四）万能转换开关的选用

LW5 系列万能转换开关适用于交流频率 50 Hz、额定电压至 500 V 及以下，直流电压至 440 V 的电路中转换电气控制线路（电磁线圈、电气测量仪表和伺服电动机等），也可直接控制 5.5 kW 三相笼型异步电动机、可逆转换、变速等。

万能转换开关主要根据用途、接线方式、所需触头挡数和额定电流来选择。

五、主令控制器

（一）功能

主令控制器是按照程序换接控制电路接线的主令电器，主要用于电力拖动系统中，按照预定的程序分合触头，向控制系统发出指令，通过接触器达到控制电动机的启动、制动、调速及反转的目的，同时也可实现控制线路的联锁作用。它操作比较轻便允许每小时通电次数较多，触点为双断点桥式结构，特别适用于按顺序操作的多个控制回路。

目前生产中常用的主令控制器有 LK1、LK4、LK5、LK16 等系列，其外形如图 1-30 所示。

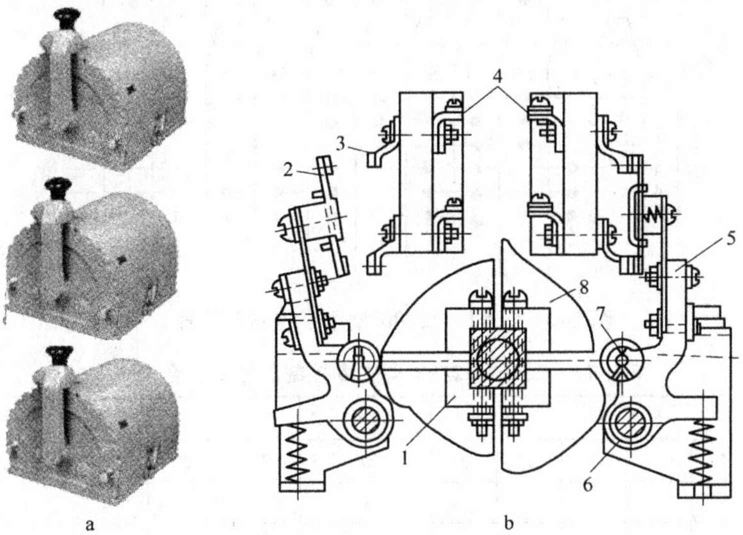

a　　b

图 1-30　LK1 主令控制器

a—外形；b—结构

1,8—凸轮块；2—动触头；3—静触头；4—接线柱；5—支杆；6—转轴；7—小轮；

（二）结构、工作原理

主令控制器一般由触点、凸轮、定位机构、转轴、面板及其支承件等部分组成。在图 1-30所示的 LK1 系列主令控制器结构图中，1 和 8 凸轮块固定于方轴上；4 是接线柱，由它连向被操作的回路；静触头 3 安装在绝缘板上，由桥式动触头 2 来闭合与断开；动触头 2 固定在能绕轴转动的支杆 5 上；多个凸轮块 8 嵌装成凸轮鼓，凸轮块根据触头系统的开闭顺序制成不同角度的凸出轮缘，每个凸轮块控制两副触头。当转动手柄时，方形转轴带动凸轮块转动，凸轮块的凸出部分压动小轮 7，使动触头 2 离开静触头 3，分断电路；当转动手柄使小轮 7 位于凸轮块 8 的凹处时，在复位弹簧的作用下使动触头和静触头闭合，接通电路。可见触头的闭合和分断顺序是由凸轮块的形状决定的。

从结构形式来看，主令控制器有两种类型，一种是凸轮调整式主令控制器，它的凸轮片上开有孔和槽，凸轮片的位置可根据给定的触点分合表进行调整，如 LK4 系列主令控制器；另一种是凸轮非调整式主令控制器，其凸轮不能调整，只能按触点分合表做适当的排列组合，如 LK1、LK5、LK16 系列主令控制器。

（三）主令控制器的型号、符号

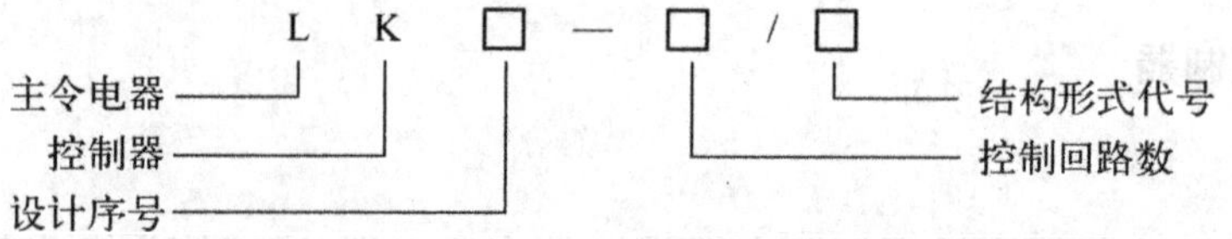

LK1－12/90 型主令控制器符号如图 1-31 所示，其触头分合表见表 1-11。

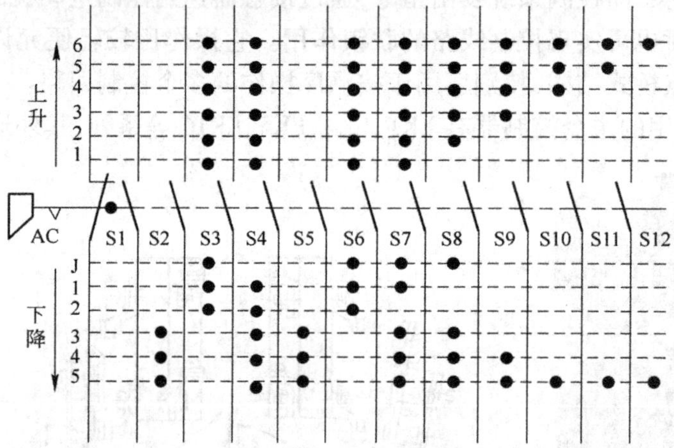

图 1-31　LK1－12/90 型主令控制器符号

表 1-11　LK1－12/90 型主令控制器触头分合表

触头	下降						零位	上升					
	5	4	3	2	1	J	0	1	2	3	4	5	6
S1							×						
S2	×	×	×										
S3				×	×	×		×	×	×	×	×	×
S4	×	×	×	×	×			×	×	×	×	×	×
S5	×	×	×										
S6				×	×	×		×	×	×	×	×	×
S7	×	×	×		×	×		×	×	×	×	×	×
S8	×	×	×			×			×	×	×	×	×
S9	×	×								×	×	×	×
S10	×										×	×	×
S11	×											×	×
S12	×												×

（四）主令控制器的选用

主令控制器主要根据使用环境、所需控制的回路数、触头闭合顺序等进行选择。常用的

LK1 和 LK14 系列主令控制器的主要技术数据见表 1-12。

表 1-12 LK1 和 LK14 系列主令控制器的主要技术数据

型 号	额定电压/V	额定电流/A	控制回路数	接通与分断能力 A	
				接 通	分 断
LK1 -12/90	380	15	12	100	15
LK1 -12/96					
LK1 -12/97					
LK14 -12/90	380	15	12	100	15
LK14 -12/96					
LK14 -12/97					

第五节 接 触 器

接触器是一种适用于远距离频繁接通与断开交直流主电路及大容量控制电路的自动切换电器。其主要控制对象是电动机,也可用于控制如电焊机、电容器组、电热装置、照明设备等负载。接触器具有操作频率高、使用寿命长、工作可靠、性能稳定、维修方便等优点,同时具有欠压和失压自动释放保护功能,是用途广泛的控制电器之一。

接触器的品种较多,按其线圈通过电流种类不同可分为交流接触器与直流接触器。

一、交流接触器

(一)交流接触器的结构和符号

交流接触器主要由电磁系统、触头系统、灭弧装置和辅助部件等组成。交流接触器的结构示意图如图 1-32 所示。

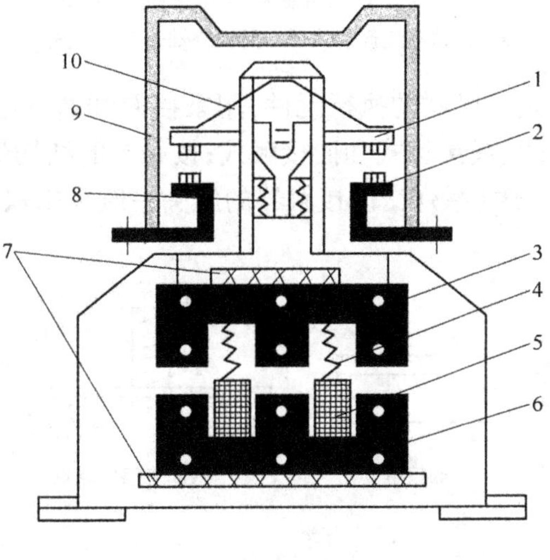

图 1-32 交流接触器的结构示意图

1—动触头;2—静触头;3—衔铁;4—弹簧;5—线圈;6—铁心;
7—垫毡;8—触头弹簧;9—灭弧罩;10—触头压力弹簧

（1）电磁系统。电磁系统主要由线圈、静铁心和动铁心（衔铁）三部分组成。静铁心在下，衔铁在上，线圈装在静铁心上。铁心是交流接触器发热的主要部件，静、动铁心一般用E形硅钢片叠压而成，以减小铁心的磁滞和涡流损耗，避免铁心过热。另外在E形铁心的中柱端面留有0.1～0.2mm的气隙，以减小剩磁影响，避免线圈断电后衔铁粘住不能释放。铁心的端面上嵌有短路环，如图1-33所示，用以消除电磁系统的振动和噪声。线圈做成粗而短的圆筒形，且在线圈和铁心之间留有空隙，以增强铁心的散热效果。

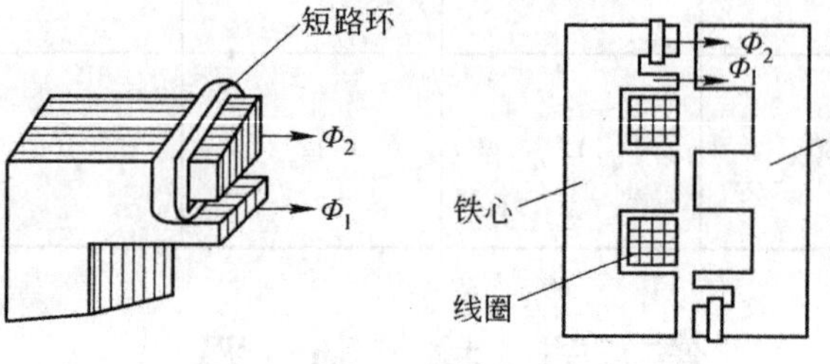

图1-33　短路环

衔铁运动方式有两种，即衔铁直线运动的螺管式和衔铁绕轴转动的拍合式，如图1-34所示。对于额定电流为40A及以下的接触器，采用衔铁直线运动的螺管式；对于额定电流为60A及以上的接触器，采用衔铁绕轴转动的拍合式。

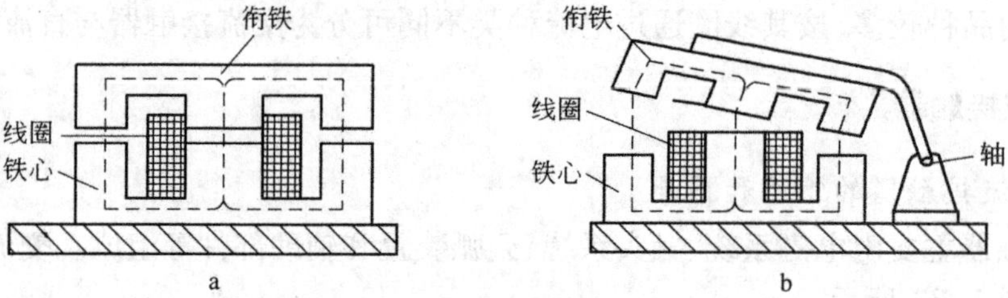

图1-34　交流接触器电磁系统结构图

a—衔铁直线运动式；b—衔铁绕轴转动拍合式

（2）触头系统。触头是接触器的执行元件，用来接通和断开电路。交流接触器的触头按接触情况可分为点接触式、线接触式和面接触式；按触头的结构形式可分为桥式触头和指形触头，如图1-35所示。CJ10系列交流接触器的触头一般采用双断点桥式触头。

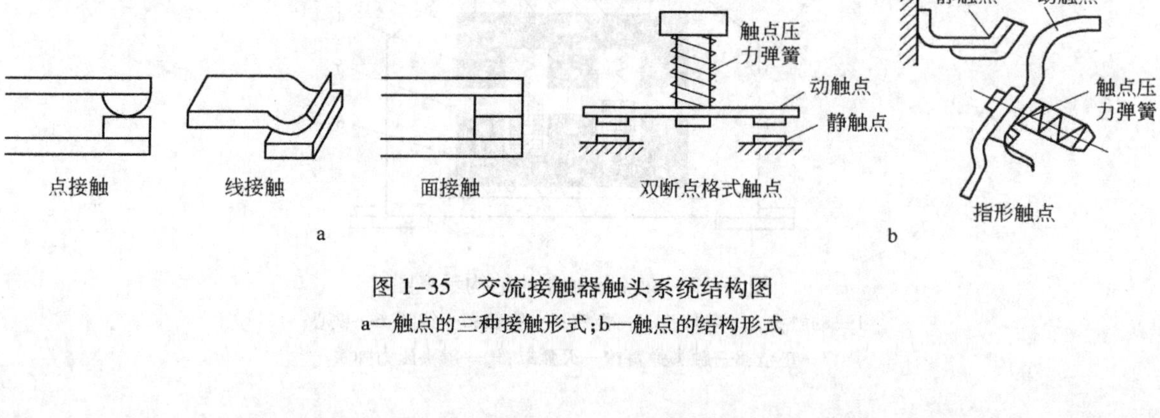

图1-35　交流接触器触头系统结构图

a—触点的三种接触形式；b—触点的结构形式

交流接触器的触头按通断能力可分为主触头和辅助触头。主触头用以通断电流较大的主电路，一般由三对常开触头组成。辅助触头用以通断电路较小的控制电路，一般由两对常开触头和两对常闭触头组成。常开触头和常闭触头是联动的，当线圈通电时，常闭触头先断开，常开触头后闭合，中间有一个很短的时间差；当线圈断电时，常开触头先恢复断开，常闭触头后恢复闭合，中间也存在一个很短的时间差。

（3）灭弧装置。交流接触器分断大电流电路时，往往会在动、静触点之间产生很强的电弧。电弧一方面会烧伤触头，另一方面会使电路切断时间延长，甚至会引起其他事故。因此，灭弧是接触器的主要任务之一。

灭弧装置的作用是熄灭触头分断时产生的电弧，以减轻对触头的灼伤，保证可靠的分断电路。交流接触器常采用的灭弧装置有双断口结构的电动力灭弧装置、纵缝灭弧装置和栅片灭弧装置，如图 1–36 所示。CJ10 – 10 型交流接触器采用双断口结构的电动力灭弧装置；CJ10 系列交流接触器额定电流在 20 A 及以上的，常采用纵缝灭弧装置；对于容量较大的交流接触器，多采用栅片灭弧装置。

图 1–36　灭弧装置

a—双断口电动力灭弧；b—纵缝灭弧；c—栅片灭弧

（4）其他部分。交流接触器的其他部分有底座、反力弹簧、缓冲弹簧、触点压力弹簧、传动机构和接线柱等。反力弹簧是当线圈断电后，迅速带动触头复位；缓冲弹簧是缓冲衔铁在吸合时对静铁心和外壳的冲击力，保护外壳；触头压力弹簧是增加动、静触头间的压力，从而增大接触面积，以减小接触电阻，防止触头过热损伤；传动机构是在衔铁或反作用弹簧的作用下，带动动触头实现与静触头的接通或分断。

交流接触器的符号如图 1–37 所示。

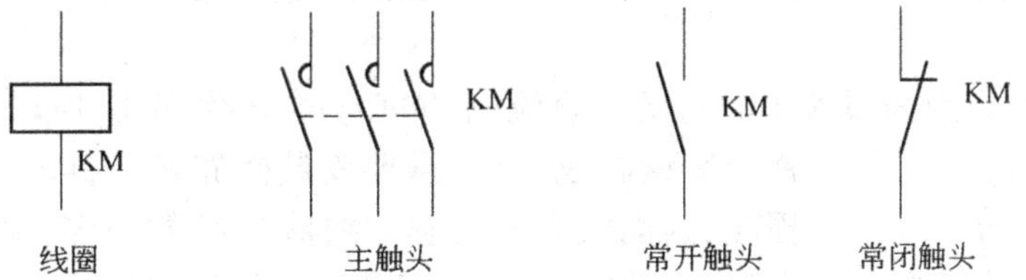

图 1–37　交流接触器的符号

（二）工作原理

交流接触器的工作原理如图 1–38 所示。当交流接触器电磁系统中的线圈 6、7 间通入交流电以后，铁心 8 被磁化，产生大于反力弹簧 10 的电磁力，将衔铁 9 吸合。一方面，带动了常开主触头 1、2、3 闭合，接通主电路；另一方面，常闭辅助触头（4、5 处）首先断开，接着常开辅助触头（也在 4、5 处）后闭合。当线圈断电或外加电压太低时，在反力弹簧 10 的作用下衔铁 9 释放，常开主触头 1、2、3 断开，切断主电路；常开辅助触头首先断开，接着常闭辅助触头后恢复闭合。

图 1–38 所示电路中，11 ~ 17、21 ~ 27 为各触点的接线柱。

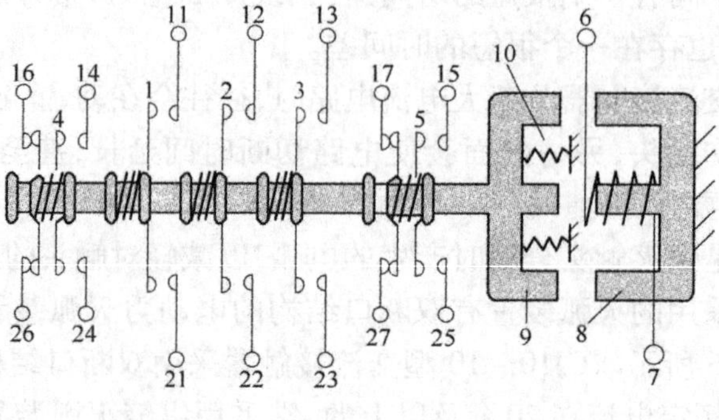

图 1–38　交流接触器的工作原理图

(三) 交流接触器的型号及含义

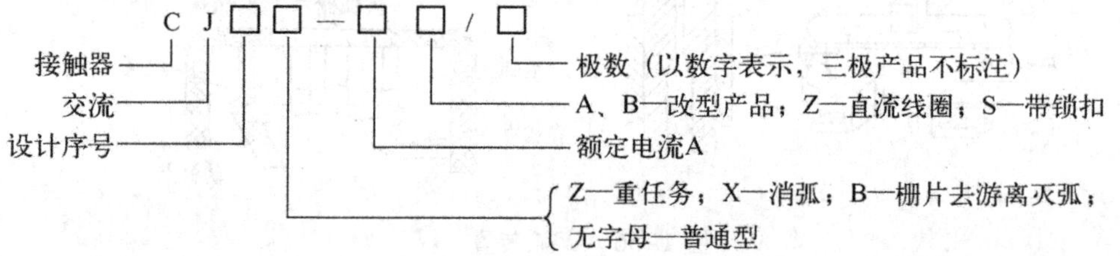

二、直流接触器

直流接触器主要供远距离接通与断开额定电压至 660 V、额定电流 1600 A 以下的直流电力线路之用，并适宜于直流电动机的频繁启动、停止、换向及反接制动。

(一) 直流接触器的结构

直流接触器和交流接触器一样，也是由触点系统，电磁机构和灭弧装置等部分组成。

(1) 触点系统。直流接触器有主触头和辅助触头。主触头允许通过较大的电流，一般做成单极或双极，采用滚动接触的指形触头。辅助触头通过的电流较小，常采用点接触的双断点桥式触头。

(2) 电磁机构。因为线圈中流过的是直流电，铁心不会产生涡流，所以铁心可用整块铸铁或铸钢制成，也不需要安装短路环。铁心中无磁滞和涡流损耗，因而铁心不发热。线圈的匝数较多，电阻大，线圈本身发热，因此吸引线圈做成长而薄的圆筒状，且不设线圈骨架，使线圈与铁心直接接触，以便散热。

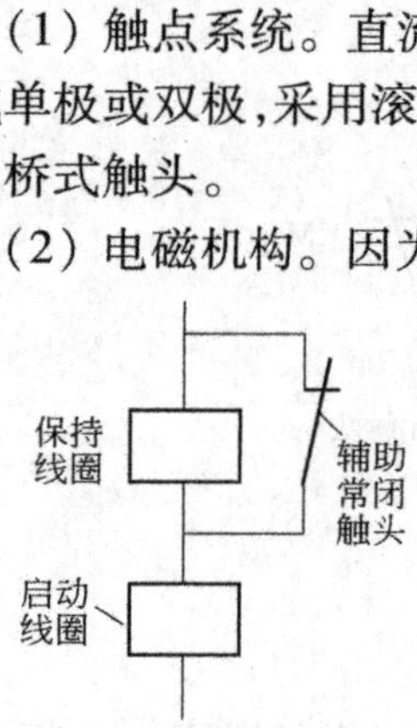

图 1–39　双绕组线圈接线图

为了降低直流接触器运行时的线圈功耗，延长吸引线圈的使用寿命，对容量较大的直流接触器的线圈往往采用串联双绕组，其接线图如图 1–39 所示。把接触器的一个常闭触头与保持线圈并联，在电路刚接通瞬间，保持线圈被常闭触头短路，可使启动线圈获得较大的电流和吸力。当接触器动作后，启动线圈和保持线圈串联通电，由于电压不变，所以电流较小，但仍可保持衔铁被吸合，从而达到省电的目的。

(3) 灭弧装置。直流接触器一般采用磁吹式灭弧装置。直流接触器在结构上有如下特征：

1) 额定电流 150 A 及以下的结构为上、下二层立体式布置，桥式双断点串联磁吹陶土灭弧的主触头系统和额定发热电流为 5 A 二常开二常闭桥式双断点辅助触头都固定在拍合式磁系统背面上。

2) 额定电流 250 A 及以上的结构为平面布置，指形单断点串联磁吹陶土灭弧罩灭弧的主触头系统和绕经硬化处理的楞角转动的拍合式磁系统一前一后固定在底架上，额定发热电流为 10 A 的五对常开常闭可任意组合的桥式双断点辅助触头固定在磁系统背面上。

3) 额定电流 100～150 A 常合主触头接触器和额定电流 250～1600 A 的接触器吸引线圈都是具有节能效果的串联双绕组结构。

(二) 工作原理和符号

与交流接触器基本相同。

(三) 直流接触器的型号及含义

直流接触器 CZ18 的表示方法如下：

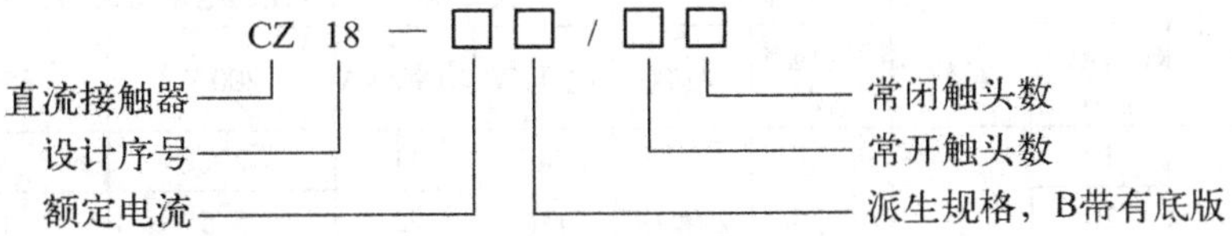

三、接触器的主要技术参数及常用的接触器

(一) 接触器主要技术参数

(1) 额定电压：指主触头的额定工作电压。

交流接触器：36 V、127 V、220 V、380 V、500 V

直流接触器：24 V、48 V、110 V、220 V、440 V

(2) 额定电流：指主触头的额定电流。

交流接触器：5 A、10 A、20 A、40 A、60 A、100 A、150 A、250 A、400 A、600 A

直流接触器：40 A、80 A、100 A、150 A、250 A、400 A、600 A

(3) 吸收线圈额定电压。

交流接触器：36 V、110 V(127 V)、220 V、380 V

直流接触器：24 V、48 V、220 V、440 V

(4) 机械寿命(1000 万次以上)与电气寿命(100 万次以上)。

(5) 操作频率：每小时的操作次数。一般：300 次/h、600 次/h、1200 次/h。

(6) 接通与分断能力：可靠接通和分断的电流值。在此电流值下，接通时，主触头不应发生熔焊；分断时，主触点不应发生长时间燃弧。

(二) 常用的接触器及技术数据

目前常用的交流接触器有：CJ20、CJ24、CJ26、CJ28、CJ29、CJT1、CJ40 和 CJX1、CJX2、CJX3、CJX4、CJX5、CJX8 系列以及 NC2、NC6、B、CDC、CK1、CK2、EB、HC1、HUC1、CKJ5、CKJ9 等系列。部分常用的交流接触器如图 1-40 所示。技术数据见表 1-13 和表 1-14。

图 1-40　常用的交流接触器

表 1-13　CJ10 系列交流接触器的技术数据

型　号	额定电压/V	主触头		辅助触头		线　圈		可控制电动机的最大功率/kW		操作频率
		额定电流/A	对数	额定电流/A	对数	电压/V	功率/VA	200 V	380 V	
CJ10-10	380	10	3	5	2 常开及 2 常闭	36	11	2.2	4	≤600
CJ10-20		20				110	22	5.5	10	
CJ10-40		40				220	32	11	20	
CJ10-60		60				380	70	17	30	

表 1-14　CJ20 系列交流接触器的技术数据

型　号	极数	额定电压/V	约定发热电流/A	额定电流/A	操作频率/次 · h^{-1}	机械寿命/万次	辅助触头	
							约定发热电流/A	触头组合
CJ20-10	3	220	10	10	1200	1000	10	2 常开及 2 常闭
		380		10	1200			
		660		5.8	600			
CJ20-16		220	16	16	1200			
		380		16	1200			
		660		13	600			
CJ20-25		220	32	25	1200			
		380		25	1200			
		660		16	600			
CJ20-40		220	55	40	1200			
		380		40	1200			
		660		25	600			
CJ20-63		220	80	63	1200			
		380		63	1200			
		660		40	600			

续表 1-14

型　号	极数	额定电压/V	约定发热电流/A	额定电流/A	操作频率/次·h^{-1}	机械寿命/万次	辅助触头 约定发热电流/A	辅助触头 触头组合
CJ20－100	3	220	125	100	1200	1000	10	2 常开及 2 常闭
		380		100	1200			
		660		53	600			
CJ20－160		220	200	160	1200			
		380		160	1200			
		660		100	600			
CJ20－160/11		1140	200	80	300			

常用的直流接触器有：CZ0、CZ21、CZ22、CZ18 等系列，如图 1-41 所示。CZ0 系列直流接触器的技术数据如表 1-15 所示。

CZ0-5　　CZ21　　CZ18　　CZ0

图 1-41　常用的直流接触器

表 1-15　CZ0 系列直流接触器的技术数据

型　号	额定电压/V	额定电流/A	操作频率/次·h^{-1}	主触头 常开	主触头 常闭	辅助触头 常开	辅助触头 常闭	最大分断电流/A	吸引线圈 额定电压/V	吸引线圈 消耗功率/W
CZ0－40/20	440	40	1200	2	0	2	2	160	可为 24、48、110、220、440	22
CZ0－40/02		40	600	0	2		2	100		24
CZ0－100/10		100	1200	1	0		2	400		24
CZ0－100/01		100	600	0	1		1	250		180/24
CZ0－100/20		100	1200	2	0		2	400		30
CZ0－150/10		150	1200	1	0		2	600		30
CZ0－150/01		150	600	0	1		1	375		300/25
CZ0－150/20		150	1200	2	0		2	600		40
CZ0－250/10		250	600	1	0	可以在 5 常开、1 常闭与 5 常闭、1 常开之间任意组合		1000		230/31
CZ0－250/20		250	600	2	0			1000		290/40
CZ0－400/10		400	600	1	0			1600		350/28
CZ0－400/20		400	600	2	0			1600		430/43
CZ0－600/10		600	600	1	0			2400		320/50

四、接触器的选择

（1）根据电路中负载电流的种类选择接触器的类型。通常交流负载选用交流接触器，直流负载选用直流接触器。如果控制系统中主要是交流负载，而直流负载容量较小时，也可用交流接触器控制直流负载，但触头的额定电流应适当选大一些。

交流接触器按负荷种类一般分为一类、二类、三类和四类，分别记为 AC1、AC2、AC3、AC4。AC1 控制对象是无感或微感负荷，如白炽灯、电阻炉等；AC2 用于绕线转子异步电动机的启动和停止；AC3 的典型用途是笼型异步电动机的运转和运行中断；AC4 用于笼型异步电动机的启动、反接制动，反转和点动。

（2）选择接触器主触头的额定电压。接触器主触头的额定电压应大于或等于所控制线路的额定电压。

（3）选择接触器主触头的额定电流。接触器主触头的额定电流应大于或等于负载的额定电流。

在实际应用中，接触器主触头的额定电流也常常按下面的经验公式计算

$$I_C = P_N \times 10^3 / KU_N$$

式中 I_C——接触器主触头额定电流，A；

P_N——被控制电动机的额定功率，kW；

U_N——被控制电动机的额定电压，V；

K——经验系数，取 1 ~ 1.4。

（4）选择接触器吸引线圈的额定电压。当控制线路简单、使用电器较少时，可直接选用 380 V 或 220 V 的电压。若线路较复杂，使用电器的个数超过 5 只时，可选用 36 V 或 110 V 电压的线圈，以保证安全。

（5）选择接触器触头的容量和种类。接触器的触头数量和种类应满足控制线路的要求。

五、接触器的使用注意事项

（1）因为分断负荷时有火花和电弧产生，开启式的不能用于易燃易爆的场所和有导电性粉尘多的场所，也不能在无防护措施的情况下在室外使用。

（2）使用时，应注意触头和线圈是否过热。

（3）交流接触器控制电机或线路时，必须与过电流保护器配合使用。

（4）短路环和电磁铁吸合面要保持完好、清洁。

（5）接触器安装在控制箱或防护外壳内时，由于散热条件差，环境温度较高，应适当降低容量使用。

*六、接触器常见故障分析

接触器在长期使用过程中，由于自然磨损或使用维护不当，会产生故障而影响正常工作。由于接触器是一种典型的电磁式电器，它的某些组成部分，如电磁系统、触头系统是电磁式电器所共有的，因此，这里讨论的内容，也适用于其他电磁式电路。

故障 1：吸不上或吸力不足，即触头已闭合而铁心尚未完全吸合。

可能的原因和处理方法：

（1）电源电压太低或波动大，可调高电源电压；

（2）操作回路电源容量不足或发生断线、配线错误及触头接触不良，可增加电源容量，

更换线路,修理控制触头;

(3) 线圈技术参数与使用条件不符,可更换线圈;

(4) 产品本身受损,可更换新品;

(5) 触头弹簧压力过大,可按要求调整触头参数。

故障2:衔铁不释放或释放缓慢。

可能的原因和处理方法:

(1) 触头弹簧压力过小,可调整触头参数;

(2) 触头熔焊,可排除熔焊故障,更换触头;

(3) 机械可动部分被卡住,转轴生锈或歪斜,可排除卡住现象,修理受损零件;

(4) 反力弹簧损坏,可更换反力弹簧;

(5) 铁心极面沾有污垢或尘埃,可清理铁心极面;

(6) 铁心磨损过大,可更换铁心。

故障3:电磁铁交流噪声大。

可能的原因和处理方法:

(1) 电源电压过低,可提高操作回路电压;

(2) 触头弹簧压力过大,可调整触头弹簧压力;

(3) 短路环断裂,可更换短路环;

(4) 铁心极面有污垢,可清除铁心极面;

(5) 磁系统歪斜或机械上卡住,使铁心不能吸平,可排除机械卡住的故障;

(6) 铁心极面过度磨损而不平,可更换铁心。

故障4:线圈过热或烧坏。

可能的原因和处理方法:

(1) 电源电压过高或过低,可调整电源电压;

(2) 线圈技术参数与实际使用条件不符,可调换线圈或接触器;

(3) 操作频率过高,可选择其他合适的接触器;

(4) 线圈匝间短路,可排除短路故障,更换线圈。

故障5:触头灼伤或熔焊。

可能的原因和处理方法:

(1) 触头压力过小,可调高触头弹簧压力;

(2) 触头表面有金属颗粒异物,可清理触头表面;

(3) 操作频率过高,或工作电流过大,断开容量不够,可调换容量较大的接触器;

(4) 长期过载使用,可调换合适的接触器;

(5) 负载侧短路,可排除短路故障,更换触头。

第六节　继　电　器

继电器是一种根据某种输入信号的变化,接通或断开控制电路,实现自动控制和保护电力拖动装置的电器。其输入量可以是电压、电流等电量,也可以是温度、压力、时间、速度等非电量。

继电器种类很多,按用途可分为控制电器、保护电器;按工作原理可分为电磁式继电器、感应式继电器、电动式继电器、热力式继电器、电子式继电器;按动作信号可分为电流继电器、电压继电器、时间继电器、速度继电器、温度继电器、压力继电器;按输出方式可分为有触点电器、无触点电器;

继电器一般由感测机构、中间机构和执行机构三个基本部分组成。感测机构把感测到的电量或非电量传递给中间机构,将它与预定值(整定值)进行比较,当达到整定值时,中间机构便使执行机构动作,从而接通或断开电路。

继电器在控制线路中起传递信号的作用。

继电器与交流接触器的根本任务都是闭合、分断电路,但工作性质、特点大有不同。不同之处如下:

(1) 继电器用来切换自动控制,电力系统的保护、电讯、仪表和电子装置等小电流电路;接触器是一种用来控制电动机,电热设备和其他大功率系统的动力开关装置。

(2) 继电器主触头上流过小电流,额定电压为5 A;接触器主触头流过大电流。

(3) 继电器可以对各种电量、压力、温度等非电量做出反应,而绝大部分接触器只能在一定电压下动作。

下面介绍电力拖动和自动控制系统常用的继电器。

一、中间继电器

(一) 功能

中间继电器是用来增加控制电路中的信号数量或将信号放大的继电器,将一个输入信号变成一个或多个输出信号。输入信号为线圈的通断,输出是触头的动作,将信号同时传给N个控制原件或回路。

(二) 结构、符号、型号、主要技术数据

中间继电器结构与接触器基本相同,由线圈、静铁心、动铁心、触头系统(触头较多,没有主、辅触头之分,且通过的电流大小相同,多数为5A)、反作用弹簧、复位弹簧等组成。中间继电器的符号如图1-42所示,技术数据如表1-16所示,JZ7型中间继电器外形图如图1-43所示。

表1-16 中间继电器的技术数据

型号	电压种类	触头电压/V	触头电流/A	触头组合		通电持续率/%	吸引线圈		额定操作频率/次·h^{-1}
				常开	常闭		电压/V	消耗功率	
JZ7-44 JZ7-62 JZ7-80	交流	380	5	4 6 8	4 2 0	40	12、24、36、48 110、127、380、420、440、500	12VA	1200
JZ14-J	交流	380	5	6 4 2	2 4 6	40	110、127、220、380	10VA	2000
JZ14-Z	直流	220					24、48、110、220	7W	
JZ15-J	交流	380	10	6 4 2	2 4 6	40	36、127、220、380	11VA	1200
JZ15-Z	直流	220					24、48、110、220	7W	

图 1-42　中间继电器符号

图 1-43　JZ7 中间继电器

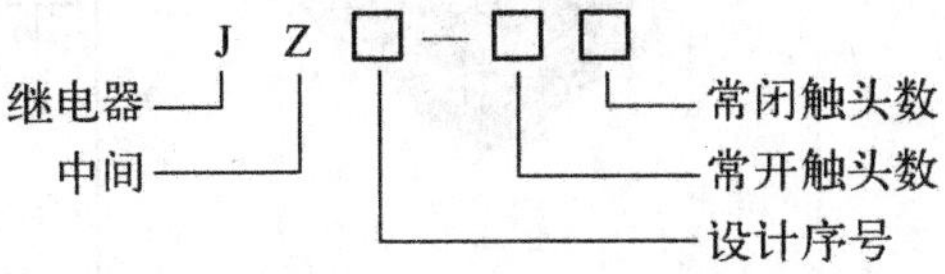

（三）选用

中间继电器主要依据被控制电路的电压等级、所需触头的数量、种类、容量等要求来选择。

二、时间继电器

时间继电器是利用电磁原理或机械动作原理来延迟触头闭合或断开的自动控制电器。时间继电器用于按时间原则进行控制的场合，可分为通电延时型和断电延时型。通电延时型是有输入信号后，延迟一定时间，输出信号才发生变化；当输入信号消失后，输出信号瞬间复原。断电延时型当有输入信号时，瞬时产生相应的输出信号；当输入信号消失后，延迟一定时间，输出信号才复原。

时间继电器种类很多，按工作原理可分为电磁式、电动式、空气阻尼式、晶体管式和数字式。下面对继电－接触器控制系统中常用的空气阻尼式、电磁式、晶体管式、时间继电器分别加以介绍。

（一）空气阻尼式时间继电器

空气阻尼式时间继电器是利用空气阻尼原理达到延时目的的。它由电磁机构，延时机构和触头系统三部分组成。电磁系统为直动式双 E 形电磁铁，延时机构采用气囊式阻尼器，触头系统是借用 LX5 型微动开关，包括两对瞬时触头（1 常开 1 常闭）和两对延时触头（1 常开 1 常闭）。根据触头延时的特点，可分为通电延时动作型和断电延时复位型两种。JS7－A 型时间继电器的外形、结构、符号如图 1-44 所示。

JS7－A 型空气阻尼式时间继电器是利用气囊中的空气小孔节流的原理来获得延时动作的，其结构原理示意如图 1-45 所示。图 1-45a 是通过延时型时间继电器，当电磁系统的线圈通电时，微动开关 SQ2 的触头瞬时动作，而 SQ1 的触头由于气囊中空气阻尼的作用延时动作，其延时的长短取决于进气的快慢，可通过旋动螺钉 13 进行调节，延时范围有 0.4～60 s 和 0.4～180 s 两种。当线圈断电时，微动开关 SQ1 和 SQ2 的触头均瞬动复位。图 1-45b 是 JS7－A 系列断电延时型，其工作原理读者可自行分析。

JS7－A 系列断电延时型和通电延时型时间继电器的组成元件是通用的。只需将通电延时型时间继电器的电磁机构旋出固定螺钉后反转 180°安装，即可成为断电延时型时间继电器，但触头常开与常闭要颠倒使用。时间继电器的符号如图 1-46 所示。

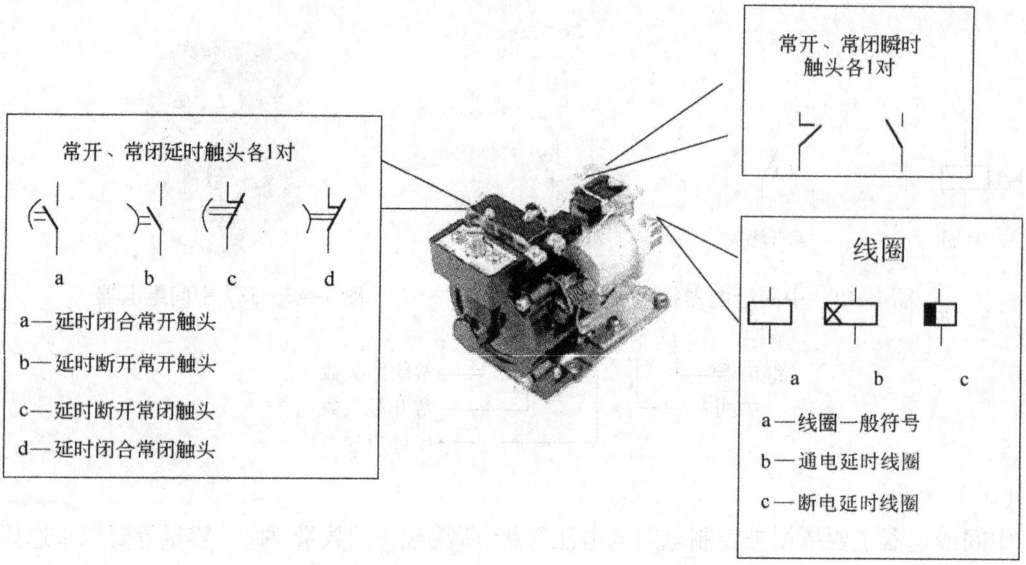

图 1-44　JS7 - A 型时间继电器外形图

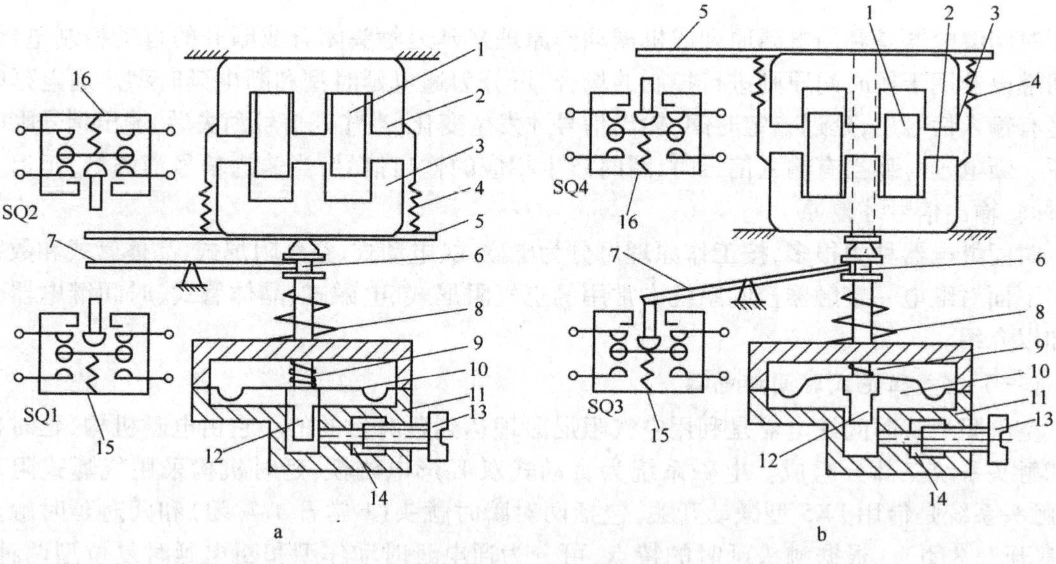

图 1-45　JS7 - A 系列时间继电器

a—通电延时型；b—断电延时型

1—线圈；2—铁心；3—衔铁；4—反力弹簧；5—推板；6—活塞杆；7—杠杆；8—塔形弹簧；9—弱弹簧；10—橡皮膜；11—空气室壁；12—活塞；13—调节螺钉；14—进气孔；15,16—微动开关

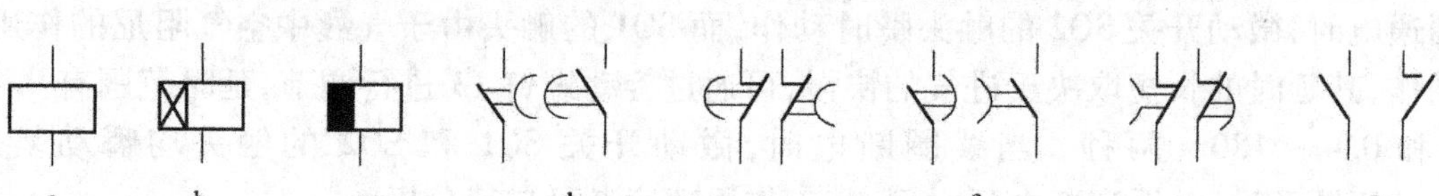

图 1-46　时间继电器的电气符号

a—线圈一般符号；b—通电延时线圈；c—断电延时线圈；d—通电延时闭合常开触点；e—通电延时断开常闭触点；f—断电延时断开常开触点；g—断电延时闭合常闭触点；h—瞬动触点

JS7－A 时间继电器的型号、含义如下：

```
            J  S  7 — □   A
继电器 ─────┘  │  │   │   └──── 结构设计稍有改动
时间 ──────────┘  │   │         ┌1—通电延时，无瞬动触头；
设计序号 ─────────┘   │         │2—通电延时，有瞬动触头；
                      └─── 基本规格代号 ┤3—断电延时，无瞬动触头；
                                └4—断电延时，有瞬动触头
```

JS7－A 系列空气阻尼式时间继电器的技术数据见表 1-17。

表 1-17　JS7－A 系列空气阻尼式时间继电器技术数据

型　号	瞬时动作触头数量		延时动作触头数量				触头额定电压/V	触头额定电流/A	线圈电压/V	延时范围/s	额定操作频率/次 · h^{-1}
			通电延时		断电延时						
	常开	常闭	常开	常闭	常开	常闭					
JS7－1A	—	—	1	1	—	—	380	5	24,36 110,127 220,380 420	0.4～60 及 0.4～180	600
JS7－2A	1	1	1	1	—	—					
JS7－3A	—	—	—	—	1	1					
JS7－4A	1	1	—	—	1	1					

空气阻尼式时间继电器的优点是结构简单、寿命长、价格低，还附有不延时的触点，所以应用较为广泛。缺点是准确度低，延时误差大（±10%～±20%），在要求延时精度高的场合不宜采用。

（二）电磁式时间继电器

电磁式时间继电器一般在直流电气控制电路中应用较广，只能直流断电延时动作。它的结构是在图 1-47 的 U 形静铁心 7 的另一柱上装上阻尼铜套 11，即构成时间继电器。

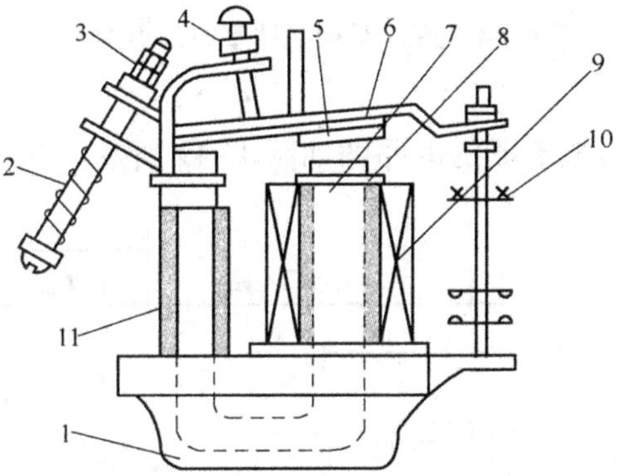

图 1-47　电磁式继电器

1—底座；2—反力弹簧；3，4—调整螺钉；5—非磁性垫片；6—衔铁；7—铁心；
8—极靴；9—电磁线圈；10—触头系统；11—阻尼铜套

其工作原理是，当线圈 9 断电后，通过铁心 7 的磁通要迅速减少，由于电磁感应，在阻尼铜套 11 内产生感应电流。根据电磁感应定律，感应电流产生的磁场总是阻碍原磁场的减弱使铁心继续吸持衔铁一小段时间，达到延时的目的。

电磁式时间继电器延时时间的长短是靠改变铁心与衔铁间非磁性垫片的厚度（粗调）

或改变释放弹簧的松紧(细调)来调节的。垫片越厚延时越短,反之越长;而弹簧越紧则延时越短,反之越长。因非导磁性垫片的厚度一般为 0.1 mm、0.2 mm、0.3 mm,具有阶梯性,故用于粗调,由于弹簧松紧可连续调节,故用于细调。

电磁式时间继电器的优点是结构简单、运行可靠、寿命长,但延时时间短。

(三) 晶体管式时间继电器

晶体管式时间继电器除了执行继电器外,均由电子元器件组成,没有机械部件,因而有较长的寿命和较高精度、体积小、延时时间长、调节范畴宽、控制功率小、耐冲击、耐振动、调整方便等优点。

晶体管式时间继电器按结构可分为阻容式和数字式两类;按延时方式可分为通电延时型、断电延时型及带瞬动触点的通电延时型三类。

JS20 系列晶体管时间继电器是全国统一设计产品,适用于交流 50 Hz、电压 380 V 及以下或直流电压 220 V 及以下的控制电路中作延时元件,按预定的时间接通或分断电路,它具有体积小、重量轻、精度高、寿命长、通用性强等特点。

1. 结构

JS20 系列晶体管式时间继电器的外形如图 1-48 所示。它具有保护外壳,内部结构采用印刷电路组件。

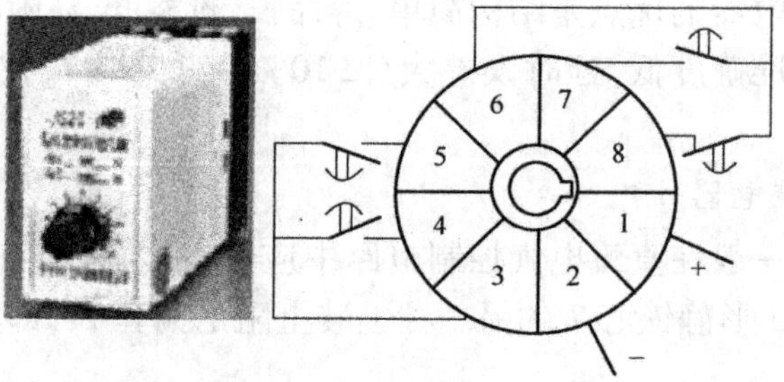

图 1-48　JS20 系列晶体管时间继电器

2. 工作原理

JS20 系列晶体管式时间继电器的电路图如图 1-49 所示。它由电源、电容充放电电路、

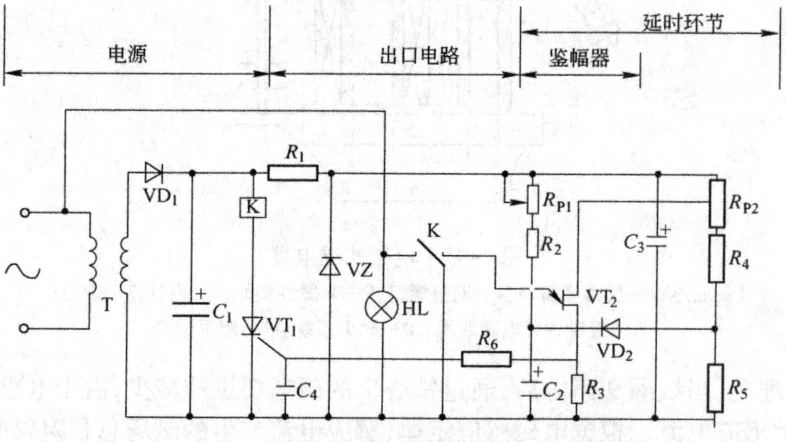

图 1-49　JS20 系列晶体管式时间继电器电路图

电压鉴别电路、输出和指示电路五部分组成。电源接通后，经整流滤波和稳压后的直流电，经过 R_{P1} 和 R_2 向电容 C_2 充电。当 C_2 电压达到 VT_2 峰点电压时，VT_2 导通，输出触发脉冲，触发 VT_1 导通，继电器 K 吸合，输出延时信号。同时 C_2 通过 K 的常开触头放电，为下次动作做好准备。切断电源时，继电器 K 释放，电路恢复原始状态，等待下次动作。调节 R_{P1} 即可调整延时时间。

3. 型号含义

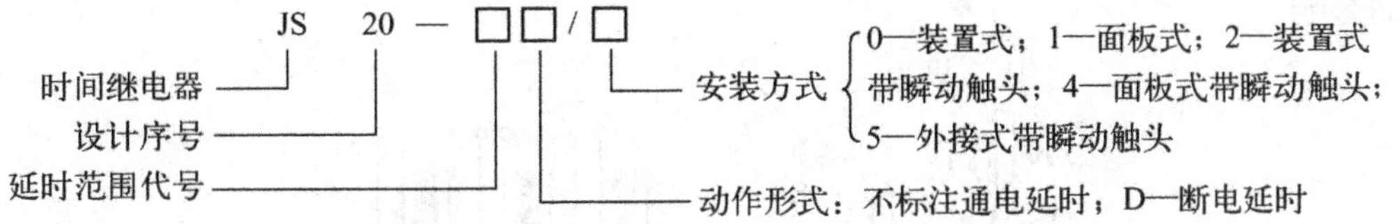

(四) 时间继电器的选用

(1) 根据系统的延时范围和精度选择时间继电器的类型和系列。在延时精度要求不高的场合，一般可选用价格较低的 JS7 - A 系列空气阻尼式时间继电器。反之，对精度要求较高的场合，可选用晶体管式时间继电器。

(2) 根据控制线路的要求选择时间继电器的延时方式(通电延时或断电延时)。同时，还必须考虑线路对瞬时动作触头的要求。

(3) 根据控制线路电压选择时间继电器吸引线圈的电压。

三、热继电器

热继电器是利用流过继电器的电流所产生的热效应而反时限动作的自动保护电器。所谓反时限动作，是指电器的延时动作时间随通过电路电流的增加而缩短。热继电器主要与接触器配套使用，对主电路设备(电动机等)进行过载保护、断相保护、电流不平衡进行保护及其他电气设备发热状态的控制。

热继电器的形式多种多样，其中双金属片式应用最多。按极数可分为单极、两极、三极(带断相保护和不带断相保护)；按复位方式分为自动复位和手动复位两种。

目前我国在生产中常用的热继电器外形如图 1-50 所示。每一系列的热继电器一般只能和相适应系列的接触器配套使用。如 JR36 热继电器与 CJT1 接触器配合，JR20 热继电器与 CJ20 接触器配合，T 热继电器与 B 接触器配合，3UA 热继电器与 3TB、3TF 接触器配合。

a b c

图 1-50 热继电器

a—JR36B 系列；b—JRSB(T)系列；c—JRS5(TH - K)系列

(一) 热继电器的结构及工作原理(与双金属片为主)

1. 结构

图 1-51 所示为双金属片式热继电器的结构，它由热元件、动作机构、触头系统、电流整

定装置、复位机构和温度补偿元件组成。热元件由主双金属片和绕在外面的电阻丝组成。主双金属片由两种热[膨]胀系数不同的金属片复合而成。动作机构利用杠杆传递及弓簧式瞬跳机构来保证触头动作的迅速、可靠。触头为单断点弓簧跳跃式动作，一般为一个常开触头、一个常闭触头。电流整定装置是通过旋钮和电流调节凸轮调节推杆间隙，改变推杆移动距离，从而调节电流值。温度补偿元件为双金属片，其受热弯曲的方向与主双金属片一致，它能保证热继电器的动作特性在 -30 ~ +40℃ 的环境温度范围内基本上不受周围介质温度的影响。

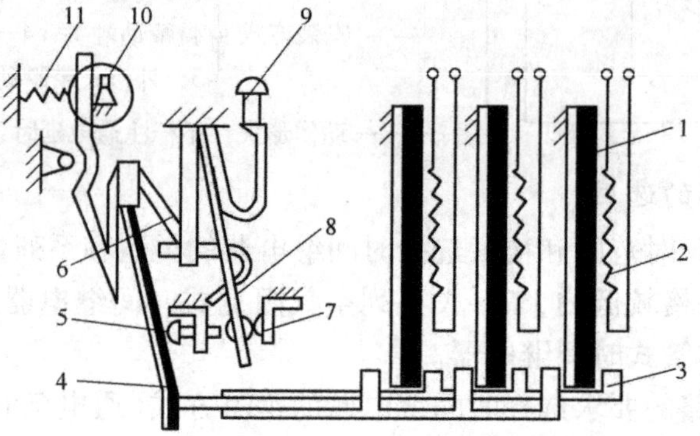

图 1-51　双金属片式热继电器结构原理图

1—主双金属片；2—电阻丝；3—导板；4—补偿双金属片；5—螺钉；6—推杆；7—静触头；8—动触头；9—复位按钮；10—调节凸轮；11—弹簧

2. 工作原理

热继电器使用时，将热元件串联在主电路中，常闭触头串联在控制电路中。当电动机过载时，流过电阻丝的电流超过热继电器的整定电流，电阻丝发热增多，温度升高，由于两块金属片的热膨胀程度不同而使主双金属片向右弯曲，通过传动机构推动常闭触头断开，分断控制电路，再通过接触器切断主电路，实现对电动机的过载保护。电源切除后，主双金属片逐渐冷却恢复原位。热继电器的复位机构有手动复位和自动复位两种形式，可根据使用要求通过复位调节螺钉来自由调整选择。一般自动复位时间不大于 5 min，手动复位时间不大于 2 min。

热继电器的整定电流是指热继电器连续工作而不动作的最大电流。其大小可通过旋转电流整定旋钮来调节。超过整定电流，热继电器将在负载未达到其允许的过载极限之前动作。

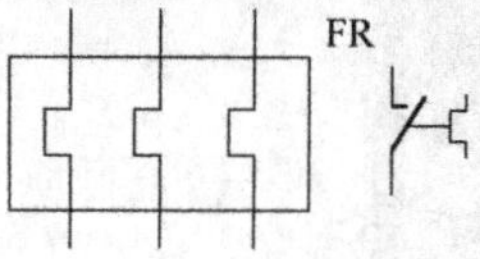

图 1-52　符号

热继电器在电路中的符号如图 1-52 所示。

由于热继电器主双金属片受热膨胀的热惯性及传动机构传递信号的惰性，热继电器从电动机过载到触头动作需要一定的时间，也就是说，即使电动机严重过载甚至短路，热继电器也不会瞬时动作，因此热继电器不能作短路保护。但也正是这个热惯性和机械惰性，保证了热继电器在电动机启动或短时过载时不会动作，从而满足了电动机的运行要求。

（二）带断相保护的热继电器

三相异步电动机的缺相运行是导致电动机过热烧毁的主要原因之一。对定子绕组接成

Y 形的电动机,普通两极或三极结构的热继电器均能实现断相保护。而定子绕组接成三角形的电动机,必须采用三极带断相保护装置的热继电器,才能实现断相保护。其结构原理如图 1-53 所示。

图 1-53a 所示为未通电时的位置。图 1-53b 所示为三相均通有额定电流时的情况。图中虚线表示三相主双金属片均匀受热,同时向左弯曲,上、下导板一齐平行左移一段距离但未超过临界位置,触头不动作。图 1-53c 为三相均匀过载时,三相主双金属片均受热向左弯曲,推动下导板并带动上导板一齐左移,超过临界位置,通过动作机构使常闭触头断开、从而切断控制回路,达到保护电动机的目的。图 1-53d 为断相故障时的情况,此时断线相主双金属片逐渐冷却,向右移动,并带动上导板同时右移,这样上、下导板产生差动放大作用,通过杠杆的放大作用使继电器迅速动作,切断控制电路,使电动机得到保护。

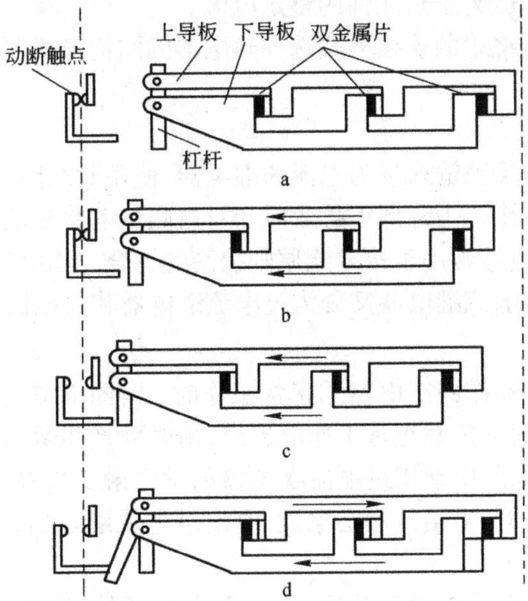

图 1-53　带断相保护的热继电器

a—通电前;b—三相正常通电;c—三相均匀过载;d—L1 相断线

(三) 热继电器的型号含义及技术数据

JR20 系列热继电器主要技术参数参见表 1-18。

表 1-18　JR20 系列热继电器主要技术参数

型　号	额定电流/A	热元件号	整定电流调节范围/A
JR20-10	10	1R~15H	0.1~11.6
JR20-16	16	1S~6S	3.6~18
JR20-25	25	1T~4T	7.8~29
JR20-62	63	1U~6U	16~71
JR20-160	160	1W~9W	33~176

JR　20 —□□/□

热继电器 — JR

设计序号 — 20

品种代号 — 第一个□

派生代号：组合安装式基本型无代号；Z—与接触器组合安装式；L—独立安装式；G—标准导轨组合安装式；GL—标准导轨独立安装式 — 第二个□

热带产品代号用TH表示 — /□

（四）热继电器的选用

选择热继电器时，主要根据所保护的电动机的额定电流来确定热继电器的规格和热元件的电流等级。

（1）热电器的额定电流略大于电动机的额定电流。

（2）热元件的整定电流为电动机额定电流的 0.95 ~1.05 倍。

（3）热元件的额定电流大于热元件的整定电流。

（4）根据电动机定子绕组的连接方式选择热电器的结构形式（带或不带断相保护）。

四、电流继电器

电磁式电流继电器是反映输入量为电流的继电器，使用时线圈串联在被测电路中，以反映电路中电流的变化而动作。为降低负载效应和对被测量电路参数的影响，其线圈匝数少、导线粗、阻抗小。电流继电器常用于按电流原则控制的场合。如电动机的短路保护、直流电动机的磁场及失磁保护。电流继电器又分为过电流继电器和欠电流继电器。

（一）过电流继电器

线圈电流高于整定值动作的继电器。正常工作时，线圈电流为额定电流，此时衔铁为释放状态；当电路中电流大于负载正常工作电流时，衔铁才产生吸合动作，从而带动触点动作，断开负载电路。所以电路中常用过电流继电器的常闭触头串在线圈电路。通常交流过电流继电器吸合电流为 1.1 ~4 倍的额定电流，直流过电流继电器吸合电流为 0.7 ~3.5 倍的额定电流。

常用的过电流继电器有 JT4、JL5、JL12、JL14 等系列产品，广泛用于直流电动机或绕线转子电动机的控制电路中，用于频繁及重载启动的场合，作为电动机和主电路的过载或短路保护。

（二）欠电流继电器

线圈电流低于整定值动作的继电器。正常工作时，线圈电流为负载额定电流，衔铁处于吸合状态；当电路的电流小于负载额定电流，达到衔铁的释放电流时，衔铁则释放，同时带动触点动作，断开电路。所以电路中常用欠电流继电器的常开触头串在线圈电路。

在直流电路中，由于某种原因而引起负载电流的降低或消失，往往会导致严重的后果，如直流电动机的励磁回路断线，会产生飞车现象。因此，欠电流继电器在有些控制电路中是不可缺少的。当电路中出现低电流或零电流故障时，欠电流继电器的衔铁由吸合状态转入释放状态，利用其触点的动作而切断电气设备的电源。直流欠电流继电器的吸合电流吸引电流为 0.3 ~0.65 倍额定电流，释放电流为 0.1 ~0.2 倍额定电流。

常用的欠电流继电器有 JL14 – ZQ 等系列产品，广泛用于直流电动机和电磁吸盘的失磁保护。常用的电流继电器外形图如图 1–54 所示。

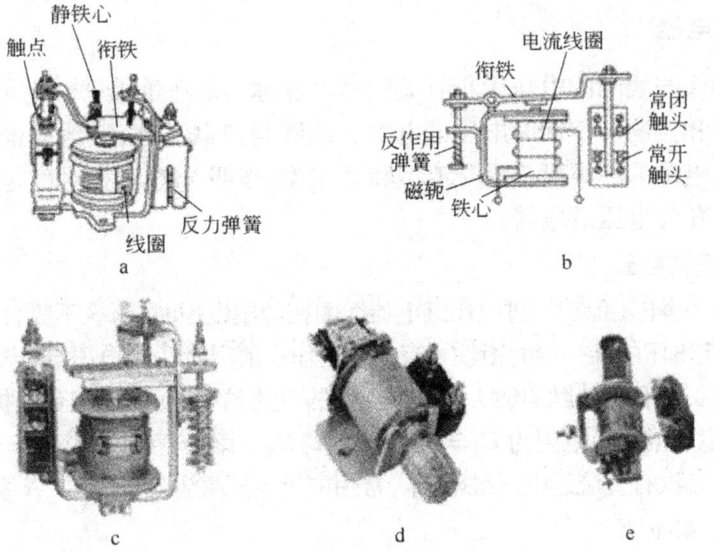

图1-54　欠电流继电器

a—外形结构；b—动作原理；c—JL14-3；d—JL12-2；e—JL5-1

（三）电流继电器的符号（如图1-55所示）

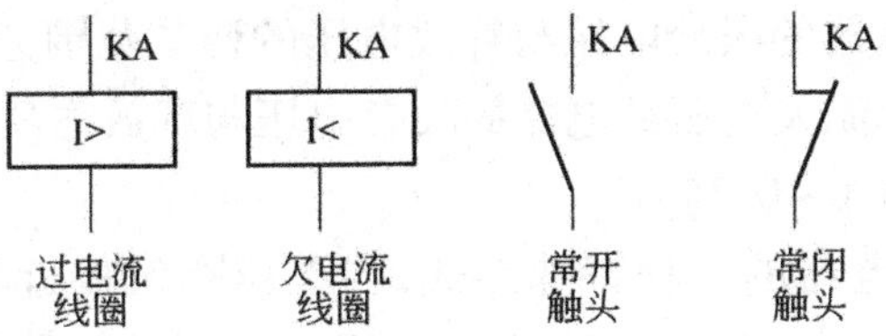

图1-55　电流继电器符号

（四）型号

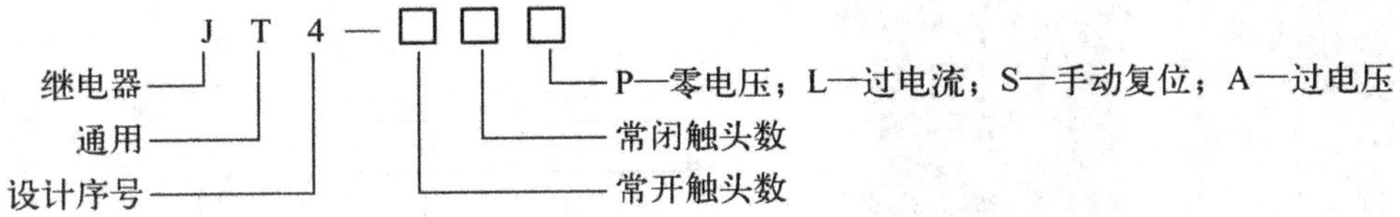

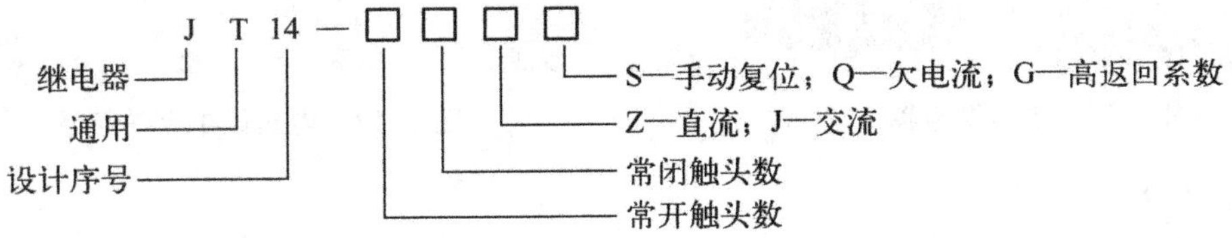

（五）电流继电器的选用

（1）电流继电器的额定电流一般可按电动机长期工作的额定电流来选择，对于频繁启动的电动机，额定电流可选大一个等级。

（2）电流继电器的触头种类、数量、额定电流及复位方式应满足控制线路的要求。

（3）过电流继电器的整定电流一般取电动机额定电流的1.7～2倍，频繁启动的场合可取2.25～2.5倍。欠电流继电器的整定电流一般取额定电流的0.1～0.2倍。

五、电压继电器

与触点的动作与线圈的电压大小有关的继电器称为电压继电器。它可用于电力拖动系统中的电压保护和控制。使用时电压继电器的线圈与负载并联，其线圈的匝数多、线径细、阻抗大。按线圈电流的种类可分为交流型和直流型；按吸合电压相对额定电压的大小又分为过电压继电器和欠电压继电器。

（一）过电压继电器

在电路中用于过电压保护。过电压继电器线圈在额定电压时，衔铁不吸合动作，只有当线圈的电压高于其额定电压的某一值时衔铁才有吸合动作。所以称为过电压继电器。过电压继电器衔铁吸合而动作时，常利用其触闭触头断开需保护的电路的负荷开关，起到保护的作用。交流过电压继电器吸合电压的调节范围为 $U_X=(1.05\sim1.2)U_N$。因为直流电路不会产生波动较大的过电压现象，所以产品没有直流过电压继电器。常用的过电压继电器为 JT4－A 系列。

（二）欠电压继电器

在电路中用作欠电压保护。当电路的电气设备在额定电压下正常工作时，欠电压继电器的衔铁处于吸合状态；如果电路出现电压降低至线圈的释放电压时，衔铁由吸合状态转为释放状态，同时断开与它相连的电路，实现欠电压保护。所以控制电路中常用欠电压继电器的常开触头。常用的欠电压继电器为 JT4－P 系列。

通常，直流欠电压继电器的吸合电压与释放电压的调节范围分别为 $U_X=(0.3\sim0.5)U_N$ 和 $U_1=(0.07\sim0.2)U_N$；交流欠电压继电器的吸合电压与释放电压的调节范围分别为 $U_X=(0.6\sim0.85)U_N$ 和 $U_1=(0.1\sim0.35)U_N$。

零压继电器是欠压继电器的一种特殊形式，当电压降低接近零时释放的电压继电器。释放电压的调节范围为 $U_1=(0.1\sim0.35)U_N$。常用的电压继电器外形如图 1－56 所示。电压继电器的符号如图 1－57 所示。

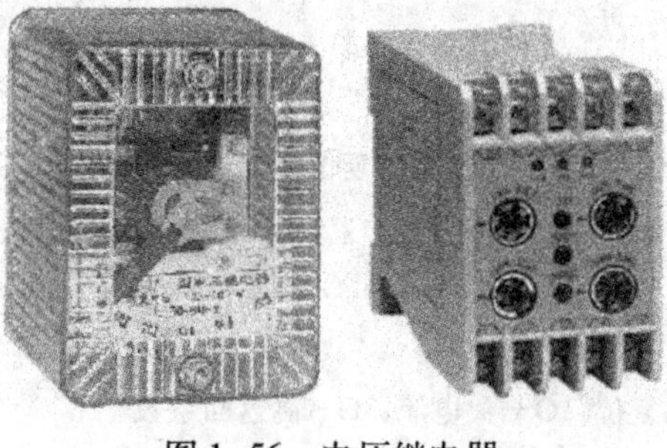

图 1－56　电压继电器

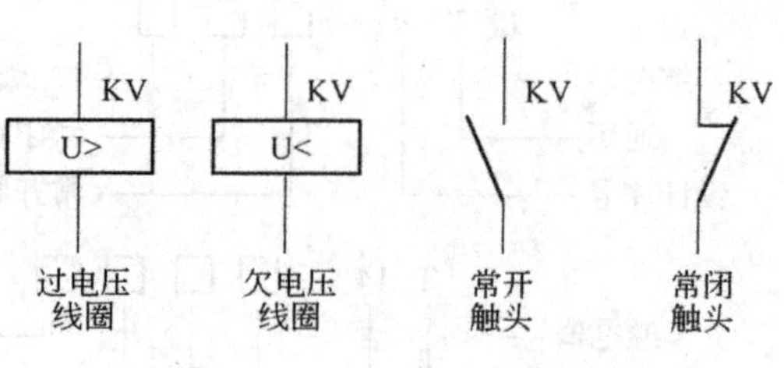

图 1－57　电压继电器的符号

（三）选用

主要根据继电器线圈的额定电压、触头的数目和种类进行选择电压继电器的结构、工作原理及安装使用等知识，与电流继电器类似。

调节非磁性垫片的厚度：改变释放电流，电压。

六、速度继电器

速度继电器是反映转速和转向的继电器，其主要作用是以旋转速度的快慢为指令信号，与接触器配合实现对电动机的反接制动控制，因此也称为反接制动继电器。它主要由转子、定子和触点三部分组成。转子是一个圆柱形永久磁铁，定子是一个笼型空心圆环，由硅钢片叠成，并装有笼型绕组。

速度继电器的工作原理如图 1-58b 所示。其转子轴与电动机轴相连接，定子空套在转子上。当电动机转动时，速度继电器的转子(永久磁铁)随之转动，在空间产生旋转磁场，切割定子绕组，而在其中感应出电流。此电流又在旋转磁场作用下产生转矩，使定子随转子转动方向旋转一定的角度，与定子装在一起的摆锤推动触点动作，使常闭触点断开，常开触头闭合。当电动机转速低于某一值时，定子产生的转矩减小，常开触头复位。

速度继电器在电路图中的符号如图 1-58c 所示。

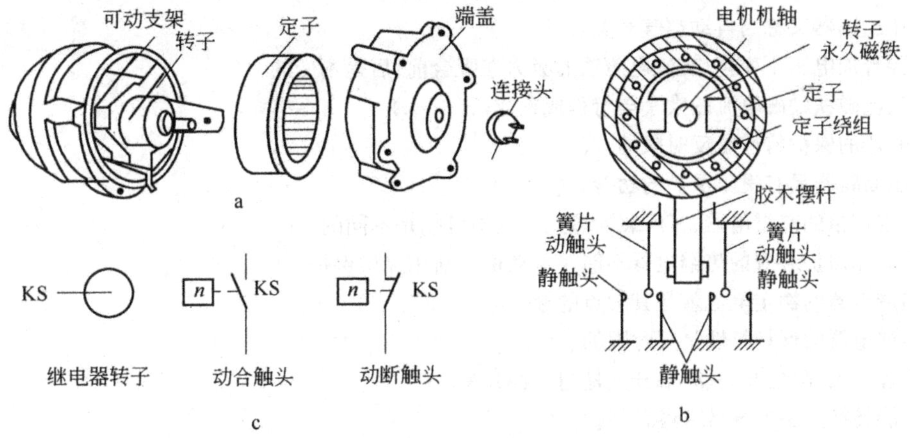

图 1-58　JY1 型速度继电器

a—外形；b—结构；c—符号

速度继电器的动作转速一般不低于 100～300 r/min，复位转速约在 100 r/min 以下。常用的速度继电器中，JY1 型能在 3000 r/min 以下可靠地工作。JFZ0 型的两组触头改用两个微动开关，使触头的动作速度不受定子偏转速度的影响，额定工作转速有 300～1000 r/min(JFZ0－1)和 1000～3000 r/min(JFZ0－2)两种。

JFZ0 型速度继电器型号的含义如下：

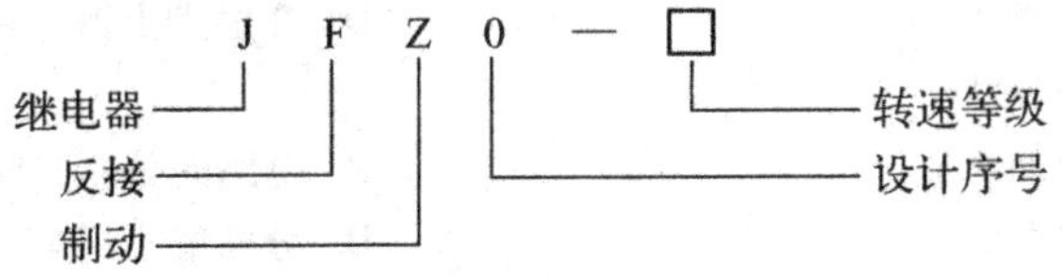

JY1 型和 JFZ0 型速度继电器的主要技术参数见表 1-19。

表 1-19　JY1 型和 JFZ0 型速度继电器的主要技术参数

型　号	触头额定电压/V	触头额定电流/A	触头对数		额定工作转速/r·min^{-1}	允许操作频率/次·h^{-1}
			正转动作	反转动作		
JY1	380	2	1 组转换触头	1 组转换触头	100～300	<30
JFZ0－1			1 常开、1 常闭	1 常开、1 常闭	300～1000	
JFZ0－2			1 常开、1 常闭	1 常开、1 常闭	1000～3000	

速度继电器主要根据所需控制的转速大小、触头数量和电压、电流来选用。

习 题

一、判断题(正确的打√,错误的打×)

1. 一台额定电压为220V的交流接触器在交流20V和直流220V的电源上均可使用。( )
2. 交流接触器通电后如果铁心吸合受阻,将导致线圈烧毁。( )
3. 交流接触器铁心端面嵌有短路环的目的是保证动、静铁心严密,不发生振动与噪声。( )
4. 直流接触器比交流接触器更适用于频繁操作的场合。( )
5. 低压断路器又称为自动空气开关。( )
6. 只要外加电压不变化,交流电磁铁的吸力在吸合前、后是不变的。( )
7. 直流电磁铁励磁电流的大小与行程成正比。( )
8. 熔断器的保护特性是反时限的。( )
9. 低压断路器具有失压保护的功能。( )
10. 一定规格的热继电器,其所装的热元件规格可能是不同的。( )
11. 无断相保护装置的热继电器不能对电动机的断相提供保护。( )
12. 热继电器的额定电流就是其触点的额定电流。( )
13. 热继电器的保护特性是反时限的。( )
14. 行程开关、限位开关、终端开关是同一种开关。( )
15. 万能转换开关本身带有各种保护。( )
16. 主令控制器除了手动式产品外,还有由电动机驱动的产品。( )
17. 继电器在整定值下动作时所需的最小电压称为灵敏度。( )

二、选择题(将正确答案的序号填入括号中)

1. 关于接触电阻,下列说法中不正确的是( )。

A. 由于接触电阻的存在,会导致电压损失　　B. 由于接触电阻的存在,触点的温度降低

C. 由于接触电阻的存在,触点容易产生熔焊现象　　D. 由于接触电阻的存在,触点工作不可靠

2. 为了减小接触电阻,下列做法中不正确的是( )。

A. 在静铁心的端面上嵌有短路环　　B. 加一个触点弹簧

C. 触点接触面保持清洁　　D. 在触点上镶一块纯银块

3. 由于电弧的存在,将导致( )。

A. 电路的分断时间加长　　B. 电路的分断时间缩短

C. 电路的分断时间不变　　D. 分断能力提高

4. CJ20-160型交流接触器在380V时的额定工作电流为160A,故它在380V时能控制的电动机的功率约为( )。

A. 85kW　　B. 100kW　　C. 20kW　　D. 160kW

5. 在接触器的铭牌上常见到AC3、AC4等字样,它们代表( )。

A. 生产厂家代号　　B. 使用类别代号　　C. 国标代号　　D. 电压级别代号

6. CJ40-160型交流接触器在380V时的额定电流为( )。

A. 160A　　B. 40A　　C. 100A　　D. 80A

7. 交流接触器在不同的额定电压下,额定电流( )。

A. 相同　　B. 不相同　　C. 与电压无关　　D. 与电压成正比

8. 熔断器的额定电流与熔体的额定电流(　　)。

A. 是一回事　　B. 不是一回事

9. 电压继电器的线圈与电流继电器的线圈相比,具有的特点是(　　)。

A. 电压继电器的线圈与被测电路串联

B. 电压继电器的线圈匝数多、导线细、电阻大

C. 电压继电器的线圈匝数少、导线粗、电阻小

D. 电压继电器的线圈匝数少、导线粗、电阻大

10. 断电延时型时间继电器,它的常开触点为(　　)。

A. 延时闭合的常开触点

B. 瞬动常开触点

C. 瞬时闭合延时断开的常开触点

D. 延时闭合瞬时断开的常开触点

11. 在延时精度要求不高,电源电压波动较大的场合,应选用(　　)。

A. 空气阻尼式时间继电器

B. 晶体管式时间继电器

C. 电动式时间继电器

D. 上述三种都不合适

12. 交流电压继电器和直流电压继电器铁心的主要区别是(　　)。

A. 交流电压继电器的铁心是由彼此绝缘的硅钢片叠压而成,而直流电压继电器的铁心则不是

B. 直流电压继电器的铁心是由彼此绝缘的硅钢片叠压而成,而交流电压继电器的铁心则不是

C. 交流电压继电器的铁心是由整块软钢制成,而直流电压继电器的铁心则不是

D. 交、直流电压继电器的铁心都是由整块软钢制成,但其大小和形状不同

13. 通电延时型时间继电器,它的动作情况是(　　)。

A. 线圈通电时触点延时动作,断电时触点瞬时动作

B. 线圈通电时触点瞬时动作,断电时触点延时动作

C. 线圈通电时触点不动作,断电时触点瞬时动作

D. 线圈通电时触点不动作,断电时触点延时动作

三、问答题

1. 什么是低压电器?常用的低压电器有哪些?
2. 电磁式低压电器有哪几部分组成?说明各部分的作用。
3. 低压断路器可以启动哪些保护作用?说明其工作原理。
4. 熔体的熔断电流一般是额定电流的多少倍?
5. 如何选择熔体和熔断器规格?
6. 交流接触器的铁心端面上为什么要安装短路环?
7. 交流接触器频繁操作后线圈为什么会发热,其衔铁卡住后会出现什么后果?
8. 交流接触器能否串联使用,为什么?
9. 在接触器的铭牌上常见到 AC3、AC4 等字样,它们有何意义?
10. 从接触器的结构上,如何区分是交流接触器还是直流接触器?
11. 什么是继电器?按用途不同可分为哪两大类?
12. 中间继电器和接触器有何异同?在什么条件下可以用中间继电器来代替接触器?
13. 什么是时间继电器?它有何用途?
14. 电压继电器和电流继电器在电路中各起何作用,它们的线圈和触点各接于什么电路中?
15. 在电动机启动过程中,热继电器会不会动作,为什么?
16. 既然在电动机的主电路中装有熔断器,为什么还要装热继电器?装有热继电器是否就可以不装熔断器,为什么?
17. 带断相保护的热继电器与不带断相保护的热继电器有何区别?它们接入电动机定子电路的方式有何不同?
18. 转换开关内的储能弹簧起什么作用?
19. 控制按钮与主令控制器在电路中各起什么作用?

20. 简述接触器中短路环、反作用弹簧、触头压力弹簧和缓冲弹簧的作用。
21. 简述交流接触器的工作原理。
22. 中间继电器与交流接触器有什么异同,什么情况下可以用中间继电器代替接触器使用?
23. 什么是热继电器,双金属片式热继电器主要由哪几部分组成?
24. 简述双金属片式热继电器的工作原理,它的热元件和常闭触头如何接入电路中?

第二章　继电-接触器电气控制电路的基本环节

在生产实践中，由于各种生产机械的工作性质和加工工艺的不同，使得它们对电动机控制要求不同，需要的电器类型和数量不同，构成的控制线路也就不同，有的比较简单，有的则相当复杂。但任何复杂的控制线路也是由一些基本控制线路有机地组合起来的。电动机常见的基本线路有：点动控制线路、正转控制线路、正反转控制线路、位置控制线路、顺序控制线路、多地控制线路、降压启动控制线路、制动控制线路和调速控制线路等。

本章首先介绍电气图的类型、国家标准及电气图的绘制原则，然后介绍电动机的基本控制线路，了解控制线路的功能、工作原理、用途，介绍电器联锁、保护环节，介绍设计电气控制线路的基本原则和经验设计法。本章的任务是学习电动机的基本控制线路，是电气控制线路设计和分析的基础。

第一节　三相异步电动机的正转控制线路

一、手动正转控制线路

正转控制线路能控制电动机单向启动和停止，并带动生产机械的运动部件朝一个方向旋转或运动。

图 2-1 手动正转控制线路是通过低压开关来控制电动机单向启动和停止的，在工厂中常被用来控制三相电风扇和砂轮机等设备。主电路低压断路器 QF 起隔离、短路、过载保护作用。

动作原理为：

启动时，合上闸刀开关或铁壳开关等低压开关，电动机立即启动运行。

停车时，断开低压开关，电动机停转。

手动正转控制线路适用于 5 kW 以下的电动机，三相风扇，砂轮机的控制。

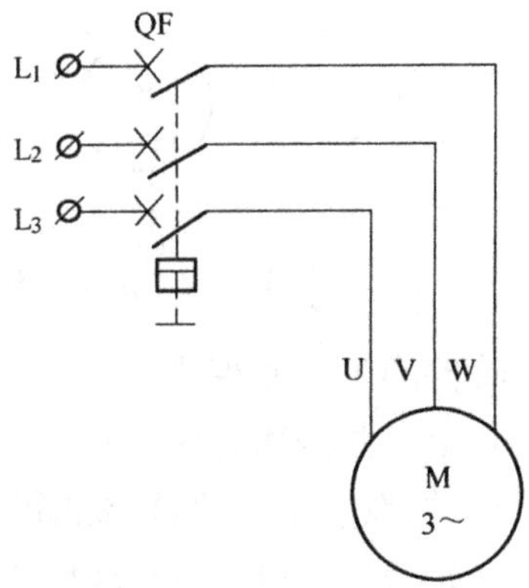

图 2-1　手动正转控制线路

手动正转控制线路的优点是所用电器元件少，线路简单；缺点是操作劳动强度大，安全性差，且不便于实现远距离控制和自动控制。

二、点动正转控制线路

点动正转控制线路是用按钮、接触器来控制电动机运转的最简单的正转控制线路，如图 2-2 所示。

在图 2-2 所示的电路中，按照电气原理图的绘制原则，三相交流电源线 L_1、L_2、L_3 依次水平画在图的上方，电源开关 QS 水平画出；由熔断器 FU_1、接触器 KM 的三对主触头和电动机 M 组成的主电路，垂直电源线画在图左侧；由启动按钮 SB_1、接触器 KM 的线圈组成的控制电路跨接在 L_1 和 L_2 两条电源线之间，垂直画在主电路的右侧，且耗能元件 KM 的线圈与下边电源线相连，启动按钮 SB_1 则画在 KM 线圈与上边电源线 L_1 之间。图中接触器 KM 采用了分开表示法，其三对主触头画在主电路中，而线圈则画在控制电路中，为表示它们是同一电器，在它们的图形符号旁边标注了相同的文字符号 KM。线路按规定在各接点进行了编号。

在图 2-2 所示的电路中，隔离开关 QS 作电源隔离开关；熔断器 FU_1、FU_2 分别作主电路、控制电路的短路保护；启动按钮 SB 控制接触器 KM 的线圈得电、失电；接触器 KM 的主触头控制电动机 M 的启动与停止。

点动控制（图 2-3）是指按下按钮，电动机得电运转；松开按钮，电动机失电停转的控制方式。

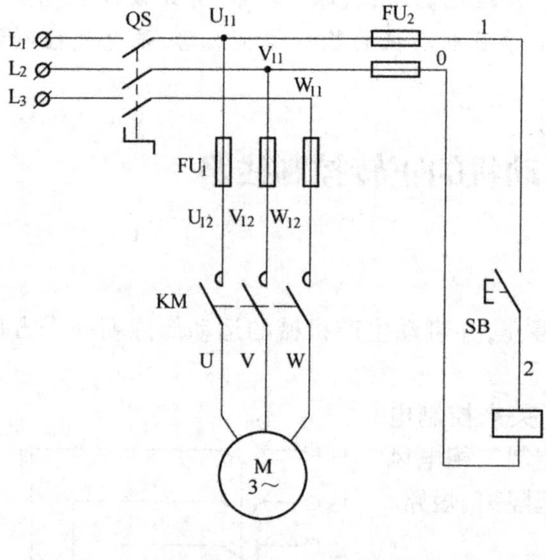

图 2-2　点动正转控制

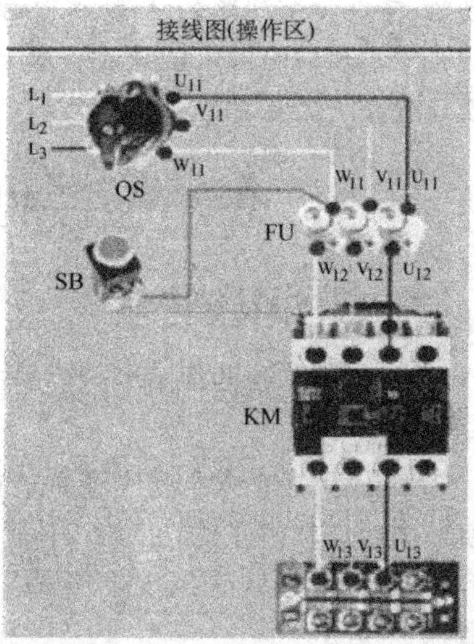

图 2-3　点动正转控制接线图

线路的工作原理为：

合上电源隔离开关 QS。

启动：按下 SB→KM 线圈得电→ KM 主触头闭合→ 电动机 M 得电运转。

停止：松开 SB→ KM 线圈失电→ KM 主触头分断→电动机 M 失电停转。

停止使用时，断开电源隔离开关 QS。

点动控制适用于电葫芦的起重机控制、车床拖板快速移动电动机控制和机床设备的试车、调整。

三、自锁正转控制线路

自锁止转控制线路是在点动控制线路基础上发展起来的，能保证电动机启动后单方向连续运行，如图2-4所示，它在控制电路中串接了一个停止按钮SB_1，在启动按钮SB_2的两端并接了接触器KM的一对辅助常开触头。

在图2-4所示的电路中，隔离开关QS作电源隔离开关；熔断器FU_1、FU_2分别作主电路、控制电路的短路保护；启动按钮SB_2控制接触器KM的线圈得电；停止按钮SB_1控制接触器KM的线路失电；接触器KM的主触头控制电动机M的启动与停止。

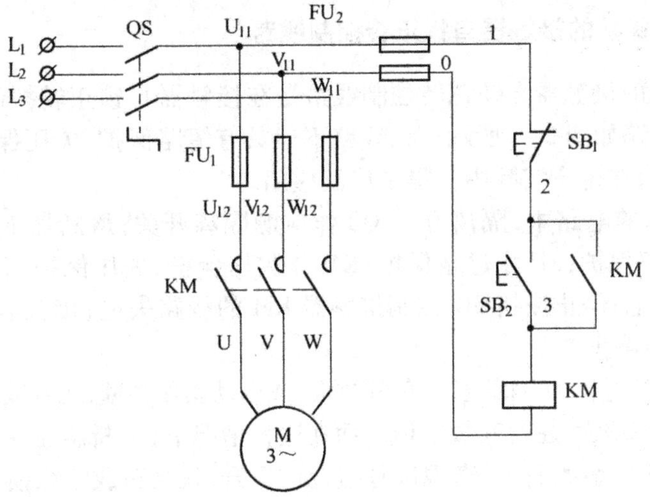

图2-4　自锁正转控制线路

线路的工作原理为：

合上电源开关QS

启动：按下SB_2 → KM线圈得电 → KM主触头闭合；KM辅助常开触头闭合 → 电动机M启动连续运转

停止：按下SB_1 → KM线圈失电 → KM主触头分断；KM辅助常开触头分断 → 电动机M失电停转

停止使用时，断开电源隔离开关QS。

由以上分析可知，当松开启动按钮SB_2后，SB_2的常开按钮虽然恢复分断，但接触器KM的辅助常开触头闭合时已将SB_2短接，使控制电路仍保持接通，接触器KM继续得电，电动机M实现了连续运转。

自锁控制就是当启动按钮松开后，接触器通过自身的辅助常开触头使其线圈保持得电的控制方式。与启动按钮并联起自锁作用的辅助常开触头叫做自锁触头。

接触器自锁控制线路不但能使电动机连续运转，而且还具有对电动机的失压和欠压（或零压）保护作用。

（1）欠压保护：欠压是指线路电压低于电动机应加的额定电压。欠压保护是指当线路电压下降到某一数值时，电动机能自动脱离电源停转，避免电动机在欠压下运行的一种保护。当线路电压下降到一定值（一般指低于额定电压85%）时，接触器线圈两端电压也同样下降到此值，使接触器线圈磁通减弱，产生的电磁吸力减小。当电磁吸力减小到小于反作用弹簧的拉力时，动铁心被迫释放，主触头和自锁触头同时分断，自动切断主电路和控制电路，电动机失电停转，起到了欠压保护的作用。

（2）失压保护：失压保护是指电动机在正常运行中，由于外界某种原因引起突然断电时，能自动切断电动机电源；当重新供电时，保证电动机不能自行启动的一种保护。当线路停电时，接触器自锁触头和主触头在电源断电时已经分断，使控制电路和主电路都不能接通，所以在电源恢复供电时，电动机就不会自行启动运转，保证了人身和设备的安全。

自锁控制适用于一切连续运行的电动机。

四、具有过载保护的接触器自锁正转控制线路

具有过载保护的接触器自锁正转控制线路是在接触器自锁正转控制线路中，增加了一只热继电器 FR，电路如图 2-5 所示。该线路不但具有短路保护、欠压保护、失压保护，而且具有过载保护作用，在生产实际中获得了广泛应用。

在图 2-5 所示的电路中，隔离开关 QS 作电源隔离开关；熔断器 FU_1、FU_2 分别作主电路、控制电路的短路保护；FU 作过载保护；KM 作欠压保护、失压保护；启动按钮 SB_2 控制接触器 KM 的线圈得电；停止按钮 SB_1 控制接触器 KM 的线路失电；接触器 KM 的主触头控制电动机 M 的启动与停止。

电动机在运行的过程中，如果长期负载过大，或启动操作频繁，或者缺相运行，都可能使电动机定子绕组的电流增大，超过其额定值。而在这种情况下，熔断器往往并不熔断，从而引起定子绕组过热，使温度持续升高。若温度超过允许温升，就会造成绝缘损坏，缩短电动机的使用寿命，严重时甚至会烧毁电动机的定子绕组。因此，对电动机必须采用过载保护措施。

过载保护是指当电动机过载时，能自行切断电动机的电源，使电动机停转的一种保护（图 2-6）。在电动机控制线路中，最常用的过载保护电器是热继电器，它的热元件串接在三相主电路中，常闭触头串接在控制电路中。在电动机运行过程中，若电动机出现长期过载或其他原因使电流超过额定值时，热继电器 FR 动作时，其常闭触头断开，KM 线圈失电，主触头断开，电动机失电停止运转。

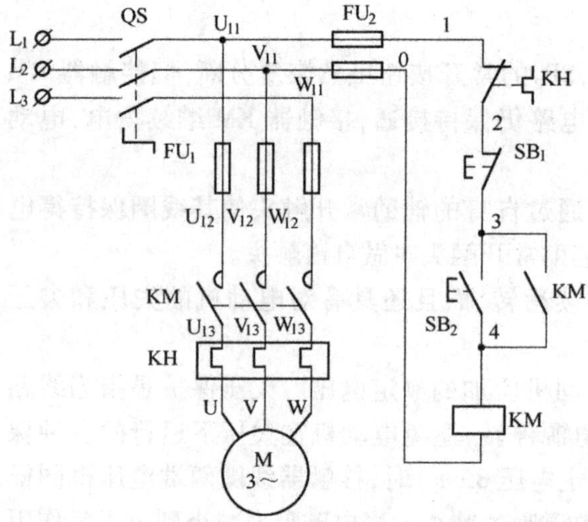

图 2-5　具有过载保护的接触器自锁正转控制线路

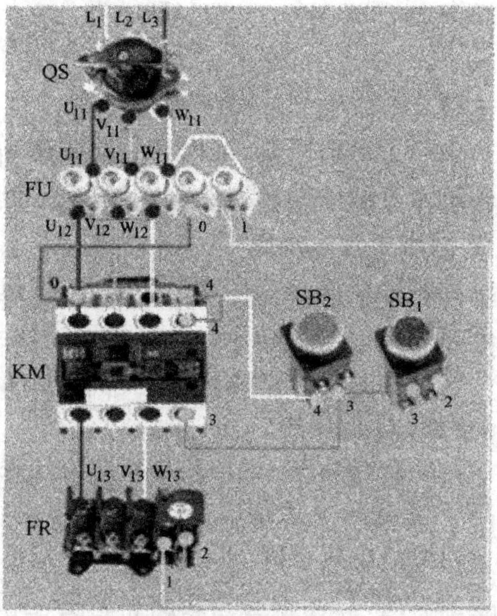

图 2-6　具有过载保护的接触器自锁正转控制接线图

注意:熔断器和热继电器都是保护电器,两者不能相互代替使用。

在照明、电加热等电路中,熔断器 FU 既可以作短路保护,也可以作过载保护。但对三相异步电动机控制线路来说,熔断器只能用作短路保护。这是因为三相异步电动机的启动电流很大(全压启动时的启动电流能达到额定电流的 4 ~7 倍),若用熔断器作过载保护,则选择的额定电流就应等于或稍大于电动机的额定电流,这样电动机在启动时,由于启动电流大大超过了熔断器的额定电流,使熔断器在很短的时间内熔断,造成电动机无法启动。所以熔断器只能作短路保护,熔体额定电流应取电动机额定电流的 1.5 ~2.5 倍。

热继电器在三相异步电动机控制线路中也只能作过载保护,不能用作短路保护。这是因为热继电器的热惯性大,即热继电器的双金属片受热膨胀弯曲需要一定时间。当电动机发生短路时,由于短路电流很大,热继电器还没来得及动作,供电线路和电源设备可能就已经损坏。而在电动机启动时,由于启动时间很短,热继电器还未运作,电动机已启动完毕。总之,热继电器和熔断器两者所起的作用不同,不能相互代替使用。

五、连续与点动的控制线路

有些生产机械常常要求电机既能连续运转,又能实现点动控制,实现这种工艺要求的线路是连续与点动混合正转控制线路,电路如图 2-7 所示。

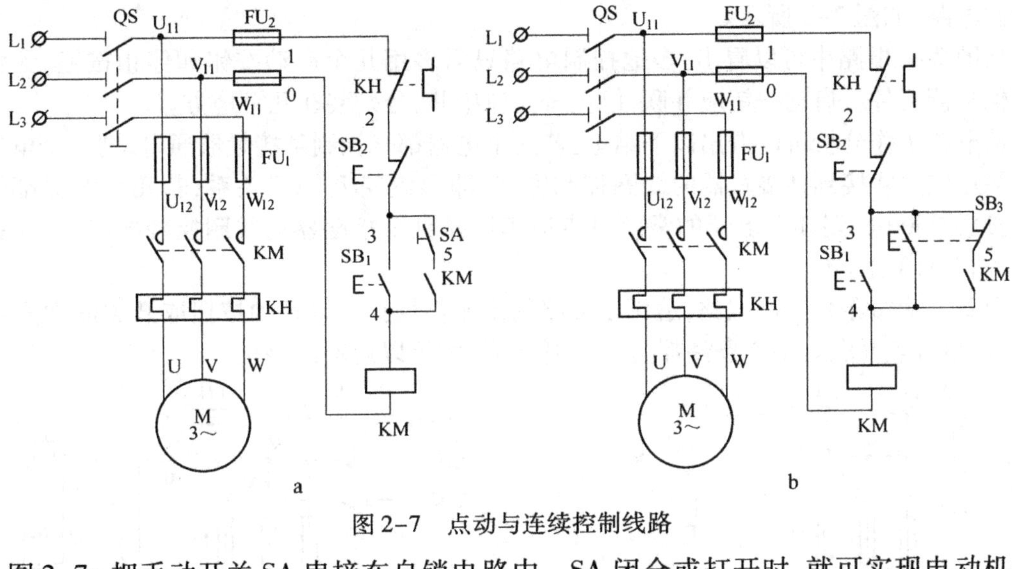

图 2-7　点动与连续控制线路

图 2-7a 把手动开关 SA 串接在自锁电路中。SA 闭合或打开时,就可实现电动机的连续或点动控制。

工作原理如下:

(1) 连续控制(SA 闭合)。

启动:按下 SB_1→KM 线圈得电并自锁→电动机 M 启动连续运转。

停止:按下 SB_2→KM 线圈失电触头复位→电动机 M 失电停转。

(2) 点动控制(SA 断开)。

启动:按下 SB_1→KM 线圈得电→KM 主触头闭合→电动机 M 得电运转。

停止:松开 SB_1→KM 线圈失电→KM 主触头分断→电动机 M 失电停转。

图 2-7b 是在启动按钮 SB_1 的两端并接一个复合按钮 SB_3。按下 SB_3时,常闭触头断开

自锁常开触头，实现电动机的点动控制。

工作原理为：

（1）连续控制。

启动：按下 SB_1 → KM 线圈得电 → KM 主触头闭合 → 电动机 M 启动连续运转；KM 线圈得电 → KM 辅助常开触头闭合 → 电动机 M 启动连续运转

停止：按下 SB_2 → KM 线圈失电 → KM 主触头分断 → 电动机 M 失电停转；KM 线圈失电 → KM 辅助常开触头分断 → 电动机 M 失电停转

（2）点动控制。

启动：按下 SB_3 → SB_3 常闭触头先分断切断自锁电路；按下 SB_3 → SB_3 常开触头后闭合 → KM 线圈得电 → 主触头闭合 → 电动机 M 启动运转

停止：松开 SB_3 → SB_3 常闭触头后恢复闭合；松开 SB_3 → SB_3 常开先恢复分断 → KM 线圈失电 → 主触头分断 → 电动机 M 失电停转

六、多地控制或多条件控制

在大型生产设备上，为使操作人员在不同方位均能进行控制操作，常常要求组成多地联锁控制电路，如图 2-8 所示。

从图 2-8 电路中可以看出，多地控制电路只需多用几个启动按钮和停止按钮，无需增加其他电器元件。启动按钮应并联，停止按钮应串联，分别装在几个地方。

从电路工作分析可以得出以下结论：若几个电器都能控制某接触器通电，则几个电器的常开触点应并联接到某接触器的线圈控制电路，即形成逻辑“或”关系；若几个电器都能控制某接触器断电，则几个电器的常闭触点应串联接到某接触器的线圈控制电路，形成逻辑“与”“非”的关系。

图 2-9 为多条件控制线路，适用于电路的多条件保护。电路中按钮或开关的常开触点串联，常闭触点并联。多个条件都满足（动作）后，才可以启动或停止。

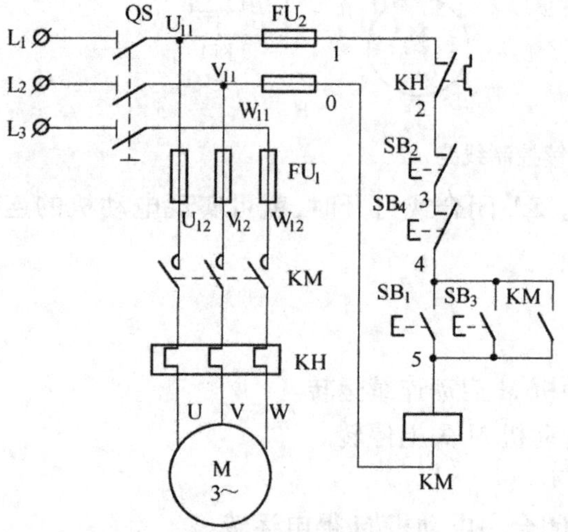

图 2-8　多地控制线路

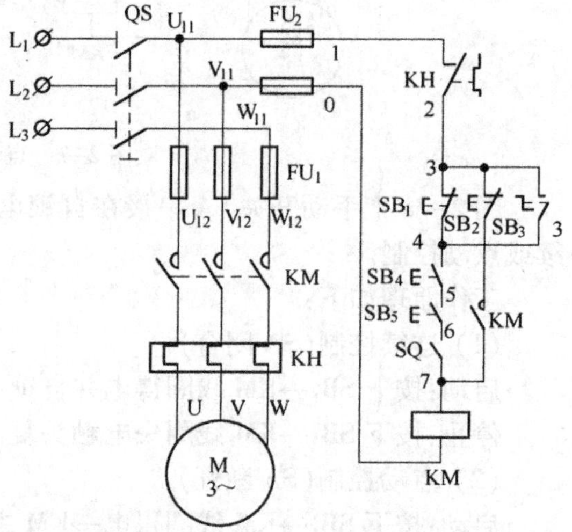

图 2-9　多条件控制线路

第二节　电气控制线路图的绘制及分析

一、常用电气控制系统的图形符号

（一）图形符号

图形符号常用于图样或其他文件，表示一个设备或概念的图形、标记或字符。电气控制系统图中的图形符号必须按照国家标准绘制。国家电气图用符号标准GB/T 4728.2～4728.13—1996～2000《电气简图用图形符号》规定了电气图中图形符号的画法，该标准中规定的图形符号基本与国际电气技术委员会（IEC）发布的有关标准相同。

图形符号包含符号要素、限定符号、一般符号以及常用的非电操作控制的动作符号（如机械控制符号等），根据不同的具体器件情况组合构成。国家标准除给出各类电气元件的符号要素、限定符号和一般符号外，也给出了部分常用图形符号及组合图形符号示例。

（1）符号要素。一种具有确定意义的简单图形，必须与其他图形组合才构成一个设备或概念的完整符号。如接触器常开主触点的符号就由接触器触点功能符号和常开触点符号组合而成。

（2）一般符号。表示一类产品和此类产品特征的一种简单的符号。如电动机可用一个圆圈表示，圆圈中加G表示发电机，圆圈中加M表示电动机。

（3）限定符号。用于提供附加信息的一种加在其他符号上的符号，称为限定符号。限定符号一般不能单独使用，但它可以使图形符号更具多样性。如，在电阻器一般符号的基础上分别加上不同的限定符号，则可得到可变电阻器、压敏电阻器、热敏电阻器等。

运用图形符号绘制电气系统图时应注意：

（1）符号尺寸大小、线条粗细依国家标准可放大与缩小，但在同一张图样中，同一符号的尺寸应保持一致，各符号间及符号本身比例应保持不变。

（2）标准中示出的符号方位，在不改变符号含义的前提下，可根据图面布置的需要旋转，或成镜像位置，但文字和指示方向不得倒置。

（3）大多数符号都可以附加上补充说明标记。

（4）有些具体器件的符号由设计者根据国家标准的符号要素、一般符号和限定符号组合而成。

（5）国家标准未规定的图形符号，可根据实际需要，按突出特征、结构简单、便于识别的原则进行设计，但需报国家标准局备案。当采用其他来源的符号或代号时，必须在图解和文件上说明其含意。

（二）文字符号

文字符号用于电气技术领域是技术文件的编制，以标明电气设备、装置和元器件的名称及电路的功能、状态和特征。国家标准GB 7159—1987《电气技术中的文字符号制定通则》规定了电气工程图中的文字符号，它分为基本文字符号和辅助文字符号。

（1）基本文字符号。

基本文字符号有单字母符号与双字母符号两种。

单字母符号按拉丁字母顺序将各种电气设备、装置和元器件划分为23大类，每一类由一个专用单字母符号表示，如“C”表示电容器类。

双字母符号由一个表示种类的单字母符号与另一个字母组成，且以单字母符号在前，另一字母在后的次序列出，如“F”表示保护器件类，“FU”则表示为熔断器。

（2）辅助文字符号。辅助文字符号用来表示电气设备、装置和元器件以及电路的功能、状态和特征的。

（3）补充文字符号的原则。

1）在不违背国家标准文字符号编制原则的条件下，可采用国家标准中规定的电气技术文字符号；

2）在优先采用基本和辅助文字符号的前提下，可补充国家标准中未列出的双字母文字符号和辅助文字符号。

3）使用文字符号时，应按电气名词术语国家标准中规定的英文术语缩写而成。

4）基本文字符号不得超过两位字母，辅助文字符号一般不超过三位字母。文字符号采用拉丁字母大写正体字，且拉丁字母中“I”和“O”不允许单独作为文字符号使用。

二、电气控制系统图的绘制规则

（一）电气控制系统图

电气控制系统是由许多电器元件按一定要求连接而成的。为了表达生产机械电气控制系统的结构、原理等设计意图，同时也为了便于电器元件的安装、接线、运行、维护，将电气控制系统中各电器的连接用一定的图形表示出来，便形成电气控制系统图。

由于电气控制系统图的对象复杂，应用领域广泛，表达形式多种多样，因此表示一项电气工程或一种电器装置的电气控制系统图有多种，它们以不同的表达方式反映工程问题的不同侧面，但又有一定的对应关系，有时需要对照起来阅读。

电气控制系统图从功能分类，可以分为电气原理图、电气装配图、电气接线图和电气布置图；从类别分类，可以分为电气配电系统图、电气照明系统图、电力拖动电气原理图。

（二）常用电气控制系统图及其绘制规则

1. 电气原理图

（1）定义：用规定的图形符号和文字符号代表各种电器，用线条代表导线，按一定的规律连接绘制的电气线路图，如图2-10所示。

电气原理图是为了便于阅读、分析控制线路，根据生产机械运动形式对电气控制系统的要求，采用国家统一规定的电气图形符号和文字符号，按照电气设备和电器的工作顺序排列，详细表示电路、设备或成套装置的全部基本组成和连接关系的一种简图，它不涉及电器元件的结构尺寸、材料选用、安装位置和实际配线方法。电气原理图是电气控制系统图中最重要的种类之一，也是识图的难点和重点。

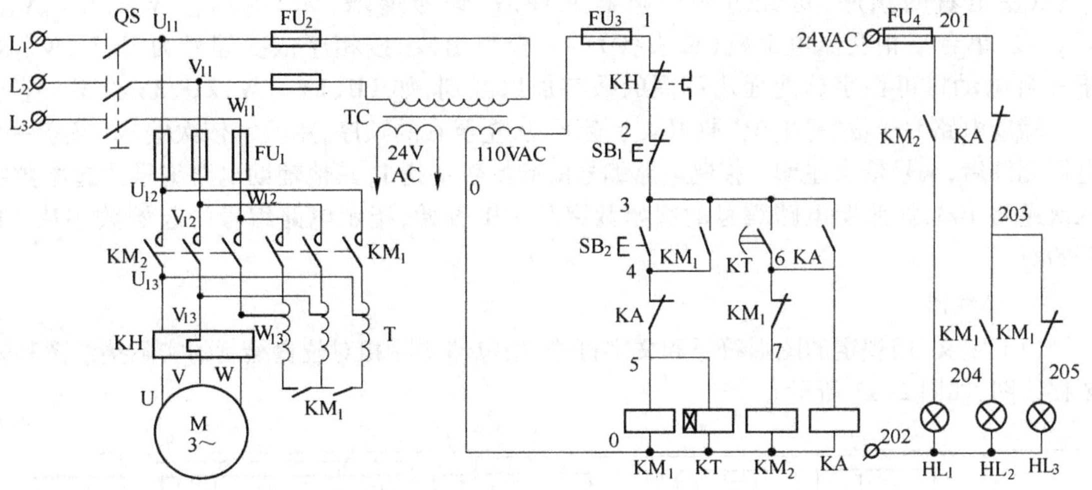

图 2-10　电气原理图示例

(2) 作用:表达电气设备和电器的用途、作用和工作原理,是线路安装、调试和维修的理论依据。

(3) 组成:电源电路、主电路、辅助电路(控制电路、照明电路、指示电路)。

(4) 特点:

1) 电源线水平绘制,三相交流电源相序自上而下 L_1、L_2、L_3依次排列,若有 N、PE 或直流"+"、"-",则应依次画在相线之下。电源开关水平画出。

2) 主电路是指受电的动力装置及控制、保护电器的支路等,是电源向负载提供电能的电路,它由主熔断器、接触器的主触头、热继电器的热元件以及电动机等组成。主电路通过电动机的工作电流,电流比较大。主电路用粗实线垂直于电源电路绘于电路图的左侧。

3) 辅助电路一般包括控制主电路工作状态的控制电路、显示主电路工作状态的指示电路、提供机床设备局部照明的照明电路等。一般由主令电器的触头、接触器的线圈和辅助触头、继电器原线圈和触头、仪表、指示灯及照明灯等组成。通常辅助电路通过的电流较小,一般不超过 5A。通常按控制电路、指示电路、照明电路的顺序,用细实线依次垂直画在主电路的右侧。耗能元件(如接触器和继电器的线圈、指示灯、照明灯)画在最下方,电器触头画在耗能元件与电源线之间。

为了读图方便,一般应按照自左至右、自上而下的排列来表示操作顺序。

4) 电器触头按未通电或不受外力作用时的正常状态绘制,电器动作按动作顺序从上到下,从左到右依次排列。分析原理时应从触头的常态位置出发。

5) 电器元件用国家统一规定的电气图形符号画出。

6) 同一电器的不同部件可以按其在电路中的作用,画在不同电路中,但它们的动作是相互关联的,必须用同一文字符号标注。

7) 电路图中有直接电联系的交叉导线连接点,要用小圆圈或黑点表示。

8) 电路图采用电路编号法,即对电路中的各个接点用字母或数字编号。

主电路从电源开关的出线端开始按相序依次编号为 U_{11}、V_{11}、W_{11},然后按从上至下、从左至右的顺序，每经过一个电器元件后，编号递增，如 U_{12}、V_{12}、W_{12}，U_{13}、V_{13}、W_{13}…。单台三相交流电动机（或设备）的三根引出线，按相序依次编号为 U、V、W。对于多台电动机可在字母前面用不同的数字加以区别，如 1U、1V、1W，2U、2V、2W …。

辅助电路编号按“等电位”原则从上至下、从左至右的顺序，用数字依次编号，每经一个电器元件后，编号依次递增。控制电路编号的起始数字是 1，其他辅助电路编号的起始数字依次递增 100，如照明电路编号的起始数字从 101 开始，指示电路编号的起始数字从 201 开始。

2. 接线图

（1）定义：用规定的图形符号和文字符号，按电器实际相对位置绘制的实际接线图和安装接线图，如图 2-11 所示。

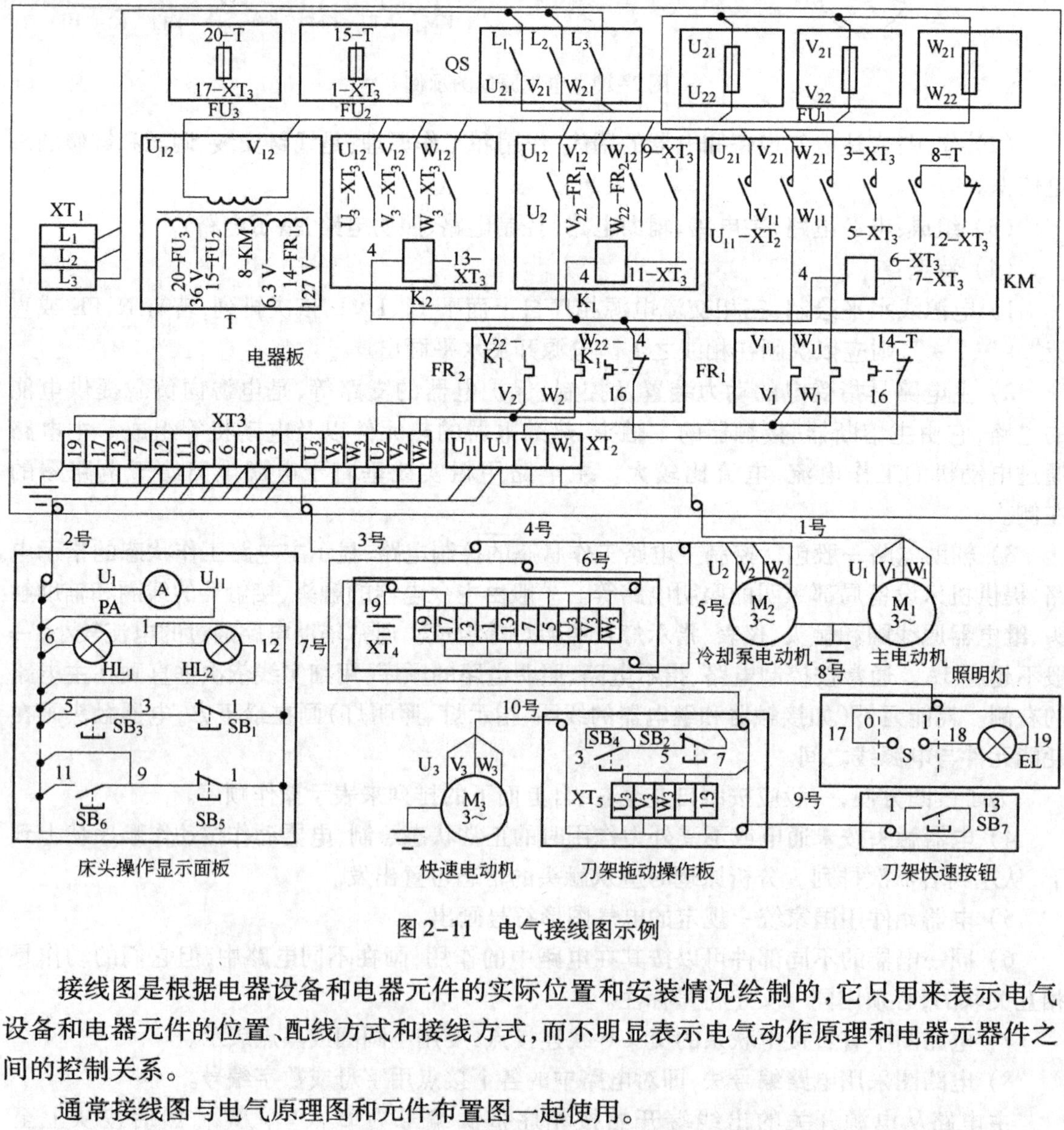

图 2-11 电气接线图示例

接线图是根据电器设备和电器元件的实际位置和安装情况绘制的，它只用来表示电气设备和电器元件的位置、配线方式和接线方式，而不明显表示电气动作原理和电器元器件之间的控制关系。

通常接线图与电气原理图和元件布置图一起使用。

（2）作用：用于安装接线，线路检查维修和故障处理。

（3）特点：

1）接线图表示了元器件的相对位置，文字符号、端子号、导线类型、导线截面、屏蔽和导线绞合等。

2）电器元件的图形、文字符号与原理图相同，元件按所在实际位置绘制在同一图纸上，且同一电器的不同部件集中画在一起，并用点划线框上。

3）接线图导线有单根导线、导线组、电缆之分，可用连续线和中断线表示。凡导线走向相同的可以合并，用线束表示，到达接线端子板或电器元件的连接点时再分别画出。

一般，主电路用粗实线画出，控制回路用细实线画出，连接导线横平竖直，转弯处画成直角。按主辅电路分类，凡同类电路同一配线路径的若干根导线连接线应集束走线；当某一接线柱引下的导线进入或离开汇总线时，进出点要画成45°斜角，以示导线的来路和去向。

4）各接线柱标号应和原理图中相应线端标号一致。

5）按钮、行程开关、速度继电器等板外电器，一律画在板外，板内和板外元件有连接关系时，一律通过接线端子板。

3. 电气布置图

（1）定义：根据电器元件在控制板上的实际安装位置，采用简化的外形符号（如正方形、矩形、圆形等）绘制的一种简图，如图2-12所示。

电器位置图是用来详细表明电气原理图中各电气设备、元器件的实际安装位置，可视电气控制系统复杂程度采取集中绘制或单独绘制。

（2）作用：用于电器元件的布置和安装。

（3）特点：

1）各电器的文字符号，必须与电路图和接线图的标注相一致。

2）体积大和较重的电器设备、元器件应安装在电器安装板的下方，而发热元器件应安装在电器安装板的上面。

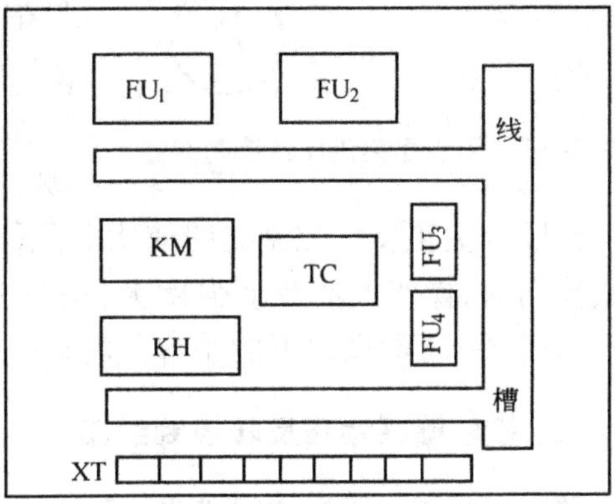

图2-12　电气布置图示例

3）强电、弱电应分开，弱电应加屏蔽，以防止外界干扰。

4）需要经常维护、检修、调整的电器元件安装位置不宜过高或过低。

5）电器元件的布置应考虑整齐、美观、对称。外形尺寸与结构类似的电器安装在一起，以利安装和配线。

6）电器元件布置不宜过密，应留有一定间距。如用走线槽，应加大各排电器间距，以利于布线和故障维修。

在实际工作中，电气原理图、电气布置图、电气接线图应结合起来使用。

第三节　三相异步电动机的正反转控制线路

在实际工作中，生产机械常常需要运动部件可以正、反两个方向的运动，这就要求电动机能够实现可逆运行。由电机原理可知，三相交流电动机可改变定子绕组相序来改变电动机的旋转方向。因此，借助于接触器来实现三相电源相序的改变，即可实现电动机的可逆运行。下面介绍几种常用的正反转控制线路。

一、倒顺开关正反转控制线路

倒顺开关正反转控制线路如图 2–13 所示，通过倒顺开关进行换相，实现电动机的正反转。万能铣床主轴电动机的正反转控制就是采用倒顺开关来实现的。

线路的工作原理为：

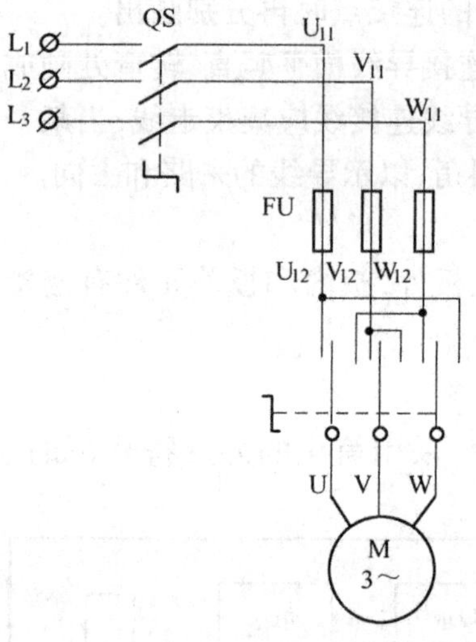

图 2–13　倒顺开关正反转控制线路

QS 手柄置于“停”位置，QS 动、静触头不接触，电路不通，电动机不转。

QS 手柄置于“顺”位置，QS 动触头的左边与静触头相接触，电路按 L_1-U、L_2-V，L_3-W 接通，输入电动机定子绕组的电源相序为 $L_1-L_2-L_3$，电动机正转。

QS 手柄置于“倒”位置，QS 动触头的右边与静触头相接触，电路按 L_1-W、L_2-V，L_3-U 接通，输入电动机定子绕组的电源相序为 $L_3-L_2-L_1$，电动机反转。

使用时，当电动机处于状态时，要使它反转，应先把手柄扳到“停”位置，使电动机先停转，然后再把手柄扳到“倒”位置，使它反转。若直接把手柄由“顺”扳至“倒”的位置，电动机的定子绕组会因为电源突然反接而产生很大的反接电流，易使电动机定子绕组因过热而损坏。

倒顺开关正反转控制线路使用电器较少，线路比较简单，但它是一种手动控制线路，在频繁换向时，操作人员劳动强度大，操作安全性差，所以这种线路一般用于控制额定电流 10 A、功率在 3 kW 及以下的小容量电动机。

二、接触器联锁正反转控制线路

接触器联锁正反转控制线路如图 2–14 所示，接线图如图 2–15 所示。线路中采用了两个接触器，即正转用的接触器 KM_1 和反转用的接触器 KM_2，它们分别由正转按钮 SB_2 和反转按钮 SB_3 控制。从主电路中可以看出，这两个接触器的主触头所接通的电源相序不同，KM_1 按 $L_1-L_2-L_3$ 相序接线，KM_2 则按 $L_3-L_2-L_1$ 相序接线。相应的控制电路有两条，一条是由按钮 SB_2 和接触器 KM_1 线圈等组成的正转控制电路；另一条是由按钮 SB_3 和接触器 KM_2 线圈组成的反转控制电路。

必须指出，接触器 KM_1、KM_2 和主触头绝不允许同时闭合，否则将造成两相电源（L_1 相和 L_3 相）短路事故。为了避免两个接触器 KM_1 和 KM_2 同时得电动作，在正、反转控制电路中分别串接了对方接触器的一对辅助常闭触头。这样当按下正转启动按钮 SB_2 时，正转接触器 KM_1 线圈通电，主触头闭合，电动机正转，与此同时，由于 KM_1 的辅助常闭触头断开而切断了反转接触器 KM_2 的线圈电路。因此，即使按下反转启动按钮 SB_3，也不会使反转接触器的线圈通电工作。同理，在反转接触器 KM_2 动作后，也保证了正转接触器 KM_1 的线圈电路不能再工作。

当一个接触器得电动作时，通过其辅助常闭触头使另一个接触器不能得电动作，接触器之间这种相互制约的作用叫做接触器联锁（或互锁）。实现联锁作用的辅助常闭触头称为联锁触头（或互锁触头），联锁用符号“▼”表示。

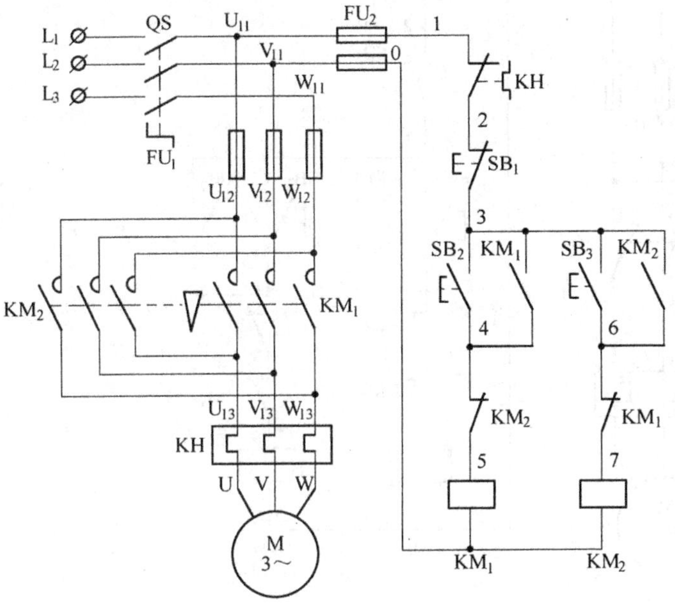

图 2-14　接触器联锁正反转控制线路

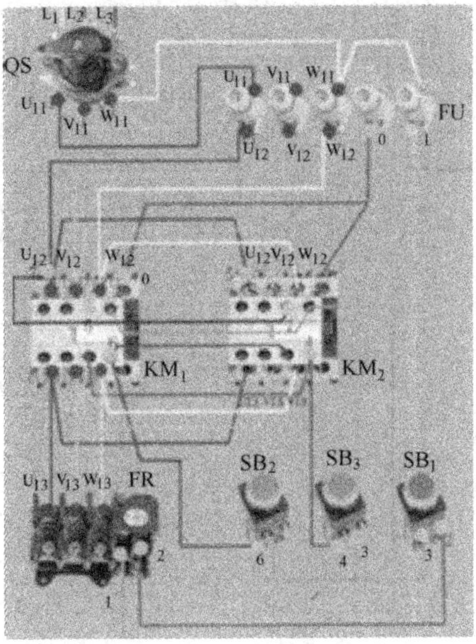

图 2-15　正反转控制接线图

线路的工作原理如下：先合上电源隔离开关 QS。

（1）正转控制。

按下 SB_2 → KM_1 线圈得电 →
- → KM_1 自锁触头闭合自锁 ↓
- → KM_1 主触头闭合 → 电动机 M 启动连续正转
- → KM_1 常闭触头断开对 KM_2 联锁

（2）反转控制。

按下 SB_3 → KM_2 线圈得电 →
- → KM_2 自锁触头闭合自锁 ↓
- → KM_2 主触头闭合 → 电动机 M 启动连续反转
- → KM_2 常闭触头断开对 KM_1 联锁

（3）停车。

按下 SB_1，整个控制电路失电，主触头分断，电动机 M 失电停转。

在接触器联锁正反转控制线路中，电动机从正转变为反转时，必须先按下停止按钮后，才能按反转启动按钮，否则由于接触器的联锁，不能实现反转。因此线路工作台安全可靠，但操作不便。

三、按钮、接触器双重联锁正反转控制线路

按钮、接触器双重联锁正反转控制线路如图 2-16 所示。线路中把正转按钮 SB_2 和反转按钮 SB_3 换成两个复合按钮，并把两个复合按钮的常闭触头也串接在对方的控制电路中，这样就克服了接触器联锁正反转控制线路操作不便的缺点，使线路操作方便，工作可靠。

线路工作原理为：先合上电源隔离开关 QS。

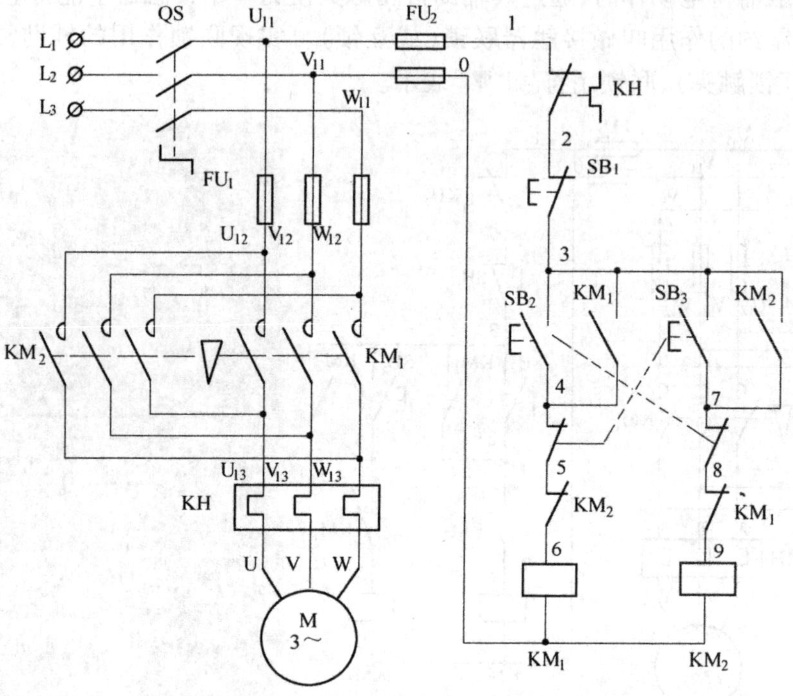

图 2-16　双重联锁正反转控制线路

（1）正转控制。

按下 SB_2 →
- SB_2 常闭触头先分断，对 KM_2 联锁
- SB_2 常开触头闭合 → KM_1 线圈得电 →
  - KM_1 自锁触头闭合自锁
  - KM_1 主触头闭合
  - KM_1 联锁触头分断对 KM_2 联锁
  - → 电动机 M 启动连续正转

（2）反转控制。

按下 SB_3 →
- SB_3 常闭触头先分断 → KM_1 线圈失电 →
  - KM_1 自锁触头分断
  - KM_1 主触头分断 → 电动机 M 失电
  - KM_1 联锁触头恢复闭合
- SB_3 常开触头后闭合

→ KM_2 线圈得电 →
- KM_2 自锁触头闭合自锁
- KM_2 主触头闭合 → 电动机 M 启动连续反转
- KM_2 联锁触头分断对 KM_1 联锁（切断正转控制线路）

（3）停车。

按下 SB_1，整个控制电路失电，主触头分断，电动机 M 失电停转。

第四节　位置控制与自动往返控制线路

一、位置控制线路

在生产过程中，一些生产机械运动部件的行程或位置受到限制，如在摇臂钻床、万能铣床、镗床、桥式起重机及各种自动或半自动控制的机床设备中就经常遇到这种控制要求。

位置开关是一种将机械信号转换为电气信号，以控制运动部件位置或行程的自动控制电器。位置控制线路就是利用生产机械运动部件上的挡铁与位置开关碰撞，使其触头动作，来接通或分断电路，以实现对生产机械运动部件的位置或行程进行自动控制。

位置控制线路如图 2-17 所示，在接触器联锁正反转控制线路的基础上，利用行程开关实现位置控制。图 2-17 的右下角是行车运动示意图，在行车运行路线的两头终点各安装一个行程开关 SQ_1 和 SQ_2，它们的常闭触头分别串接在正转控制电路和反转控制电路中，当安装在行车前后的挡铁撞击行程开关的滚轮时，行程开关的常闭触头分断，切断控制电路，使行车自动停止。

利用生产机械运动部件上的挡铁与行程开关碰撞，使其触头动作来接通或断开电路，以实现对生产机械运动部件的位置或行程的自动控制的方法称为位置控制，又称行程控制或限位控制。

利用行程开关按照机械设备的运动部件的行程位置进行的控制，称为行程控制原则，是机械设备自动化和生产过程自动化中应用最广泛的控制方法之一。

图 2-17 所示位置控制线路的工作原理请参照接触器联锁正反转控制线路自行分析。行车的行程和位置可通过移动行程开关的安装位置来调节。

位置控制常用于电梯、摇臂钻床、万能铣床、镗床等设备。

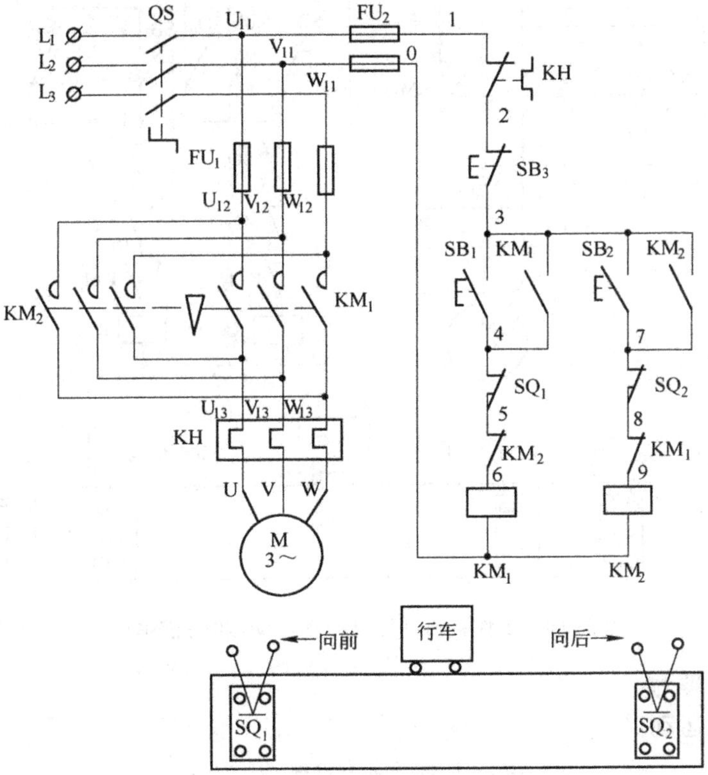

图 2-17　位置控制线路

二、自动往返控制线路

在生产过程中，有些生产机械如机床的工作台、高炉加料设备等均需要在一定的行程内自动往复运动，以实现对工作的连续加工，提高生产效率。这就需要电气控制线路能控制电动机实现自动换接正反转来实现生产机械的往复运动。通常是利用行程开关来检测往复运动的相对位置，进而控制电动机的正反转。

图 2-18 为自动往复循环运动示意图及控制线路图。为了使电动机的正反转控制与工作台的左右运动相配合，在控制线路中设置了四个行程开关，并把它们安装在工作台需限位的地方。其中 SQ_1 为正向转反向行程开关，SQ_2 为反向转正向行程开关，SQ_3、SQ_4 为正反向终端保护行程开关，以防止 SQ_1、SQ_2 失灵，工作台越过限定位置而造成事故。在工作台边的 T 形槽中装有两块挡铁。当工作台运动到所限位置时，挡铁碰撞行程开关，使其触头动作，自动换接电动机正反转控制电路，通过机械传动机构使工作台自动往返运动。工作台行程可通过移动挡铁位置来调节，拉开两块挡铁间的距离，行程变短，反之则变长。

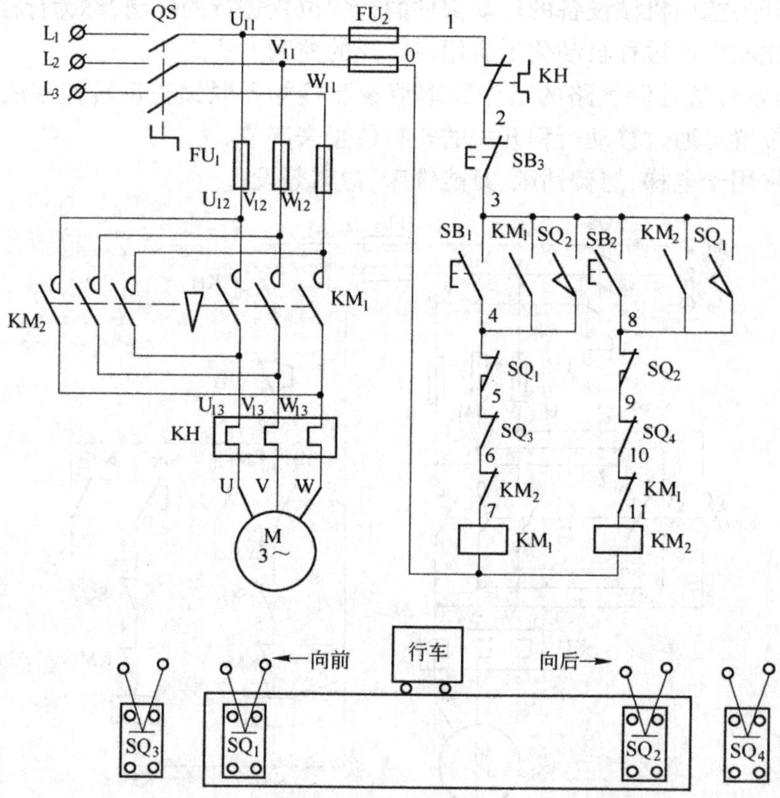

图 2-18　工作台自动往复循环运动控制线路图

线路的工作原理为：

（1）自动往返运动。

按下 SB_1 → KM_1 线圈得电 →
- → KM_1 自锁触头闭合自锁
- → KM_1 主触头闭合 → 电动机 M 正转 →
- → KM_1 联锁触头分断对 KM_2 联锁

→工作台左移→至限定位置并撞击 SQ_1 → SQ_1 常闭先分断 → KM_1 线圈失电→
　　　　　　　　　　　　　　　　　→ SQ_1 常开后闭合

→ KM_1 自锁触头分断解除自锁
→ KM_1 主触头分断 → M 停止正转，工作台停止左移
→ KM_1 联锁触头恢复闭合 →

→ KM_2 线圈得电 → KM_2 自锁触头闭合自锁
　　　　　　　　→ KM_2 主触头闭合 → 电动机 M 反转→
　　　　　　　　→ KM_2 联锁触头分断对 KM_1 联锁

→工作台右移→至限定位置并撞击 SQ_2 → SQ_2 常闭先分断 → KM_2 线圈失电
　　　　　　　　　　　　　　　　　→ SQ_2 常开后闭合

→ KM_2 自锁触头分断解除自锁
→ KM_2 主触头分断 → M 停止反转，工作台停止右移
→ KM_2 联锁触头恢复闭合 →

→ KM_1 线圈得电 → KM_1 自锁触头闭合自锁
　　　　　　　　→ KM_1 主触头闭合 → 电动机 M 双正转→
　　　　　　　　→ KM_1 联锁触头分断对 KM_2 联锁

→工作台又左移（SQ_2 触头复位）→以后重复上述过程，工作台就在限定的行程内自动往返运动

（2）停止。

按下 SB_3 整个控制电路失电，主触头分断，电动机 M 失电停转。

SB_1、SB_2 分别作为正转启动按钮和反转启动按钮，若启动进工作台在左端，则应按下 SB_2 进行启动。

显然，自动往返控制线路，不仅能实现位置或行程控制，还具有终端保护，但它每一次往返，电动机都要经历两次反接制动过程。

自动往返控制常用于起重机、吊车、升降机、电梯、机床运动部件。

第五节　顺序控制线路

在装有多台电动机的生产机械上，各电动机所起的作用是不同的，有时需按一定的顺序启动或停止，才能保证操作过程的合理和工作的安全可靠。如磨床要求先启动润滑油泵，然后再启动主轴电动机；铣床的主轴旋转后，工作台方可移动等。顺序工作控制电路有顺序启动，同时停止控制电路；有顺序启动、顺序停止控制电路，还有顺序启动、逆序停止控制电路。

要求几台电动机的启动或停止必须按一定的先后顺序来完成的控制方式，叫做电动机的顺序控制。

一、主电路实现顺序控制

图 2-19 所示是主电路实现电动机顺序控制的电路图之一，线路的特点是电动机 M_1 和 M_2 分别通过接触器 KM_1 和 KM_2 来控制，接触器 KM_2 的主触头接在接触器 KM_1 主触头的下面，这样就保证了当 KM_1 主触头闭合，电动机 M_1 启动运转后，电动机 M_2 才可能接通电源运

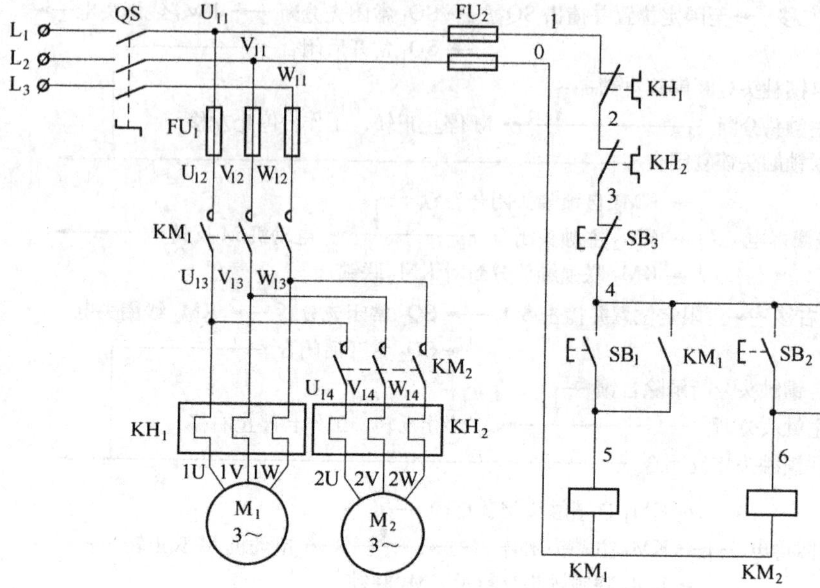

图 2-19　主电路实现电动机顺序控制

转。线路可以实现如下控制功能：

（1）同时启动、同时停止控制。

先按下 SB_2，KM_2线圈得电并自锁，主触头闭合，但 KM_2主触头未接通电源。再按下 SB_1，KM_1线圈得电并自锁，主触头闭合，M_1和 M_2电动机同时启动运行。

停止时，按下 SB_3，控制电路失电，KM_1、KM_2线圈失电，M_1和 M_2电动机同时失电停转。

（2）顺序启动，同时停止控制。

先按下 SB_1，KM_1线圈得电并自锁，主触头闭合，M_1电动机启动运行。再按下 SB_2，KM_2线圈得电并自锁，主触头闭合，M_2电动机启动运行。

停止时，按下 SB_3，控制电路失电，KM_1、KM_2线圈失电，M_1和 M_2电动机同时失电停转。

图 2-20 所示是主电路实现电动机顺序控制的电路图之一，线路的特点是电动机 M_1和 M_2分别通过接触器 KM_1和插头来控制，M_2电动机的插头接在接触器 KM_1主触头的下面，这样就保证了当 KM_1主触头闭合，电动机 M_1启动运转后，电动机 M_2才可能接通电源运转。线路实现的功能和工作原理自行分析。

二、控制电路实现顺序控制

几种在控制电路实现电动机顺序控制的电路如图 2-21 所示。

图 2-21a 所示控制电路的特点是：电动机 M_2的控制电路先与接触器 KM_1的线圈并接后再与 KM_1的自锁触头串接，这样就保证了 M_1启动后，M_2才能启动的顺序控制要求。线路可达到两台电动机顺序启动、同时停止的控制功能。

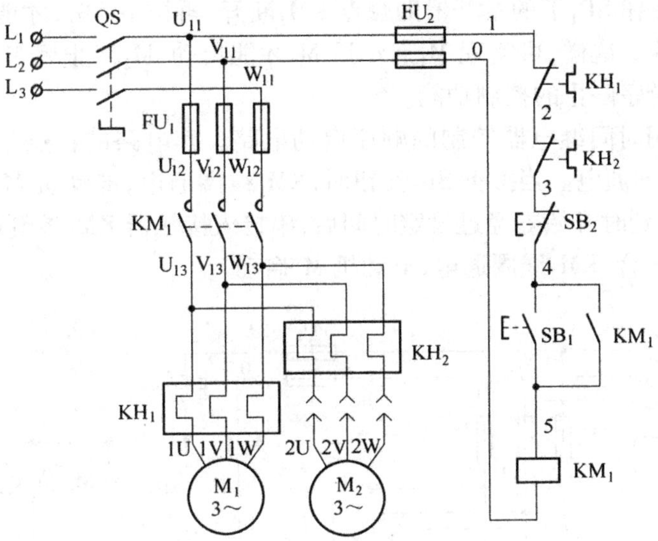

图 2-20　主电路实现电动机顺序控制

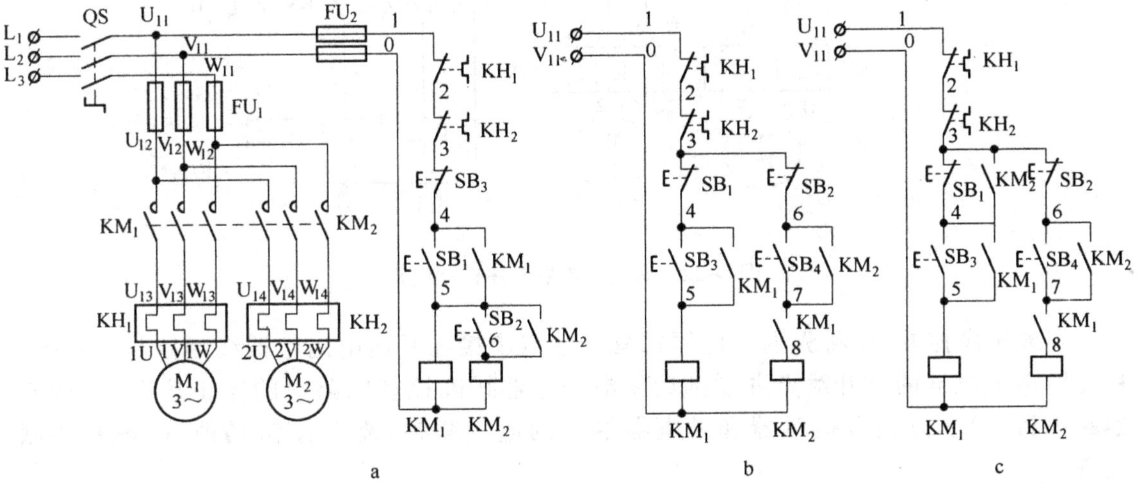

图 2-21　几种控制电路实现电动机顺序控制

图 2-21b 所示控制电路的特点是：只有 KM_1 线圈通电后，其串入 KM_2 线圈控制电路中的常开触点 KM_1 闭合，才能使 KM_2 线圈存在通电的可能，以此制约了 M_2 电动机的启动顺序。当按下 SB_1 按钮时，接触器 KM_1 线圈断电，其串接在 KM_2 线圈控制电路中的常开辅助触点断开，保证了 KM_1 和 KM_2 线圈同时断电，其常开主触点断开，两台电动机 M_1、M_2 同时停止，可实现两台电动机顺序启动、同时停止的控制功能。M_1、M_2 顺序启动后，当按下 SB_2 时，接触器 KM_2 线圈断电，其常开主触点断开，电动机 M_2 停转；再按下 SB_1 时，接触器 KM_1 线圈断电，其常开主触点断开，电动机 M_1 才停转，这样，可实现两台电动机顺序启动、单独停止的控制功能。

图 2-21c 所示控制电路的特点是：在 KM_1 停止按钮 SB_1 的两端并接了接触器 KM_2 的辅助常开触头。此控制电路停车时，必须先按下 SB_2 按钮，切断 KM_2 线圈的供电，电动机 M_2 停

止运转，其并联在按钮 SB_1 下的常开辅助触点 KM_2 断开；再按下 SB_1，才能使 KM_1 线圈断电，电动机 M_1 停止运转。这样，可实现 M_1 启动后 M_2 才能启动、M_2 停止后 M_1 才能停止，即两台电动机顺序启动、逆序停止的控制功能。

图 2-22 为利用时间继电器控制的顺序启动电路。其电路的特点是：利用时间继电器自动控制 KM_2 线圈的通电。当按下 SB_2 按钮时，KM_1 线圈通电，电动机 M_1 启动，同时时间继电器线圈 KT 通电，延时开始。经过设定时间后，串接入接触器 KM_2 控制电路中的时间继电器 KT 的动合触点闭合，KM_2 线圈通电，电动机 M_2 启动。

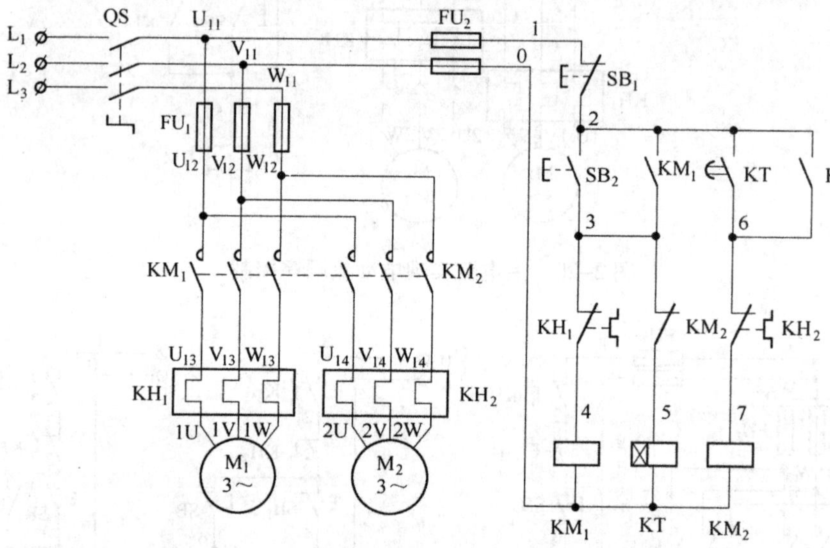

图 2-22　时间继电器顺序控制电路

实现顺序控制，应将先通电电器的常开触点串接在后通电的电器线圈控制电路中，将先断电的电器的常开触点并联到后断电的电器线圈控制电路中的停止按钮上（或其他断电触点）。方法有接触器和继电器触点的电气联锁、复合按钮联锁、行程开关联锁等。

例 2-1　图 2-23 所示是三条传送带运输机的示意图。对于这三条传输带运输机的电气要求是：

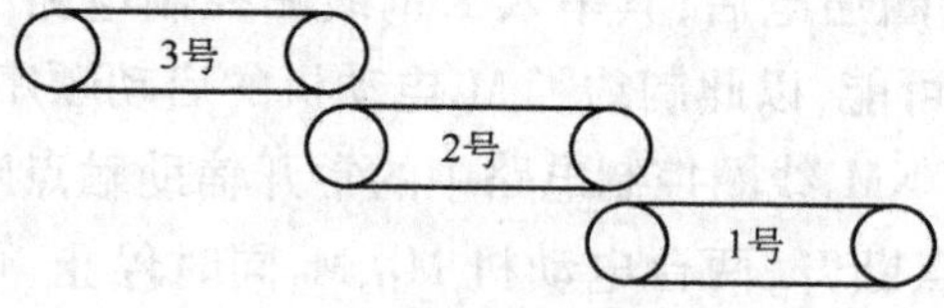

图 2-23　三条传送带运输机示意图

（1）启动顺序为 1 号、2 号、3 号，即顺序启动，以防止货物在带上堆积；

（2）停止顺序为 3 号、2 号、1 号，即逆序停止，以保证停车后带上不残存货物；

（3）当 1 号或 2 号出现故障停止时，3 号能随即停止，以免继续进料。试画出三条带运输机的电路图。

解：分析题意，可知三条带运输机控制功能为顺序启动（$M_1-M_2-M_3$）、逆序停止（$M_3-M_2-M_1$），可选择图 2-21c 所示控制电路为基本电路，并考虑短路和过载保护，其电路如图 2-24 所示。

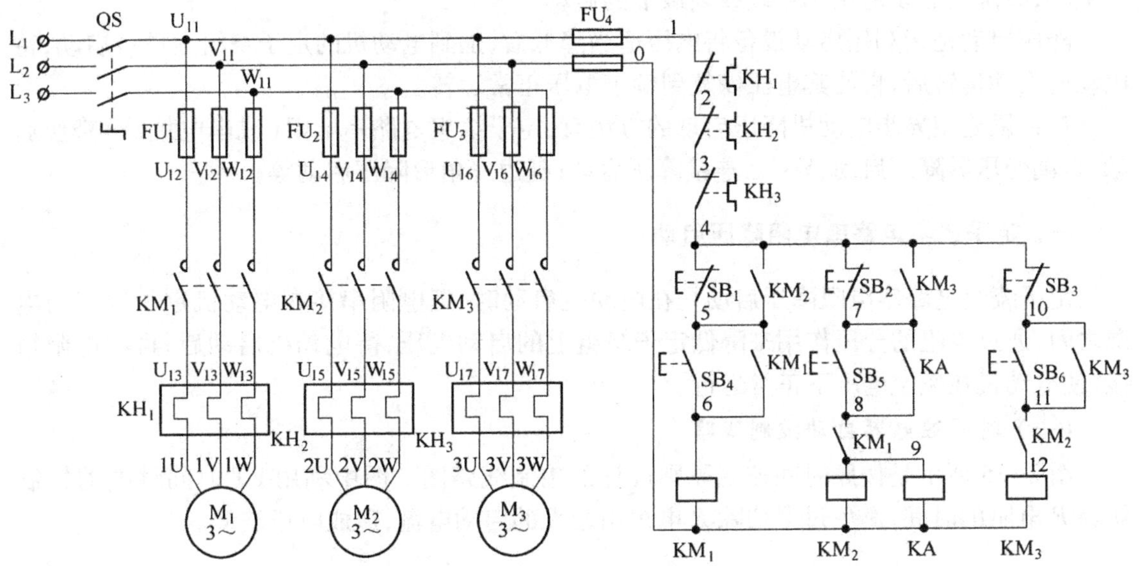

图 2-24　三条带运输机控制电气原理图

第六节　三相交流异步电动机降压启动控制电路

上几节介绍的控制线路中,电动机都是采用直接启动,或者称为全压启动,它是通过开关或接触器,将额定电压直接加在定子绕组上使电动机启动的方法。这种方法的优点是启动设备少、控制线路简单、维修量较小、启动力矩较大、启动时间短。但启动电流大,一般为额定电流的 4 ~7 倍。在电源变压器容量不够大,而电动机的功率较大的情况下,直接启动将导致电源变压器输出电压下降,不仅会减小电动机本身的启动转矩($T \propto U^2$),而且会影响同一供电线路中其他电气设备的正常工作,严重时会导致电动机无法启动。因此,直接启动只能用于电源容量较电动机容量大得多的情况。

电源容量是否允许电动机在额定电压下直接启动,可根据下式判断:

$$\frac{I_{St}}{I_N} \leqslant \frac{3}{4} + \frac{S}{4P}$$

式中　I_{St}——电动机全压启动电流,A;

I_N——电动机额定电流,A;

S——电源变压器容量,kV · A;

P——电动机功率,kW。

通常规定:电源容量在 180 kV · A 以上,电动机容量在工作中 7. 5kW 以下的三相异步电动机可采用直接启动。若电动机不能直接启动,均须采用降压启动。

三相笼型电动机降压启动的实质,就是在电源电压不变的情况下,启动时减小加在电动机定子绕组上的电压,以限制启动电流,而在启动后再将电压恢复至额定值,电动机进入正常运行。降压启动可以减少启动电流,减小线路电压降,也就减小了启动时对线路的影响,但电动机的电磁转矩是与定子端电压平方成正比,所以降压启动使得电动机的启动转矩相应减小，故降压启动适用于空载或轻载下的启动。

降压启动是指利用启动设备将电压适当降低后，加到电动机的定子绕组上进行启动，待电动机启动运转后，再使其电压恢复到额定电压正常运转。

三相鼠笼型异步电动机降压启动的方法有：定子绕组电路串电阻（或串电抗器）降压启动、自耦变压器降压启动、Y－△连接降压启动；延边三角形降压启动等。

一、定子绕组电路串电阻降压启动

定子绕组电路串电阻降压启动是在电动机启动时，把电阻串接在电动机定子绕组与电源之间，通过电阻的分压作用来降低定子绕组上的启动电压，待电动机启动后，再将电阻短接，使电动机在额定电压下正常运行。

（一）时间继电器自动控制线路

图 2-25 所示是按照时间控制原则设计的控制线路图。图中利用 KT 时间继电器控制切除 R 电阻的时间，避免过早切除 R 电组引起大的启动电流，造成电压波动。

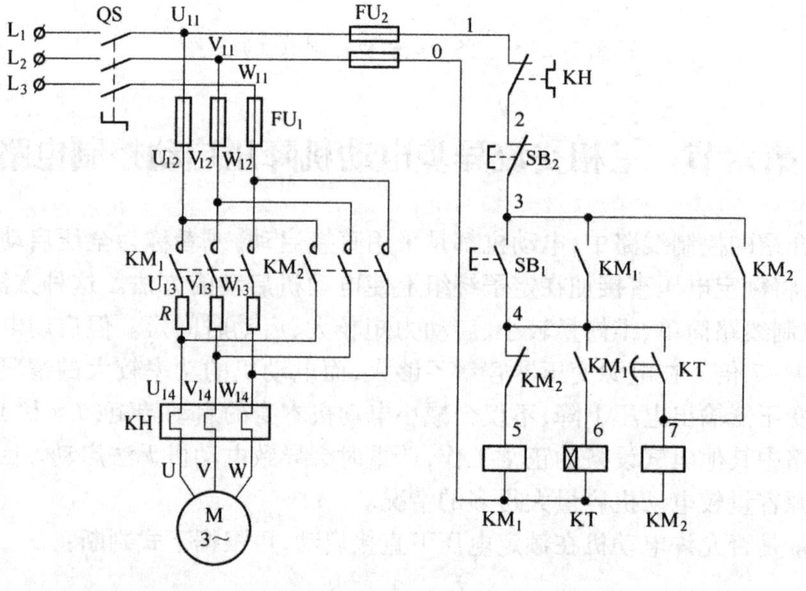

图 2-25　定子绕组电路串电阻降压启动控制

线路工作原理为：

降压启动：先合上电源隔离开关 QS。

按下 SB_1 → KM_1 线圈得电 → KM_1 自锁触头闭合自锁 → 电动机 M 串电阻 R 降压启动
　　　　　　　　　　　　　→ KM_1 主触头闭合 ↗
　　　　　　　　　　　　　→ KM_1 辅助常开触头闭合 → KT 线圈得电 → 转速上

升到一定值时，KT 延时结束 → KT 延时常开触头闭合 → KM_2 线圈得电 →

→ KM_2 自锁触头闭合自锁
→ KM_2 主触头闭合 → 电阻 R 被短接 → 电动机 M 全压运行
→ KM_2 辅助常闭触头分断 → KM_1、KT 线圈先后失电，其触头复位

停止时，按下 SB_2，控制电路失电，KM_2 线圈失电，M 电动机失电停转。

（二）手动、自动控制线路

在图 2-26 手动、自动控制定子绕组串电阻降压启动控制线路中，SA 为手动、自动控制转换开关，SA 置于手动位置时，M 点接通；SA 置于自动位置时，A 点接通。其工作原理自行分析。

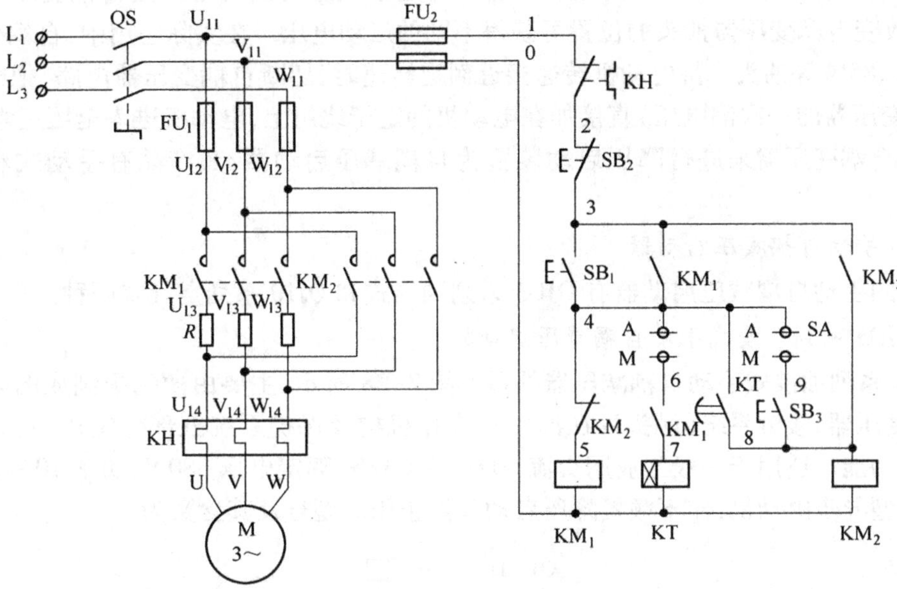

图 2-26　手动、自动控制定子绕组串电阻降压启动

由以上分析可见，只要调整好时间继电器 KT 触头的动作时间，电动机由降压启动过程切换成全压运行过程就能准确可靠地自动完成。

启动电阻 R 一般采用由电阻丝绕制的板式电阻或铸铁电阻（常用 ZX_1、ZX_2）。铸铁电阻阻值小，能通过较大电流，功率大。每相串接的降压电阻 R 的阻值可按下列近似公式确定：

$$R = 190 \times \frac{I_{St} - I'_{St}}{I_{St} I'_{St}}$$

式中　R——电动机每相串接的启动电阻，Ω；

I_{St}——未串电阻前的启动电流，A，一般取 4 ~ 7I_N；

I'_{St}——串电阻后的启动电流，A，一般取 2 ~ 3I_N；

I_N——电动机的额定电流，A。

电阻功率可按 $P = I_N^2 R$ 计算。由于启动电阻 R 仅在启动过程中接入，且启动时间很短，所以实际选用的电阻功率可比计算值减小 3 ~ 4 倍。若电动机定子回路只串接两相启动电阻，则电阻值可取计算值的 1.5 倍。

定子串电阻降压启动的方法不受电动机接线形式的限制，设备简单，在中小型生产机械上应用广泛。但是，能量损耗较大。为了节省能量可用电抗器来代替电阻，但其成本较高。

定子串电阻降压启动减小了电动机的启动转矩，且在启动时在电阻上功率消耗较大。如果频繁启动，电阻的温度将会很高，对于精密的机床会产生一定的影响，因此，目前这种降压启动的方法，在生产实际中的应用正在逐步减少。

二、自耦变压器降压启动

自耦变压器降压启动是将自耦变压器一次侧接在电网上，启动时定子绕组接在自耦变压器二次侧上（如图2-27所示）。这样，启动时定子绕组得到的电压是自耦变压器的二次侧电压，改变自耦变压器抽头的位置可获得不同的启动电压。在实际应用中，自耦变压器一般有65%、85%等抽头。待电动机转速接近额定转速时，切断自耦变压器电路，把额定电压（即自耦变压器的一次侧电压）直接加在电动机的定子绕组上，电动机进入全压正常运行。

利用自耦变压器来进行降压启动装置为自耦减压启动器，其产品有手动式和自动式两种。

（一）手动自耦减压启动器

常用的手动自耦减压启动器有QJD3系列油浸式和QJ10系列空气式两种。

1. QJD3系列油浸式手动自耦减压启动器

QJD3系列油浸式手动自耦减压器外形如图2-28所示，主要由薄钢板制成的防护式外壳、自耦变压器、接触系统（触头浸在油中）、操作机构及保护系统五部分组成，具有过载和失压保护功能。适用于一般工业用交流50 Hz或60 Hz、额定电压380 V、功率10～75 kW的三相鼠笼型异步电动机，作不频繁降压启动和停止用。型号及其含义为：

QJ D 3 — □

减压启动器 —— QJ

改进型 —— D

设计序号 —— 3

额定功率 —— □

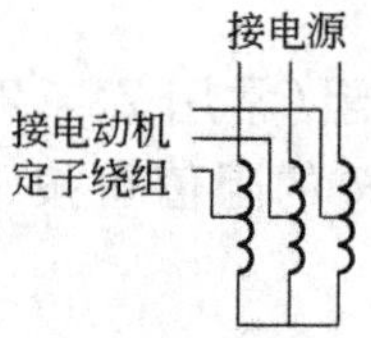

图2-27　星形连接自耦变压器示意图

图2-28　QJD3系列油浸式手动自耦减压启动器

QJD3系列油浸式手动自耦减压器电路图如图2-29所示，其动作原理如下：

当操作手柄扳到“停止”位置时，装在主轴上的动触头与上、下两排静触头都不接触，电动机处于断电停止状态。

当操作手柄向前推到“启动”位置时，装在主轴上的动触头与上面一排启动静触头接触，三相电源L_1、L_2、L_3通过右边三个动、静触头接入自耦变压器，又经自耦变压器的三个65%（或80%）抽头接入电动机进行降压启动；左边两个动、静触头接触则把自耦变压器接成Y形。

当电动机的转速上升到一定值时，将操作手柄向后迅速扳到“运行”位置，使右边三个动触头与下面一排的三个运行静触头接触，这时自耦变压器脱离，电动机与三相电源L_1、L_2、L_3直接相接全压运行。

停止时，只要按下停止按钮 SB，失压脱扣器 KV 线圈失电，衔铁下落释放，通过机械操作机构使启动器掉闸，操作手柄便自动回到“停止”位置，电动机断电停转。

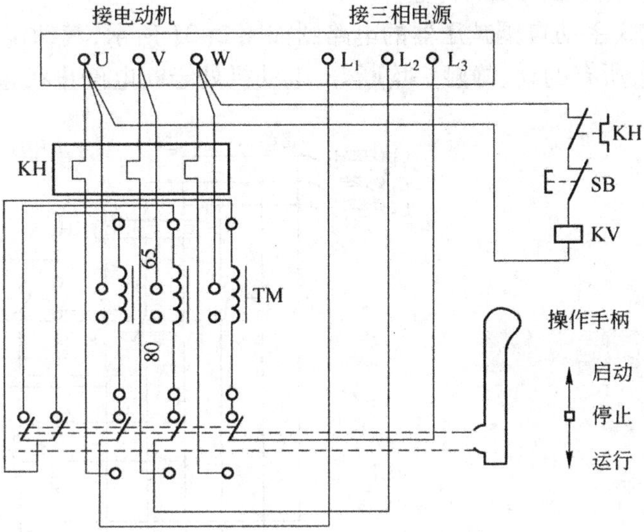

图 2-29　QJD3 系列油浸式手动自耦减压器电路图

由于热继电器 FR 的常闭触头、停止按钮 SB、失压脱扣器线圈 KV 串接在 U、W 两相电源上，所以当出现电源电压不足、突然停电、电动机过载和停车等情况时都能使启动器掉闸，电动机断电停转。

启动器根据额定电压和额定功率，以选定其触头额定电流及启动用自耦变压器等结合而分类，其数据见表 2-1（对额定工作电流和热保护整定电流另有要求者除外）。

表 2-1　系列手动自耦减压启动器数据

型　号	额定工作电压/V	控制的电动机功率/kW	额定工作电流/A	热保护额定电流/A	最大启动时间/s
QJD3－10	380	10	19	22	30
QJD3－14		14	26	32	
QJD3－17		17	33	45	40
QJD3－20		20	37	45	
QJD3－22		22	42	45	
QJD3－28		28	51	63	
QJD3－30		30	56	63	
QJD3－40		40	74	85	60
QJD3－45		45	86	120	
QJD3－55		55	104	160	
QJD3－75		75	125	160	

2. QJ10 系列空气式手动自耦减压启动器

QJ10 系列空气式手动自耦减压器外形如图 2-30 所示，主要由箱体、自耦变压器、触头系统（由一组启动触头、一组中性触头和一组运行触头构成）、手柄操作机构及保护装置五部分组成。适用于一般工业用交流 50 Hz、额定电压 380 V、功率 75 kW 及以下的三相鼠笼型异步电动机，作不频繁降压启动和停止用。

QJ10 系列空气式手动自耦减压器的电路图如图 2-31 所示，其动作原理为：当操作手柄扳到"停止"位置时，所有的动、静触头均断开，电动机处于断电停止状态。

图 2-30　QJ10 系列空气式手动自耦减压器外形图

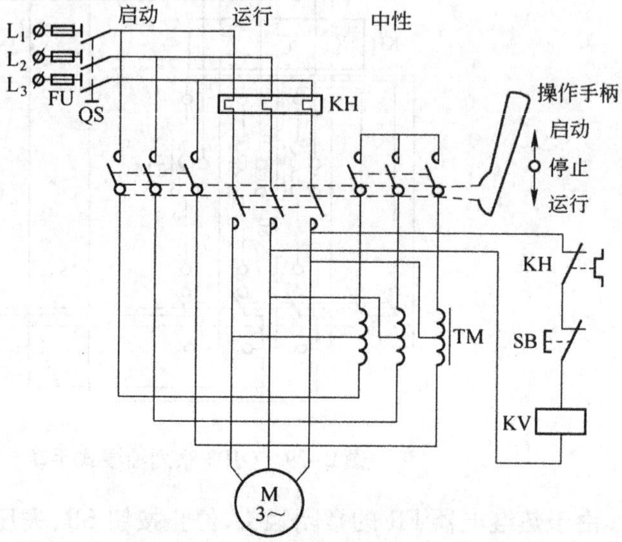

图 2-31　QJ10 系列空气式手动自耦减压器电路图

当操作手柄向前推到"启动"位置时，启动触头和中性触头同时闭合，三相电源经启动触头接入自耦变压器 TM，又经自耦变压器的三个抽头接入电动机进行降压启动，中性触头则把自耦变压器接成 Y 形。

当电动机的转速上升到一定值后，将操作手柄迅速扳到"运行"位置，启动触头和中性触头先同时断开，运行触头随后闭合，这时自耦变压器脱离，电动机与三相电源 L_1、L_2、L_3 直接相接全压运行。停止时，按下 SB 即可。

（二）XJ01 系列自动式自耦减压启动器

XJ01 系列自耦减压器启动箱外形与图 2-30 相似，不同厂家，有不同的风格。一般由自耦变压器、交流接触器、中间继电器、热继电器、时间继电器和按钮等电器元件组成。14～75 kW 的产品，采用自动控制方式；100～300 kW 的产品，具有手动和自动两种控制方式，由转换开关进行切换。时间继电器为可调式，在 5～120 s 内可以自由调节启动时间。自耦变压器备有额定电压 60% 和 80% 两挡抽头。启动箱具有过载和失压保护功能，最大启动时间为 2 min，若启动时间超过 2 min，则启动后的冷却时间应不少于 4 h 才能再次启动。

图 2-32 为 XJ01 系列自耦减压启动器控制电路图。图中 KM_1 为减压启动接触器，KM_2 为全压运行接触器，KA 为中间继电器，KT 为减压启动时间继电器，HL_1 为电源指示灯，HL_2 为减压启动指示灯，HL_3 为正常运行指示灯。表 2-2 列出了部分 XJ01 系列自耦变压器减压启动器技术参数。

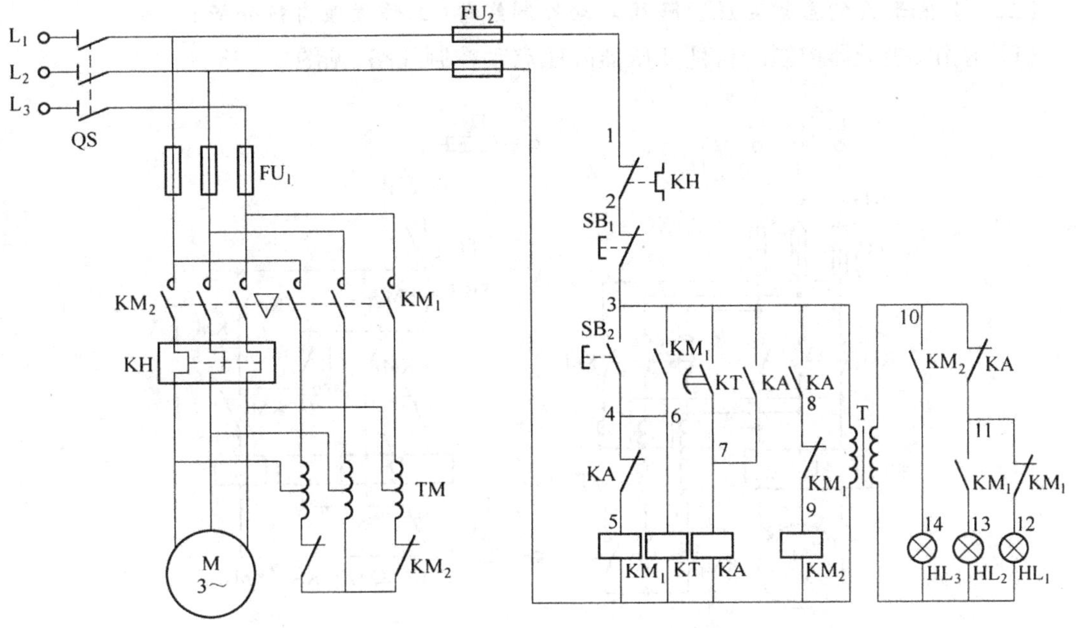

图 2-32　XJ01 系列自耦减压启动器控制电路图

表 2-2　XJ01 系列自耦减压启动器技术数据

型　号	被控制电动机功率/kW	最大工作电流/A	自耦变压器功率/kW	电流互感器变比	热继电器整定电流/A
XJ01-14	14	28	14	—	32
XJ01-20	20	40	20	—	40
XJ01-28	28	58	28	—	63
XJ01-40	40	77	40	—	85
XJ01-55	55	110	55	—	120
XJ01-75	75	142	75	—	142
XJ01-80	80	152	115	300/5	2.8
XJ01-95	95	180	115	300/5	3.2
XJ01-100	100	190	115	300/5	3.5

电路工作分析：

合上主电路与控制电路电源开关 QS，HL_1 灯亮，表示电源电压正常。按下启动按钮 SB_2，KM_1、KT 线圈同时通电并自锁，将自耦变压器接入主电路，电动机由自耦变压器供电作减压启动，同时指示灯 HL_1 灭，HL_2 亮，显示电动机正进行减压启动。当电动机转速接近额定转速时，时间继电器 KT 通电延时闭合触点闭合，使 KA 线圈通电并自锁，其常闭触点断开 KM_1 线圈供电控制电路，KM_1 线圈断电释放，将自耦变压器从主电路切除；KA 的另一对常闭触点断开，HL_2 指示灯灭；KA 的常开触点闭合，接触器 KM_2 线圈通电吸合，电源电压全部加在电动机定子上，电动机在额定电压下正常运转，同时，KM_2 常开触点闭合，HL_3 指示灯亮，表示电动机减压启动结束。由于自耦变压器星形连接部分的电流为自耦变压器一、二次电流之差，所以用 KM_2 辅助触点来连接。

（三）其他形式的自耦变压器降压启动控制线路（工作原理自行分析）

（1）按钮、接触器控制的自耦变压器降压启动控制线路，见图 2－33。

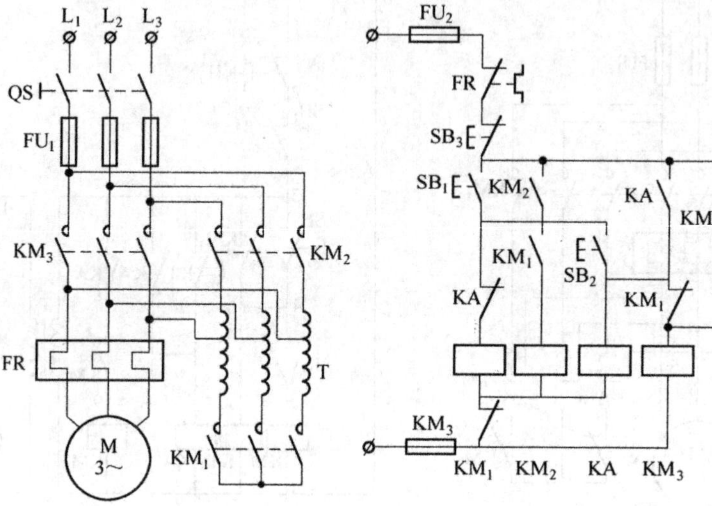

图 2-33　按钮、接触器控制的自耦变压器降压启动控制线路

（2）时间继电器控制的自耦变压器降压启动控制线路，见图 2－34。

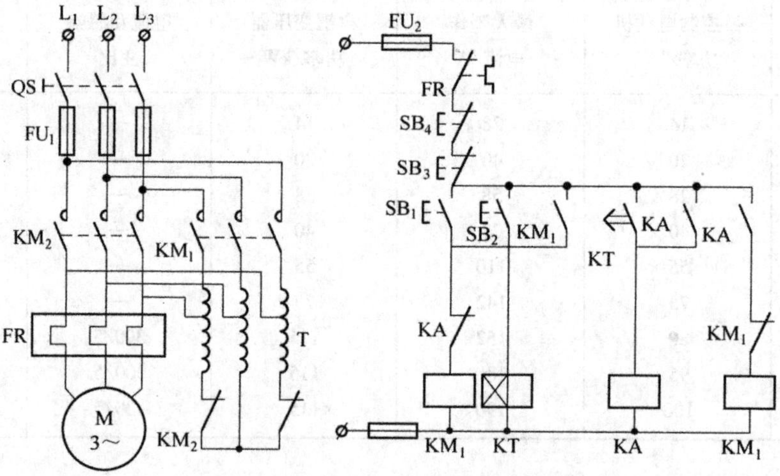

图 2-34　时间继电器控制的自耦变压器降压启动控制线路

三、Y－△降压启动控制线路

正常运行时定子绕组接成三角形的笼型三相异步电动机可采用星形－三角形降压启动的方法达到限制启动电流的目的。

图 2-35 为电动机定子绕组星形－三角形接线示意图。启动时，定子绕组接成星形，使电动机每相绕组承受的电压降低，待转速上升到接近额定转速时，再将定子绕组的接线换接成三角形，电动机进入全电压正常运行状态。由电路基础知识可知：

$$I_{\triangle L}=3I_{YL}$$

因此，Y 接时启动电流仅为连接时的$\frac{1}{3}$，相应的启动转矩也是三角形连接时的$\frac{1}{3}$。所以这种降压启动方法只适用于轻载或空载下启动。

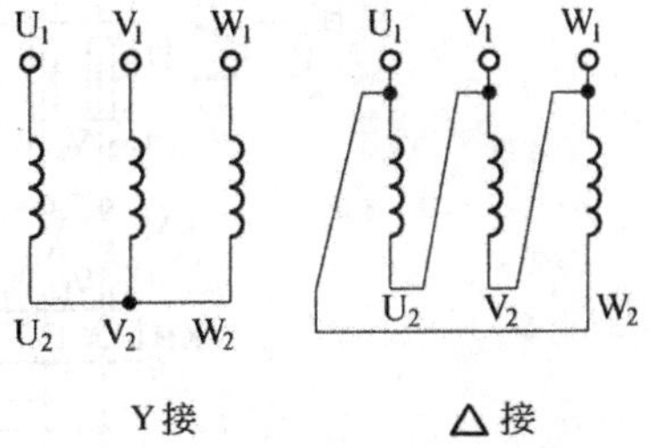

图 2-35　星形－三角形接线示意图

1. 手动 Y－△启动器

降压启动手动成型产品有 QX1 和 QX2 系列启动器，按控制电动机的容量分为 13 kW 和 30 kW 两种，启动器的正常操作频率为 30 次/h。手动 Y－△启动器结构较简单，可参考相应产品的说明书，即可分析其工作原理。

2. 自动 Y－△启动器

Y－△降压启动自动成型产品有 QX3 和 QX4 系列启动器，它们和主要技术数据见表 2-3。

表 2-3　Y－△自动启动器的技术数据

启动器型号	控制功率/kW			配用热元件的额定电流/A	延时调整范围/s
	220 V	380 V	500 V		
QX3－13	7	13	13	11、16、22	4～16
QX3－30	17	30	30	32、45	4～16
QX4－17		17	13	15、19	11、13
QX4－30		30	22	25、34	15、17
QX4－55		55	44	45、61	20、24
QX4－75		75		85	30
QX4－125		125		100～160	14～60

QX3－13 型 Y－△自动启动器的电路图如图 2-36 所示。该电路由接触器 KM_1、KM_2、KM_3，热继电器 FR，时间继电器 KT，按钮 SB_1、SB_2 等元件组成，并具有短路保护、过载保护和失压保护等功能。

线路工作原理为：

合上电源隔离开关 QS，按下启动按钮 SB_2，KM_1、KT、KM_2 线圈同时通电并自锁，电动机三相定子绕组连接成星形接入三相交流电源进行减压启动；当电动机转速接近额定转速时，通电延时型时间继电器动作，KT 常闭触点断开，KM_2 线圈断电释放；同时 KT 常开触点闭合，KM_3 线圈通电吸合并自锁，电动机绕组连接成三角形全压运行。当 KM_3 通电吸合后，KM_3 常闭触点断开，使 KT 线圈断电，避免时间继电器长期工作。KM_2、KM_3 触点为互锁触点，以防止同时接成星形和三角形造成电源短路。

QX3－13 型 Y－△自动启动器适用于 13～125 kW 的三相笼型异步电动机作 Y－△减压启动和停止控制。其元件布置和接线图如图 2-37 所示，实验接线图如图 2-38 所示。

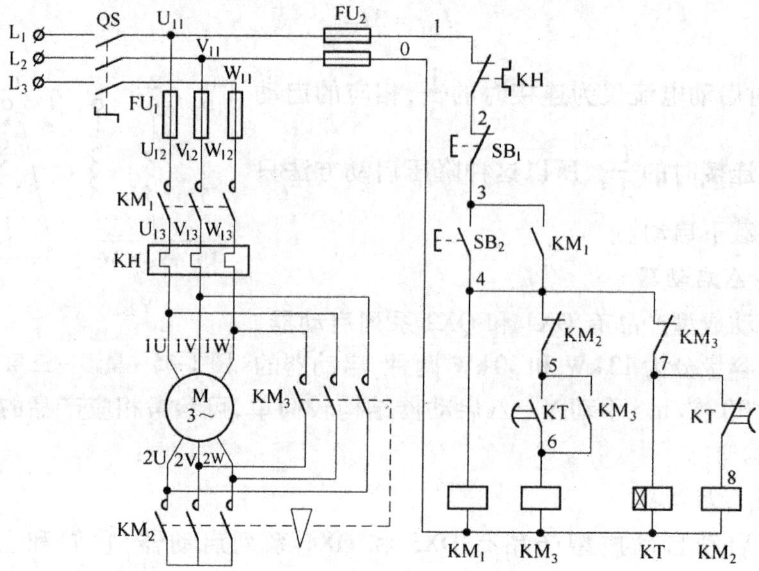

图 2-36　QX3－13 型 Y－△自动启动器电路图

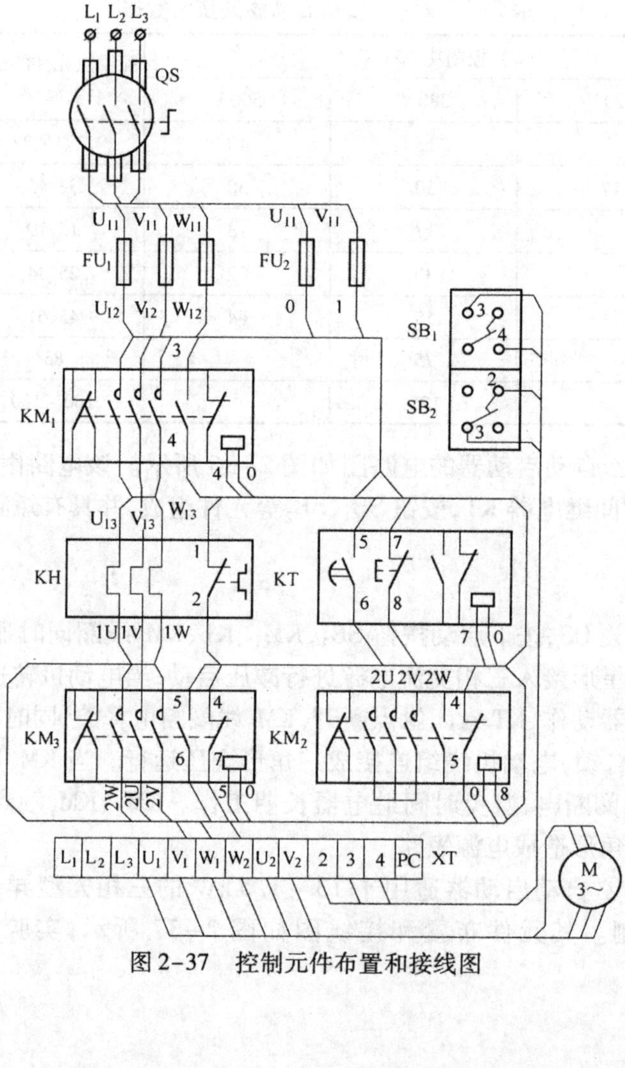

图 2-37　控制元件布置和接线图

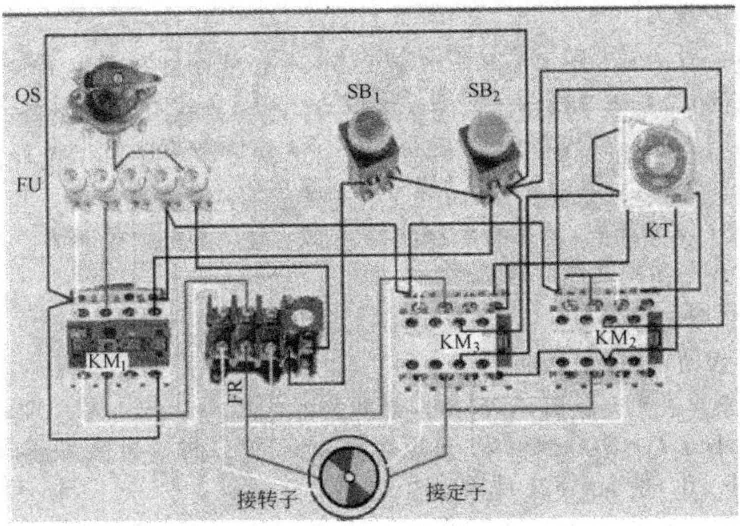

图 2-38　Y－△降压启动控制实验模拟图

3. 时间继电器自动控制 Y－△降压启动控制线路

时间继电器自动控制 Y－△降压启动控制线路如图 2-39 所示。与 QX3－13 型 Y－△自动启动器电路图相似，由接触器 KM_1、KM_2、KM_3，热继电器 FR，时间继电器 KT，按钮 SB_1、SB_2 等元件组成，并具有短路保护、过载保护和失压保护等功能。

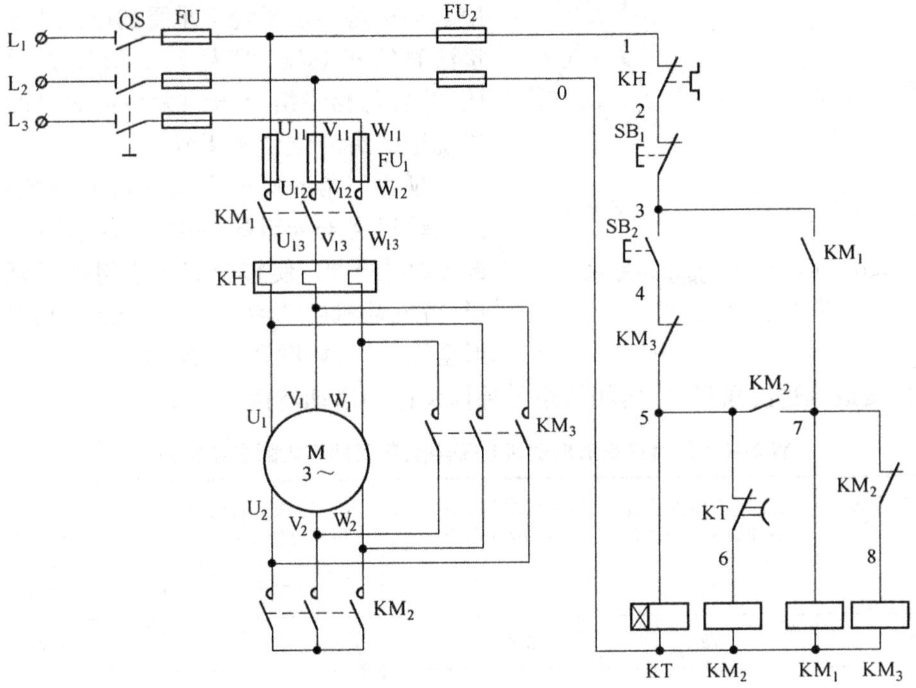

图 2-39　时间继电器控制的 Y－△降压启动电路图

线路的工作原理为：

合上电源隔离开关 QS，按下启动按钮 SB_2，KT、KM_2 线圈同时通电，触头闭合，KM_1 线圈得电并自锁，电动机三相定子绕组连接成星形接入三相交流电源进行减压启动；当电动机转速接近额定转速时，通电延时型时间继电器动作，KT 常闭触点断开，KM_2 线圈断电释放，触头复位；KM_3 线圈通电吸合并自锁，电动机绕组连接成三角形全压运行。当 KM_2 断电释放、触头复位时，使 KT 线圈断电，避免时间继电器长期工作。KM_2、KM_3 触点为互锁触点，以防止同时接成星形和三角形造成电源短路。

停止时，按下 SB_1 即可。

该线路设计巧妙，具有如下特点：

(1) 与 SB_2 串联 KM_3 常闭触头，可防止两种意外事故的发生。第一种，电动机运行时，误操作按下 SB_2，使 KT、KM_2 线圈得电，造成电源短路；第二种，KM_3 触头熔焊或机械故障没有断开时，若按下 SB_2，使 KT、KM_2 线圈得电，造成电源短路。

(2) 接触器 KM_2 得电后，通过 KM_2 的辅助常开触头使接触器 KM_1 得电动作，这样 KM_2 的主触头是在无负载的条件下进行闭合的，故可延长接触器 KM_2 主触头的使用寿命。

四、延边三角形降压启动控制线路

Y – △降压启动方法启动电压偏低，启动转矩偏小，只适用于三角形接法的电动机轻载或空载启动。为此，改进而形成一种新的启动方式，它把 Y 形和三角形两种接法结合起来，使电动机每相定子绕组承受的电压小于三角形接法时的相电压，而大于 Y 形接法时的相电压，并且每相绕组电压的大小可通过改变电动机绕组抽头的位置来调节。

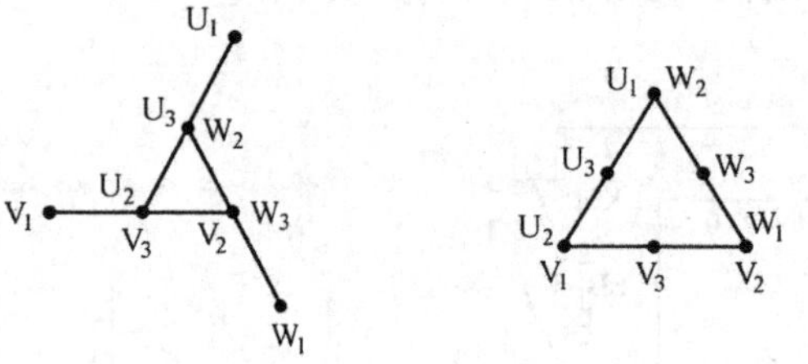

延边三角形接法　　　　三角形接法

图 2-40　延边三角形接法电动机定子绕组连接方式

延边三角形降压启动是指电动机启动时，把电动机定子绕组的一部分接三角形，而另一部分接成 Y 形，使整个定子绕组接成延边三角形，待电动机启动后，再把定子绕组切换成三角形全压运行，如图 2-40 所示。

电动机接成延边三角形时，每相绕组各种抽头比的启动特性见表 2-4。

表 2-4　延边三角形电动机定子绕组不同抽头比的启动特性

定子绕组抽头比 $K=Z_1:Z_2$	相似于自耦变压器的抽头百分比/%	启动电流为额定电流的倍数 I_{St}/I_N	延边三角形启动时每相绕组电压/V	启动转矩为全压启动的百分比/%
1:1	71	3 ~ 3.5	270	50
1:2	78	3.6 ~ 4.2	296	60
2:1	66	2.6 ~ 3.1	250	42
当 Z_2 绕组为 0 时即为 Y 连接	58	2 ~ 2.3	220	33.3

由图 2-40 和表 2-4 可知，采用延边三角形启动的电动机需要 9 个出线端，这样不用自耦变压器，通过调节定子绕组的抽头比 K，就可以得到不同数值的启动电流和启动转矩，从而满足不同的使用要求。

（一）XJ1 系列减压启动箱

XJ1 系列减压启动箱是应用延边三角形降压启动方法而制成的一种启动设备，箱内无降压自耦变压器，可允许频繁操作，并可作 Y－△降压启动。电路图如图 2-41 所示，图中采用多地控制。

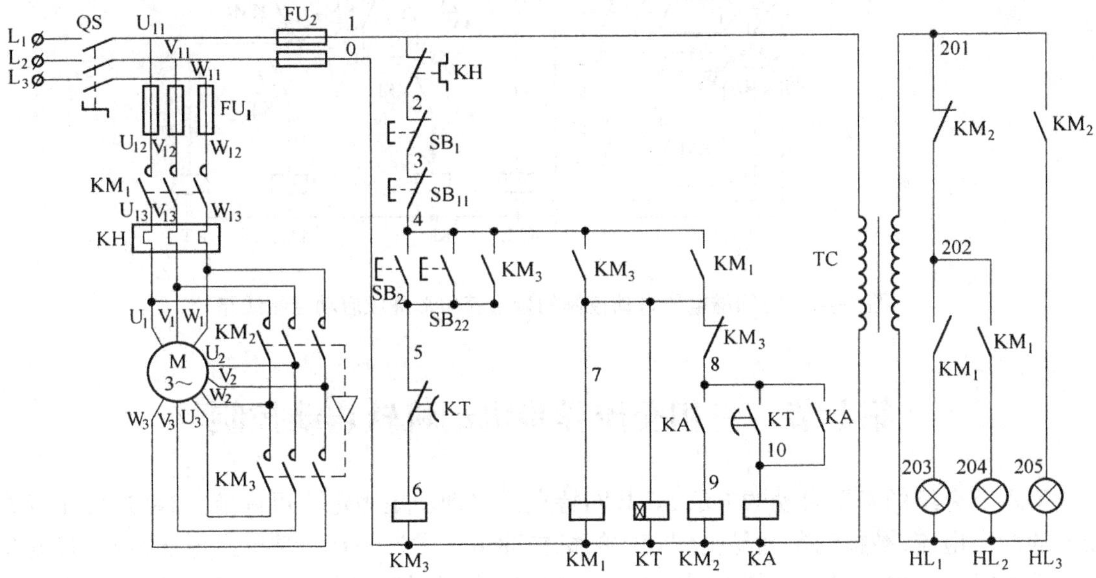

图 2-41　XJ1 系列延边三角形降压启动控制

线路的工作原理为：

合上电源隔离开关 QS，按下启动按钮 SB_2 或 SB_{22}，KM_3 线圈通电并自锁，电动机三相定子绕组连接成延边三角形，然后 KM_1 线圈通电并自锁，接入三相交流电源进行减压启动；当电动机转速接近额定转速时，通电延时型时间继电器动作，KT 常开触点闭合，KA 线圈通电并自锁；KA 常开触头闭合后 KM_2 线圈通电，触头闭合，电动机三相定子绕组连接成三角形全压运行。

停止时，按下 SB_1 或 SB_{11} 即可。

（二）时间继电器自动控制的延边三角形降压启动控制线路

电气控制原理图如图 2-42 所示，工作原理为：

合上电源隔离开关 QS，按下启动按钮 SB_2，KM_1、KM_3、KT 线圈通电，KM_1、KM_3 触头闭合并自锁，电动机三相定子绕组连接成延边三角形，接入三相交流电源进行减压启动；当电动机转速接近额定转速时，通电延时型时间继电器动作，KT 常闭触点先分断，KM_3 线圈断电，触头复位，然后，KT 常开触头后闭合，KM_2 线圈通电并自锁，电动机三相定子绕组连接成三角形全压运行。

停止时，按下 SB_1 即可。

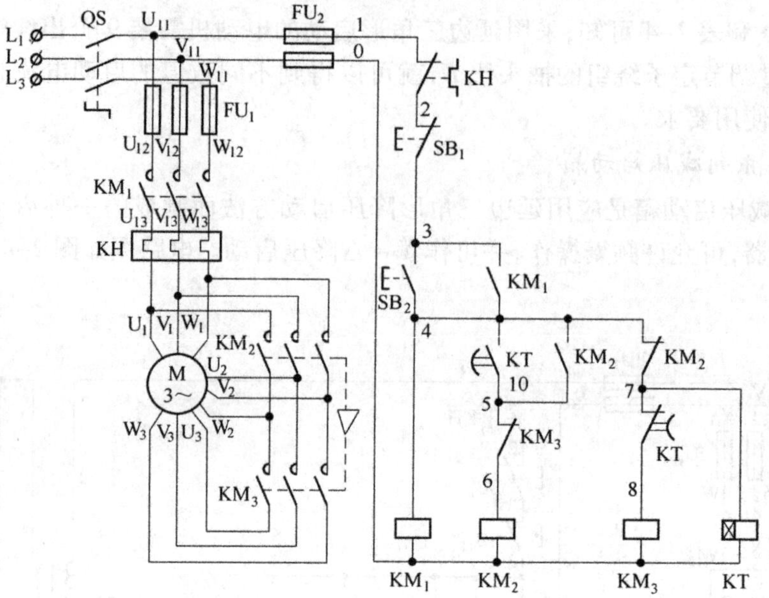

图 2-42　时间继电器自动控制的延边三角形降压启动控制线路

第七节　三相交流异步电动机软启动控制

第六节介绍的降压启动的方法,其共同特点是启动转矩固定不可调节,启动过程中存在较大的冲击电流,被拖动负载易受到较大的机械冲击。另外一旦出现电网电压波动,还易造成启动困难。而停止时由于都是瞬间断电,也会造成剧烈的电网电压波动和机械冲击。为此,人们研制了软启动控制装置。

图 2-43　GDS 系列固态启动器

软启动器是一种集电机软启动、软停车、轻载节能和多种保护功能于一体的新颖电机控制装置,国外称为 Soft Starter。图 2-43 为湖北省工业控制技术联合贸易有限公司生产的 GDS 系列固态启动器,主要用于交流 380 V、50 Hz、功率为 630 kW 以下的三相交流异步电动机的降压启动。其主要特点:全数字自动控制;启动电流小、启动转矩大而平稳;启动参数可根据负载类型任意调整;可连续、频繁启动;可分别启动多台电机;具有完善、可靠的保护功能。

一、固态降压启动器组成及工作原理

固态降压启动器由电动机的启停控制装置和软启动控制器组成。软启动控制器是其核心部件,由功率半导体器件和其他电子元器件组成,是利用电力电子技术与自动控制技术,将强电和弱电结合起来的控制技术,其主要结构是一组串接于电源与被控电动机之间的三相反并联晶闸管及其电子控制电路,利用晶闸管移相控制原理,控制三相反并联晶闸管的导通角,使被控电动机的输入电压按不同的要求而变化,从而实现不同的启动功能。可见,软启动实际上是一个晶闸管交流调压器。通过改变晶闸管的触发角,就可以调节晶闸管调压电路的输出电压。

软启动控制器工作原理是:软启动器采用三相反并联晶闸管作为调压器,将其接入电源和电动机定子之间,如同三相全控桥式整流电路。启动时,晶闸管的输出电压逐渐增加,电动机逐渐加速,直到晶闸管全导通,电动机工作在额定电压的机械特性上,实现平滑启动,降低启动电流,避免启动过流跳闸。待电机达到额定转数时,启动过程结束,软启动器自动用旁路接触器取代已完成任务的晶闸管,为电动机正常运转提供额定电压,以降低晶闸管的热损耗,延长软启动器的使用寿命,提高其工作效率,又使电网避免了谐波污染。软启动器同时还提供软停车功能,软停车与软启动过程相反,电压逐渐降低,转数逐渐下降到零,避免自由停车引起的转矩冲击。

二、软启动控制器的工作特性

在异步电动机的软启动过程中,软启动控制器是通过控制加到电动机上的平均电压来控制电动机的启动电流和转矩的,一般软启动控制器可以通过设定得到不同的启动特性,以满足不同的负载特性的要求。

(一) 斜坡恒流升压启动

斜坡恒流升压启动曲线如图 2-44 所示。这种启动方式是在晶闸管的移相电路中引入电动机电流反馈,使电动机在启动过程中保持恒流,使启动平稳。

在电动机启动的初始阶段启动电流逐渐增加,当电流达到预先所设定的限流值后保持恒定,直至启动完毕。启动过程中,电流上升的速率可以根据电动机负载调整设定。斜坡陡,电流上升速率大,启动转矩大,启动时间短。当负载较轻或空载启动时,所需启动转矩较低,应使斜坡缓和一些,当电流达到预先所设定的限流点值后,再迅速增加转矩,完成启动。由于是以启动电流为设定值,当电网电压波动时,通过控制电路自动增大或减小晶闸管导通角,可以维持原设定值不变,保持启动电流恒定,不受电网电压波动的影响。这种软启动方式应用最多,尤其适用于风机和泵类负载的启动。

(二) 脉冲阶跃启动

脉冲阶跃启动特性曲线如图 2-45 所示。在启动开始阶段,晶闸管在极短时间内以较大电流导通,经过一段时间后回落,再按原设定值线性上升,进入恒流启动状态。该启动方法适用于重载并需克服较大静摩擦的启动场合。

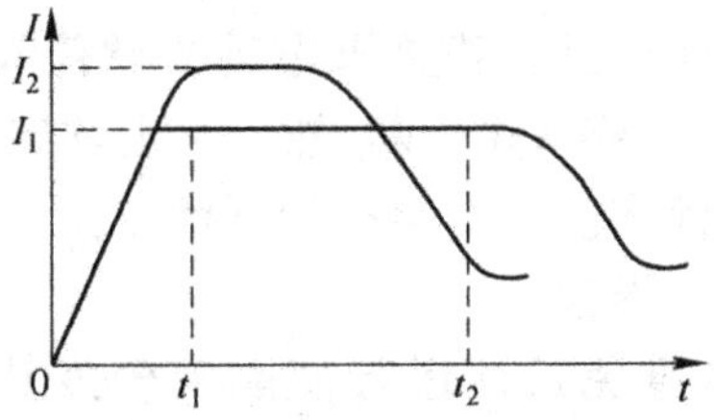

图 2-44　斜坡恒流升压启动

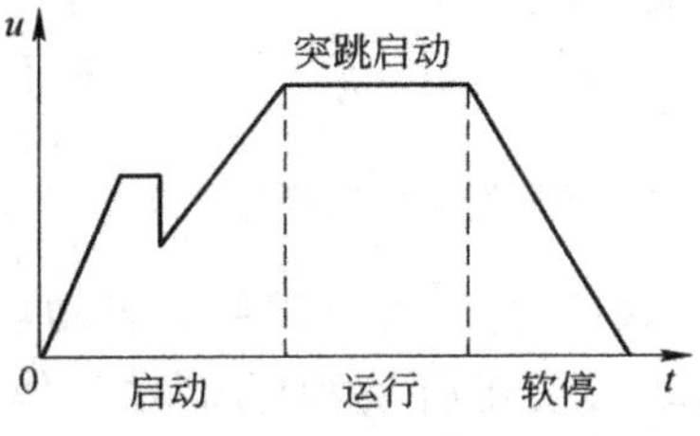

图 2-45　脉冲阶跃启动

(三) 减速软停控制

传统的停机控制方式都是通过瞬间断电完成的。但有许多应用场合不允许电动机瞬间关机。例如高层建筑和楼宇的水泵系统,如果瞬间停机,会产生巨大的"水锤"效应,使管道甚至水泵遭到损坏。为减小和防止“水锤”效应，需要电动机逐渐停机，采用软启动控制器的软停机就能满足这一要求。

减速软停控制在电动机需要停机时，不是立即切断电动机的电源，而是通过调节晶闸管的导通角，使全导通状态逐渐减小，从而使电动机的端电压逐渐降低电源，此过程时间较长故称为软停控制。减速软停控制曲线如图 2-45 所示。停车的时间根据实际需要可在 0 ~ 120s 范围内调整。

（四）节能特性

软启动控制器可以根据电动机功率因数的高低，自动判断电动机的负载率，当电动机处于空载或负载率很低时，通过相位控制使晶闸管的导通角发生变化，从而改变输入电动机的功率，达到节能的目的。

（五）制动特性

当电动机需要快速停止时，软启动控制器具有能耗制动功能。能耗制动功能即当接到制动命令后，软启动控制器改变晶闸管的触发方式，使交流电转变为直流电，然后在关闭电路后，立即将直流电压加到电动机定子的绕组上，利用转子感应电流与静止磁场的作用达到制动的目的。

三、固态降压启动器的应用

在工业自动化程度要求比较高的场合，为便于控制和应用，通常将软启动控制器、断路器和控制电路组成一个较完整的电动机控制中心，以实现电动机的软启动、软停车、故障保护、报警、自动控制等功能。控制中心同时具有运行和故障状态监视、接触器操作次数、电动机运行时间和触头弹跳监视、试验等辅助功能。另外还可以附加通信单元、图形显示操作单元和编程器单元等，还可直接与通信总线联网。

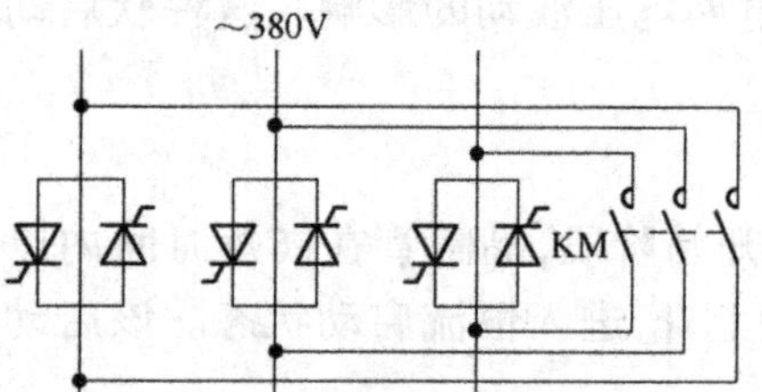

图 2-46　软启动控制器主电路原理图

（一）软启动控制器与旁路接触器

软启动控制器可以实现软启动、软停车。但软启动器并不需要一直运行。集成的旁路接触器在电动机达到正常运行速度之后启用，将电动机连到线路上，这时软启动器就可以关闭了。在图 2-46 所示电路中，在软启动控制器两端并联接触器 KM，当电动机软启动结束后，KM 闭合，工作电流将通过 KM 送至电动机。若要求电动机软停车，一旦发出停车信号，先将 KM 分断，然后再由软启动器对电动机进行软停车。该电路有如下优点：

（1）在电动机运行时可以避免软启动器产生的谐波；

（2）软启动器仅在启动和停车时工作，可以避免长期运行使晶闸管发热，延长使用寿命；

（3）一旦软启动器发生故障，可由旁路接触器作为应急备用。

（二）单台软启动控制器启动多台电动机

往往有多台电动机需要启动，每台单独安装一台软启动控制器，这样既方便控制，又能充分发挥软启动控制器的故障检测等功能。但在一些情况下，也可用一台软启动控制器对多台电动机进行软启动，以节约资金投入。图 2-47 所示就是用一台软启动器分别控制两台电动机启动和停止的控制线路。

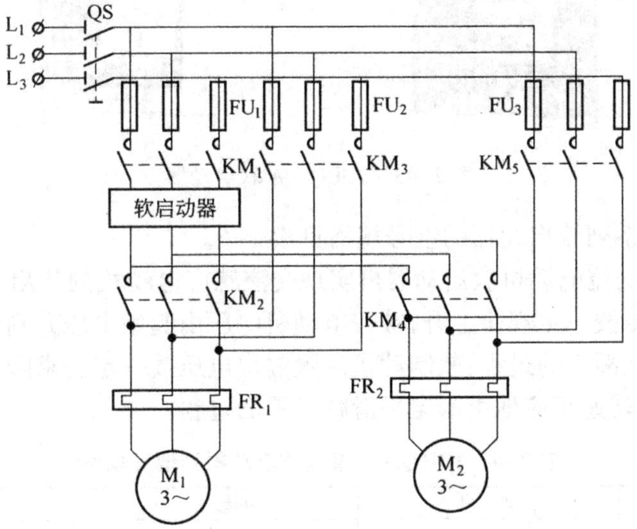

图 2-47　一台软启动器分别控制两台电动机启动和停止的控制线路

＊四、交流电动机软启动装置系列产品

（一）JDRQ 系列软启动装置系列产品介绍

JDRQ 系列软启动器是微电脑全数字自动控制的交流电动机软启动器，如图 2-48 所示。该装置采用双向晶闸管输出，利用晶闸管的输出随着触发脉冲宽度的变化而变化的软特性实现控制，适用于普通的笼形感应电动机软启动和软制动的控制。

（1）JDRQ 系列软启动器技术数据见表 2-5。

表 2-5　JDRQ 系列交流电动机软启动器技术数据

电源电压/V	AC 380 ± 10%，三相，50 Hz
斜坡上升时间/s	0.5 ~ 60（可选 2 ~ 240）
斜坡下降时间/s	1 ~ 120（可选 4 ~ 480）（斜坡上升时间和斜坡下降时间是完全独立的）
阶跃下降电平	50%、60%、70%、80% 电源电压
最大电流极限上升保持时间/s	30（可选 240）
起始电压	25%、40%、55%、75% 电源电压
突跳启动	可选有效或无效
突跳启动电压	70% 或 90% 电源电压
突跳启动时间/s	0.25、0.5、1.0、2.0
故障检测	电源或电动机缺相、控制电源异常、内部故障
微电脑和显示器能诊断显示的信号	L_1 控制电源，L_2 斜坡上升/相序错误（闪烁），L_3 斜坡下降，L_4 故障，L_5 限流，L_6 启动完成，L_7 散热过热，因此，利用 LED 和继电器信号，能使用户掌握有关软启动器和负载状态的详细信号

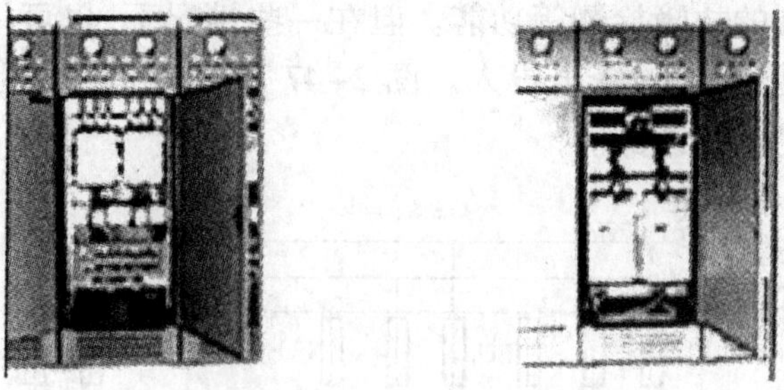

图 2-48　JDRQ – A 软启动器

（2）JDRQ – A 系列软启动器的型号规格见表 2-6。

JDRQ – A 系列交流电动机软启动器可实现交流感应电动机的软启动、软制动功能。软启动指装置输出电压按一定规律上升，被控电动机电压由起始电压升到全电压，且其转速相应地由零平滑加速至额定的过程；软制动指装置输出电压按一定要求降落，使被控电动机由全电压降到零，且其转速相应地由额定平滑减至零的过程。

表 2-6　JDRQ – A 系列软启动器的型号规格

序　号	型　号	电流/A	功率/kW
1	JDRQ – A35	35	15
2	JDRQ – A42	42	18.5
3	JDRQ – A50	50	22
4	JDRQ – A65	65	30
5	JDRQ – A80	80	37
6	JDRQ – A100	100	45
7	JDRQ – A120	120	55
8	JDRQ – A160	160	75

（3）JDRQ 系列交流电动机软启动器电气主电路如图 2-49 所示，控制电路原理图如图 2-50 所示，主控板布置图如图 2-51 所示，端子及其功能表见表 2-7。

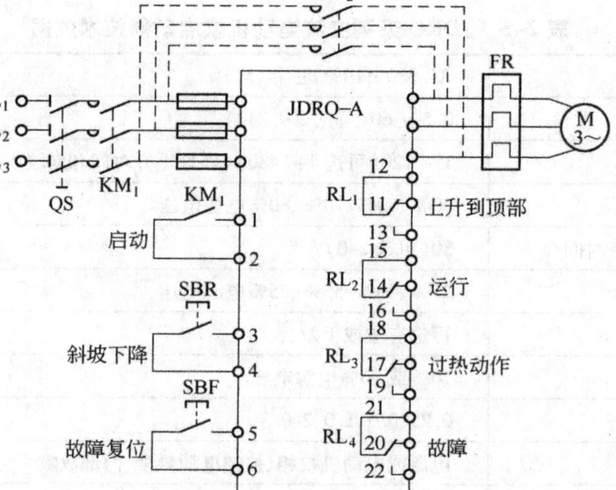

图 2-49　JDRQ 系列交流电动机软启动器电气主电路

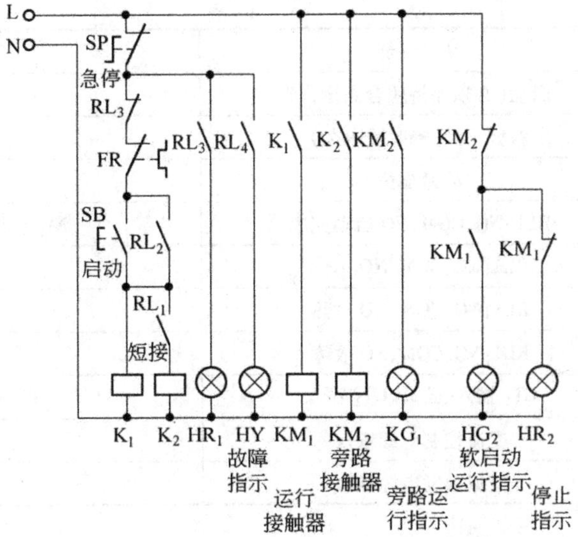

图 2-50　JDRQ 系列软启动器控制电路

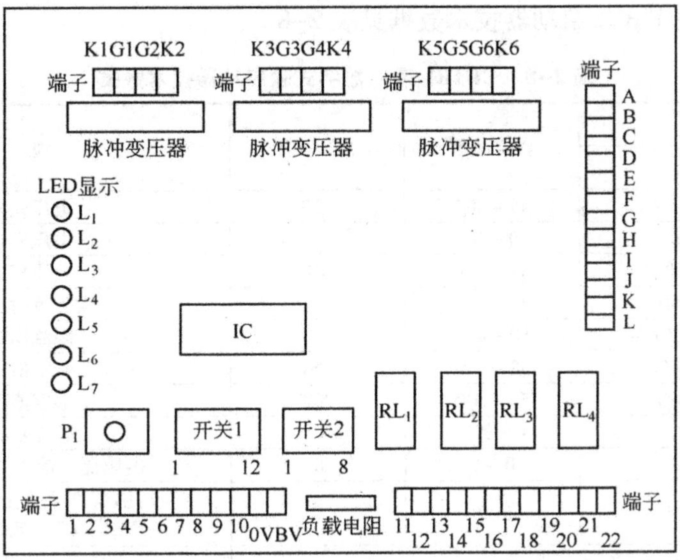

图 2-51　JDRQ 系列交流电动机软启动器主板布置图

表 2-7　JDRQ 系列软启动器端子及其功能表

端　子	功　　能	备　　注
K1、G1	晶闸管 1 阴极和门极	
K2、G2	晶闸管 2 阴极和门极	
K3、G3	晶闸管 3 阴极和门极	
K4、G4	晶闸管 4 阴极和门极	
K5、G5	晶闸管 5 阴极和门极	
K6、G6	晶闸管 6 阴极和门极	

续表 2-7

端　子	功　　能	备　　注
1、2	启动(必须保持闭合到运行)	
3、4	斜坡下降(瞬时或永久)	
5、6	故障复位	
11、12、13	RL1:NC、COM、NO 启动完成	NC = 常闭,NO = 常开
14、15、16	RL2:NC、COM、NO 运行	
17、18、19	RL3:NC、COM、NO 过热	
20、21、22	RL4:NC、COM、NO 故障	
C、D、E	CT_1 输入、公共、CT_2 输入	CT_1、CT_2 为电流互感器二次
K、L、I、J	交流控制电源输入	
G、H	交流触发电源输入	

(二) CDJR1 系列数字式电动机软启动器

1. CDJR1 系列数字式软启动器技术数据

CDJR1 系列数字式软启动器技术数据见表 2-8。

表 2-8　CDJR1 系列数字式软启动器技术数据

功　能		设定范围	出厂值	说　明
代号	名　称			
0	启始电压/V	40～380	120	电压模式有效
1	启始时间/s	0～20	5	电压模式有效
2	启动上升时间/s	0～500	10	电压模式有效
3	软停车时间/s	0～200	2	设为零时自由停车
4	启动限制电流/%	50～400	250	限流模式有效
5	过载电流/%	50～200	150	额定值百分比
6	运行电流/%	50～300	200	额定值百分比
7	启动延时/s	0～999	0	外控延时启动
8	控制模式	0～1	0	0:限流启动 1:斜坡电压启动
9	键盘控制	1～6	1	1:键盘;2:外控;3:键盘 + 外控; 4:PC;5: PC + 键盘;6:PLC + 外控
A	输出断相保护	0～1	0	0:有;1:无
B	显示方式	0～500	0	0:按额定电流百分比; XXX:选实际功率额定值
C	外部故障控制	0～2	0	0:不用;1:用;2:多用一备
D	远控方式	0～1	0	0:三线控制;1:双线控制
E	本机地址	0～60	0	用于串口通信
F	参数设定保护	0～1	0	0:允许修改;1:不允许修改
E Y	修改设定保护	此状态下允许改变数据		
A	启动上升状态	1. 显示电流值 XXXA 或额定值百分比; 2. 延时启动时显示时间 DETTT		
－A	运行状态			
－A	软停车状态			

2. CDJR1 系列数字式软启动器电气设备电路

CDJR1 系列数字式软启动器电气设备电路连接图如图 2-52 所示，基本电路框图如图 2-53 所示，端子及其功能表见表 2-9。

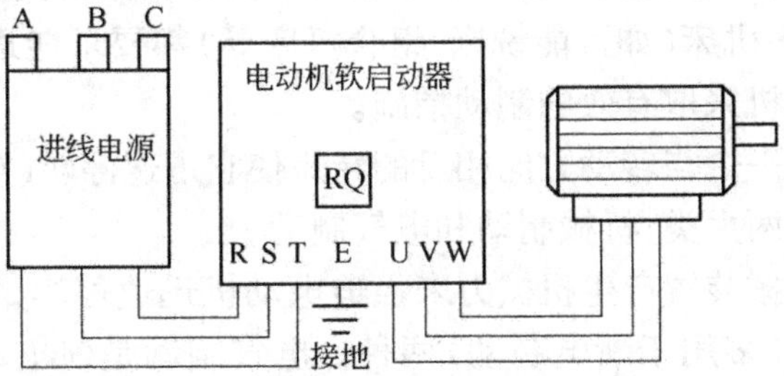

图 2-52　CDJR1 系列软启动器电气设备电路连接图

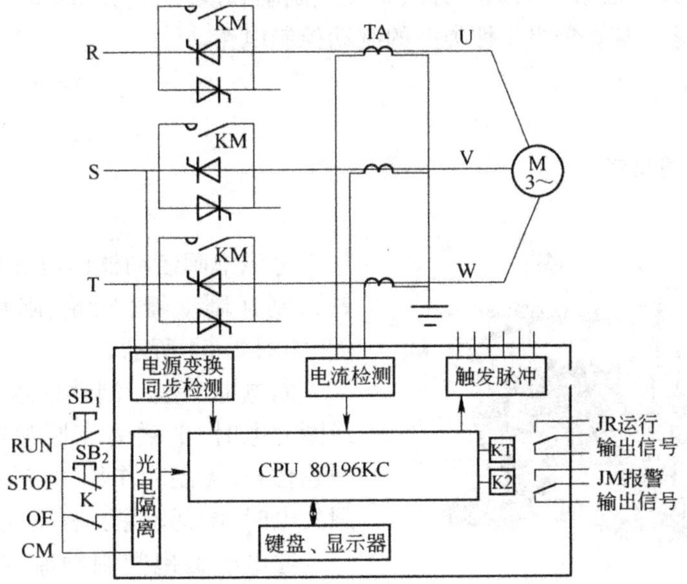

图 2-53　CDJR1 系列软启动器基本电路框图

表 2-9　CDJR1 系列数字式软启动器主电气回路和控制回路接线端子表

	端子标记	端子名称	说　明
主回路	R　S　T	主回路电源端	连接三相电源
	U　V　W	启动器输出端	连接三相电动机
	E	接地端	金属框架接地（防电击事故和开拢）
控制回路	CM	接点输入公共端	接点输入信号的公共端
	RUN	启动输入端	RUN－CM 接通时电动机开始运行
	STOP	停止输入端	STOP－CM 断开时电动机进入停止状态
	OE1、OE2、OE3	外部故障输入端	OE－CM 断开时电动机立即停止
	JRA、JRB、JRC	运行输出信号	JRA－JRB 为常开接点，JRB－JRC 为常闭接点
	JMA、JMB、JMC	报警输出信号	JMA－JMB 为常开接点，JMB－JMC 为常闭接点

从表 2-9 可知，启动控制器有七个接线端，R、S、T 通过空气断路器接入（无相序要求）。E 端必须牢固接地，U、V、W 为输出端与电动机连接。经试运转可通过换接 R、S、T 中任意两端或换接 U、V、W 任意两端改变电动机转向。

第八节　三相交流异步电动机的制动控制线路

电动机断开电源后，由于惯性不会马上停止转动，而是需要转动一段时间才会完全停下来。在生产过程中，许多机床（如万能铣床、组合机床等）都要求能迅速停车和准确定位，这就要求必须对拖动电动机采取有效的制动措施。

制动就是给电动机一个与转动方向相反的转矩使它迅速停转（或限制其转速）。

制动控制的方法有两大类：机械制动和电气制动。

机械制动是采用机械装置产生机械力来强迫电动机迅速停车，常用的方法有电磁抱闸制动和电磁离合器制动（多用于断电制动）两种。电气制动是使电动机产生的电磁转矩方向与电动机旋转方向相反，起制动作用。电气制动有反接制动、能耗制动、再生制动以及派生的电容制动等，其中最常用的两种方法是反接制动和能耗制动。这些制动方法各有特点，适用于不同的环境。本节介绍几种类型的制动控制电路。

一、机械制动

（一）电磁抱闸制动

1. 制动原理

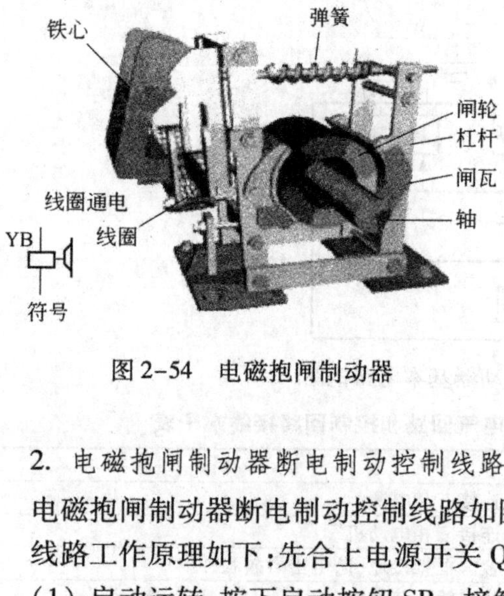

图 2-54　电磁抱闸制动器

电磁抱闸制动器由电磁铁（铁心、线圈、衔铁），闸瓦制动器（闸轮、闸瓦、杠杆、弹簧）组成，如图 2-54 所示。

断电电磁抱闸制动原理：电磁抱闸的电磁线圈通电时，电磁力克服弹簧的作用，闸瓦与闸轮松开，无制动作用，电动机可以运转；当线圈失电时，闸瓦紧紧抱住闸轮制动。

通电电磁抱闸制动原理：当线圈得电时，闸瓦紧紧抱住闸轮制动；当线圈失电时，闸瓦与闸轮分开，无制动作用。

2. 电磁抱闸制动器断电制动控制线路

电磁抱闸制动器断电制动控制线路如图 2-55 所示。

线路工作原理如下：先合上电源开关 QS。

（1）启动运转：按下启动按钮 SB_1，接触器 KM 线圈得电，其自锁触头和主触头闭合，电动机 M 接通电源，同时电磁抱闸制动器 YB 线圈得电，衔铁与铁心吸合，衔铁克服弹簧拉力，迫使制动杠杆向上移动，从而使制动器的闸瓦与闸轮分开，电动机正常运转。

（2）制动停转：按下停止按钮 SB_2，接触器 KM 线圈失电，其自锁触头和主触头分断，电动机 M 失电，同时电磁抱闸制动器 YB 线圈失电，衔铁与铁心分开，在弹簧拉力的作用下，制动器的闸瓦紧紧抱住闸轮，使电动机被迅速制动而停转。

电磁抱闸制动器断电制动在起重机械上被广泛采用。其优点是能够准确定位，同时可防止电动机突然断电时重物自行坠落。但由于电磁抱闸制动器线圈耗电时间与电动机一样长，不够经济。另外，由于电磁抱闸制动器在切断电源后的制动作用，使手动调整工作很困难。

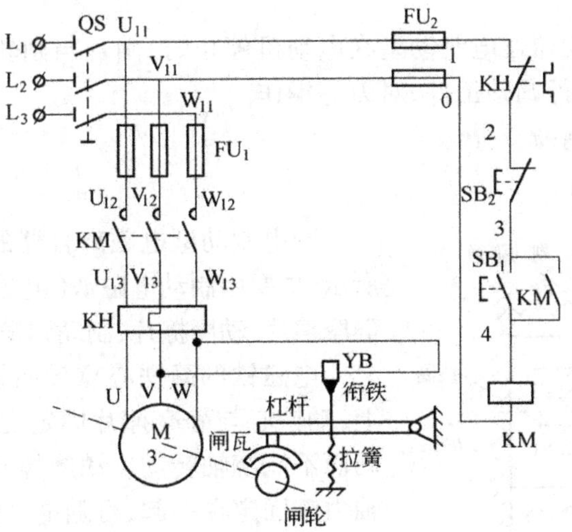

图 2-55　电磁抱闸制动器断电制动控制线路

3. 电磁抱闸制动器通电制动控制线路

电磁抱闸制动器通电制动控制线路如图 2-56 所示。

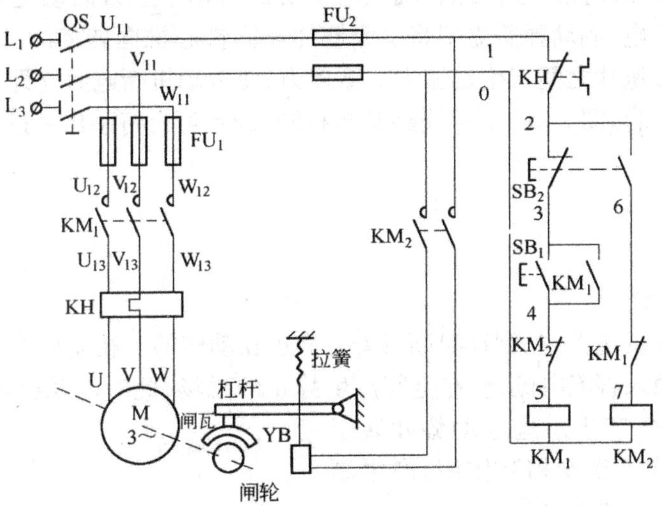

图 2-56　电磁抱闸制动器通电制动控制线路

（1）启动运转：按下启动按钮 SB_1，接触器 KM 线圈得电，其自锁触头和主触头闭合，电动机 M 启动运转。同时 KM_1 联锁触头分断，KM_2 线圈不能得电，即电磁抱闸制动器 YB 线圈不会得电，衔铁与铁心分开，在弹簧拉力的作用下，制动器的闸瓦与闸轮分开，电动机不受制动正常运转。

（2）制动停转：按下复合按钮 SB_2，其常闭触头先分断，使接触器 KM_1 线圈失电，其自锁触头和主触头分断，电动机 M 失电，KM_1 联锁触头恢复闭合，待 SB_2 常开触头闭合后，接触器

KM_2线圈得电，KM_2主触头闭合，电磁抱闸制动器YB线圈得电，铁心吸合衔铁，衔铁克服弹簧拉力，带动杠杆向下移动，使闸瓦紧抱闸轮，电动机被迅速制动而停转，KM_2联锁触头分断对KM_1联锁。

显然，电磁抱闸制动器通电制动型在电动机停止时，闸瓦与闸轮是分开的，这样操作人员可以用手扳动主轴进行调整工件、对刀等操作。

（二）电磁离合器制动

1. 电磁离合器结构

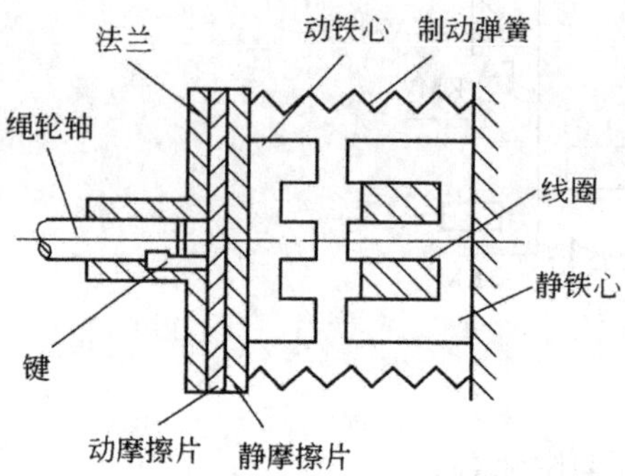

图2-57　断电型电磁离合器的结构

断电制动型电磁离合器的结构示意图如图2-57所示，主要由制动电磁铁（包括动铁心、静铁心、线圈）、静摩擦片、动摩擦片、制动弹簧等组成。

电磁铁的静铁心靠导向轴连接在电动葫芦本体上，动铁心与静摩擦片固定在一起，并只能作轴向移动而不能绕轴转动。动摩擦片通过连接法兰与绳轮轴由键固定在一起，可随电动机一起转动。

2. 制动原理

电动机静止时，线圈无电，制动弹簧将静摩擦片紧紧地压在动摩擦片上，此时电动机通过绳轮轴被制动。当电动机通电运转时，线圈也同时得电，电磁铁的动铁心被静铁心吸合，使静摩擦片与动摩擦片分开，于是动摩擦片连同绳轮轴在电动机的带动下正常启动运转。当电动机切断电源时，线圈同时失电，制动弹簧立即将静摩擦片连同铁心推向转动的动摩擦片，强大的弹簧张力迫使动、静摩擦片之间产生足够大的摩擦力，使电动机断电后立即制动停转。电磁离合器的制动控制线路与图2-55所示线路基本相同，读者可自行画出并进行分析。

二、电气制动

（一）能耗制动

1. 能耗制动原理

在图2-58所示的电路中，制动时断开QS，将正在动转的三相笼型电动机从交流电源上切除，向定子绕组通入直流电流，便在空间产生静止的磁场，此时电动机转子因惯性而继续运转，切割磁感应线，产生感应电动势和转子电流，转子电流与静止磁场相互作用，产生制动力矩，使电动机迅速减速停车。

能耗制动就是在电动机脱离三相交流电源之后，向定子绕组内通入直流电流，建立静止磁场，利用转子感应电流与静止磁场的作用产生制动的电磁转矩，达到制动目的。这种方法是通过在定子绕组中通入直流电以消耗转子惯性运转的动能来进行制动的，所以又称动能制动。

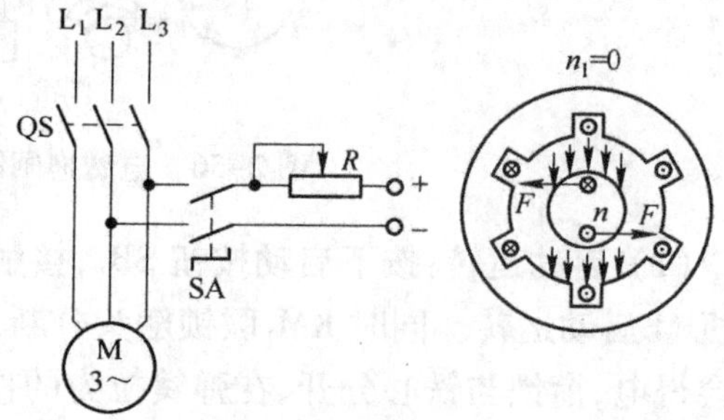

图2-58　能耗制动原理图

在制动过程中，电流、转速和时间三个参量都在变化，原则上可以任取其中一个参量作为控制信号。我们就分别以时间原则和速度原则控制能耗制动电路为例进行分析。

2. 电动机单向运行能耗制动控制

图 2-59 为电动机单向运行时间原则控制能耗制动电路图。图中 KM_1 为单向运行接触器，KM_2 为能耗制动接触器，KT 为时间继电器，T 为整流变压器，UR 为桥式整流电路。

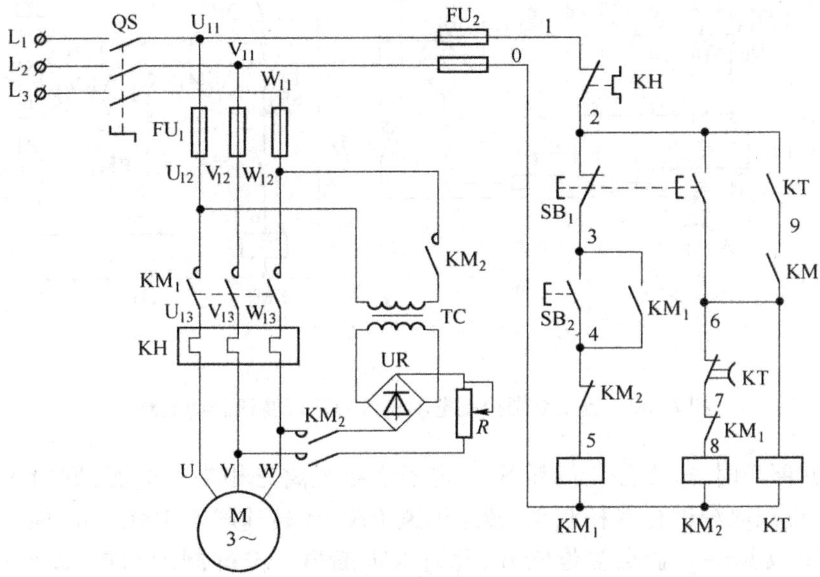

图 2-59　电动机单向运行时间原则控制能耗制动电路图

电路工作原理为：首先合上电源隔离开关 QS。

按下 SB_2，KM_1 通电并自锁，电动机单向正常运行。此时若要停机。按下停止按钮 SB_1，KM_1 断电，电动机定子脱离三相交流电源；同时 KM_2 通电并自锁，将二相定子接入直流电源进行能耗制动，在 KM_2 通电同时 KT 也通电。电动机在能耗制动作用下转速迅速下降，当接近零时，KT 延时时间到，其延时触点动作，使 KM_2、KT 相继断电，制动过程结束。

图 2-59 中 KT 的瞬动常开触点与 KM_2 自锁触点串接，其作用是：当发生 KT 线圈断线或机械卡住故障，致使 KT 常闭通电延时断开触点断不开，常开瞬动触点也合不上时，只有按下停止按钮 SB_1，成为点动能耗制动。若无 KT 的常开瞬动触点串接 KM_2 常开触点，在发生上述故障时，按下停止按钮 SB_1 后，将使 KM_2 线圈长期通电吸合，使电动机两相定子绕组长期接入直接电源。

3. 电动机可逆运行能耗制动控制

图 2-60 为速度原则控制电动机可逆运行能耗制动电路。图中 KM_1、KM_2 为电动机正、反向接触器，KM_3 为能耗制动接触器，KS 为速度继电器。

电路工作分析：

正、反向启动：合上电源开关 QS，按下正转或反转启动按钮 SB_2 或 SB_3，相应接触器 KM_1 或 KM_2 通电并自锁，电动机正常运转。速度继电器相应触点 KS－1 或 KS－2 闭合，为停车接通 KM_3，实现能耗制动作准备。

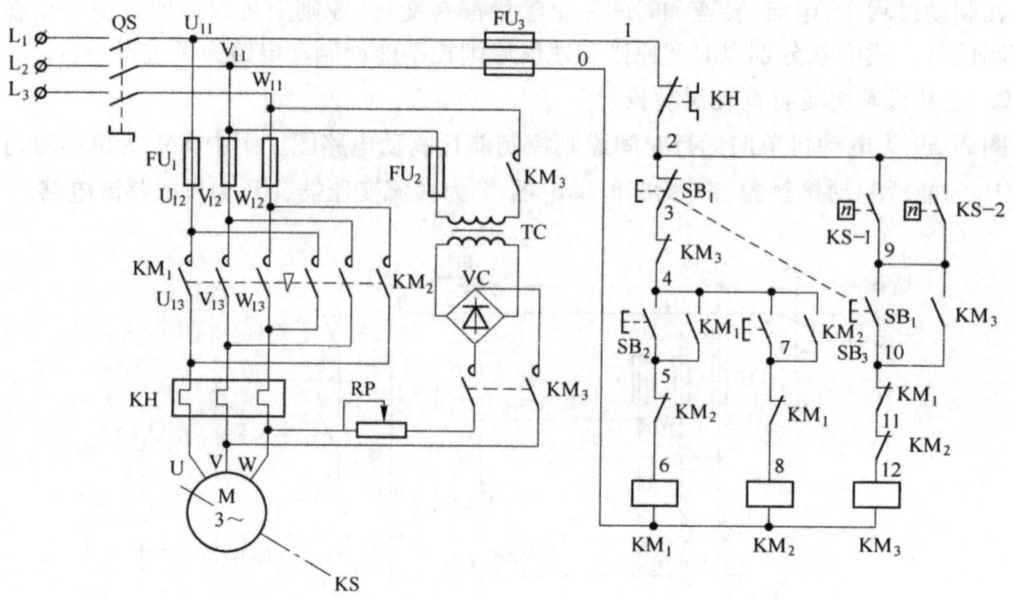

图 2-60　速度原则控制电动机可逆运行能耗制动电路

能耗制动：停车时，按下停止按钮 SB_1，定子绕组脱离三相交流电源，同时 KM_3 通电，电动机定子接入直流电源进行能耗制动，转速迅速下降，当转速降至 100 r/min 时，速度继电器释放，其 KS－1 或 KS－2 触点复位断开，此时 KM_3 断电。能耗制动结束，以后电动机自然停车。

对于负载转矩较为稳定的电动机，能耗制动时采用时间原则控制为宜，因为此时对时间继电器的延时整定较为固定。

4. 无变压器单管能耗制动控制电路

为简化能耗制动电路，减少附加设备，在制动要求不高、电动机功率在 10 kW 以下时，可采用无变压器的单管能耗制动电路。它是采用无变压器的单管半波整流作为直流电源，这种电流体积小，成本低。

图 2-61 为无变压器单管能耗制动电路。图中 KM_1 为线路接触器，KM_2 为制动接触器，KT 为能耗制动时间继电器。该电路其整流电源电压为 220 V，它由制动接触器 KM_2 主触点接至电动机定子两相绕组，并由另一相绕组经整流二极管 VD 和电阻 R 接到零线，构成回路。该电路工作情况与图 2-59 相似，读者可自行分析。

5. 能耗制动所需直流电流

一般用以下方法估算能耗制动所需的直流电源，其具体步骤是（以常用的电动机单向运行能耗制动控制电路为例）：

（1）首先测量出电动机三根进线中任意两根之间的电阻 $R(\Omega)$。

（2）测量出电动机的进线空载电流 I_0（A）。

（3）能耗制动所需的直流电流 $I_L(A)=KI_0$，所需的直流电压 $U_L(V)=I_LR$。其中系数 K 一般取 3.5～4。若考虑到电动机定子绕组的发热情况，并使电动机达到比较满意的制动效果，对转速高、惯性大的传动装置可取其上限。

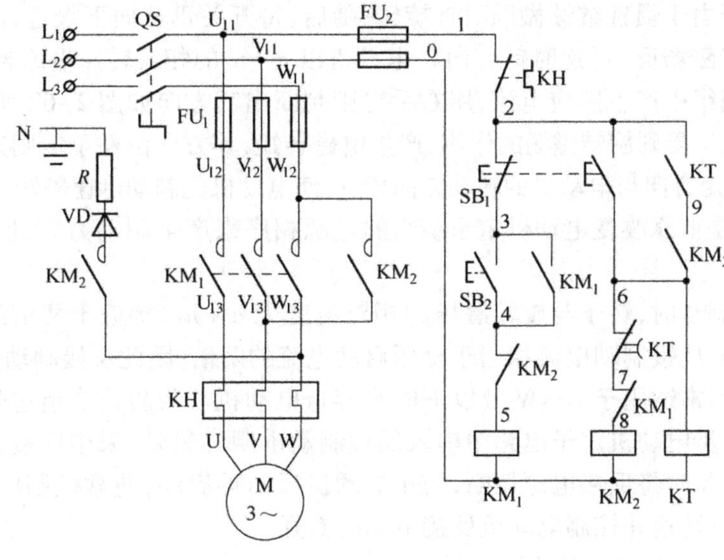

图 2-61　无变压器单管能耗制动电路

（4）单相桥式整流电源变压器二次绕组电压和电流有效值分别为：

$$U_2 = U_L/0.9(\mathrm{V})$$
$$I_2 = I_L/0.9(\mathrm{A})$$

变压器计算容量为：

$$S = U_2 I_2(\mathrm{VA})$$

如果制动不频繁，可取变压器实际容量为：

$$S' = (1/3 \sim 1/4)S(\mathrm{VA})$$

（5）可调电阻 $R \approx 2\Omega$，电阻功率 $P_R(\mathrm{W}) = I_L^2 R$，实际选用时，电阻功率的值也可适当选小一些。

6. 能耗制动优缺点

能耗制动优点是制动准确、平稳，且能量消耗较小。缺点是需附加直流电源装置，设备费用较高，制动力较弱，在低速时制动力矩小。因此能耗制动一般用于要求制动准确、平稳的场合，如磨床、立式铣床等的控制线路中。

（二）反接制动

1. 反接制动原理

在电工学课程中我们了解到，反接制动实质上是改变异步电动机定子绕组中的三相电源相序，使定子绕组产生与转子方向相反的旋转磁场，因而产生制动转矩的一种制动方法。

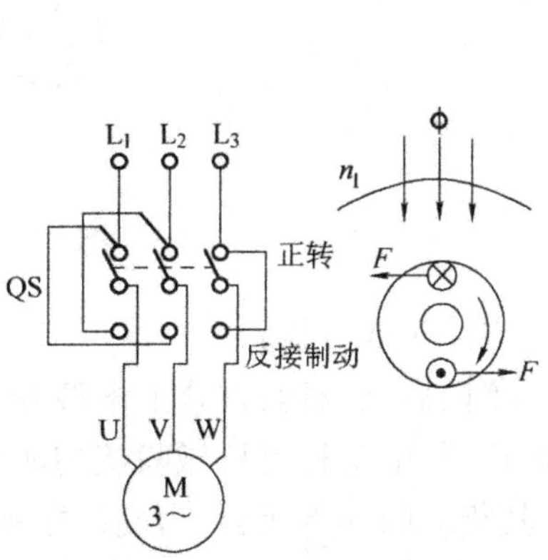

图 2-62　反接制动原理

在图 2-62 所示电路中，当 QS 向上投合时，电动机定子绕组电源电压相序为 $L_1 - L_2 - L_3$，电动机将沿旋转磁场方向（顺时针方向），以 $n < n_1$ 的转速正常运转。

当电动机需要停转时，按下开关 QS，使电动机先脱离电源，此时转子由于惯性继续做顺时针旋转；随后，将开关迅速向下投合，由于 L_1、L_2 两相电源线对调，旋转磁场反转(逆时针方向)，电动机以 $n+n_1$ 的相对转速沿原转动方向切割旋转磁场，在转子绕组中产生感应电流，用右手定则判断出其方向如图 2-62 所示。而转子绕组一旦产生电流，又受到旋转磁场的作用，产生电磁转矩，其方向由左手定则判断，如图 2-62 所示。可见，此转矩方向与电动机的转动方向相反，使电动机受制动迅速停转。

反接制动就是依靠改变电动机定子绕组的电源相序来产生制动力矩，迫使电动机迅速停转的制动方法。

电动机反接制动时，转子与旋转磁场的相对速度为 $n+n_1$，接近于两倍的同步转速，所以定子绕组流过的反接制动电流相当于全压启动电流的两倍，因此反接制动的转矩大，制动迅速，但冲击大，通常适用于 10 kW 及以下的小容量电动机。为防止绕组过热、减小冲击电流，通常在笼型异步电动机定子电路中串入反接制动电阻。另外，采用反接制动，当电动机转速降至零时，要及时将反接电源切断，防止电动机反向再启动，通常控制电路是用速度继电器来检测电动机转速并控制电动机反接电源的断开。

2. 电动机单向反接制动控制

图 2-63 为电动机单向反接制动控制电路。图中 KM_1 为电动机单向运行接触器，KM_2 为反接制动接触器，KS 为速度继电器，R 为反接制动电阻。

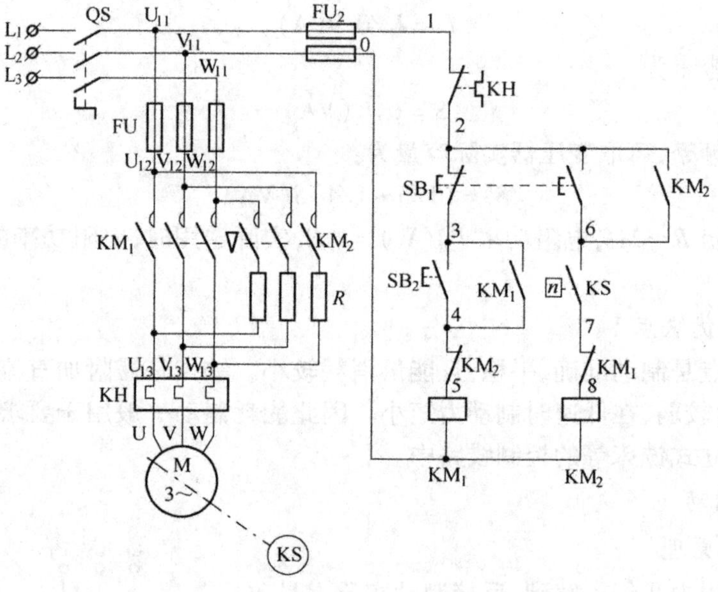

图 2-63　电动机单向反接制动控制电路

电路工作分析：

单向启动及运行：合上电源开关 QS，按下 SB_2，KM_1 通电并自锁，电动机全压启动并正常运行，与电动机有机械联接的速度继电器 KS 转速超过其动作值(通常为大于 120 r/min)时，其相应的触点闭合，为反接制动作准备。

反接制动：停车时，按下 SB_1，其常闭触点断开，KM_1 线圈断电释放，KM_1 常开主触点和常开辅助触点同时断开，切断电动机原相序三相电源，电动机惯性运转。当 SB_1 按到底时，其常开触点闭合，使 KM_2 线圈通电并自锁，KM_2 常闭辅助触点断开，切断 KM_1 线圈控制电路。同时其常开主触点闭合，电动机串三相对称电阻接入反相序三相电源进行反接制动，电动机转速迅速下降。当转速下降到速度继电器 KS 释放转速（通常小于 100 r/min）时，KS 释放，其常开触点复位断开，切断 KM_2 线圈控制电路，KM_2 线圈断电释放，其常开主触点断开，切断电动机反相序三相交流电源，反接制动结束，电动机自然停车。

3. 电动机可逆运行反接制动控制

图 2-64 为电动机可逆运行反接制动控制电路。图中 KM_1、KM_2 为电动机正、反向控制接触器，KM_3 为短接电阻接触器，KA_1、KA_2、KA_3、KA_4 为中间继电器，KS 为速度继电器，其中 KS－1 为正向闭合触点、KS－2 为反向闭合触点，R 为限流电阻，具有限制启动电流和制动电流的双重作用。

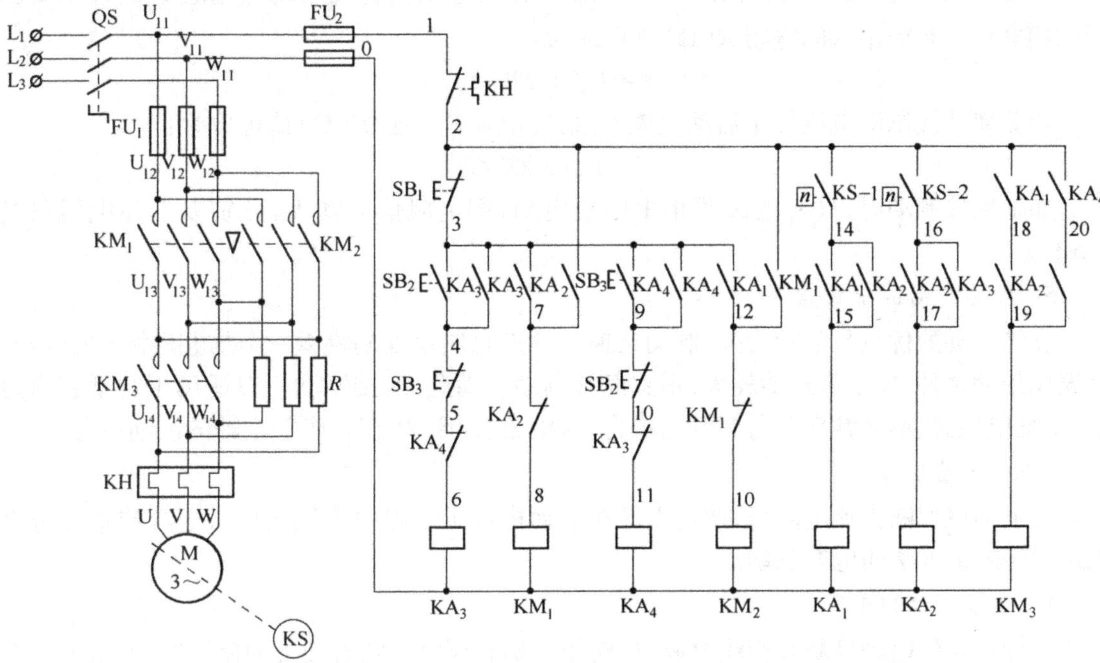

图 2-64 电动机可逆运行反接制动控制电路

电路工作分析：

正向减压启动：合上电源开关 QS，按下 SB_2，正向中间继电器 KA_3 线圈通电并自锁，其常闭触点断开互锁了反向中间继电器 KA_4 的线圈控制电路；KA_3 常开触点闭合，使 KM_1 线圈控制电路通电，KM_1 主触点闭合使电动机定子绕组串电阻 R 接通正相序三相交流电源，电动机减压启动。同时 KM_1 常闭触点断开互锁了反向接触器 KM_2，其常开触点闭合为 KA_1 线圈通电作准备。

全压运行：当电动机转速上升至一定值（通常为大于 120 r/min）时，速度继电器 KS 正转常开触点 KS－1 闭合，KA_1 线圈通电并自锁。此时 KA_1、KA_3 的常开触点均闭合，接触器 KM_3 线圈通电，其常开主触点闭合短接限流电阻 R，电动机全压运行。

反接制动：需停车时，按下 SB_1，KA_3、KM_1、KM_3 线圈相继断电释放，KM_1 主触点断开，电动机惯性高速旋转，使 KS－1 维持闭合状态，同时 KM_3 主触点断开，定子绕组串电阻 R。由于 KS - 1 维持闭合状态,使得中间继电器 SA_1 仍处于吸合状态,KM_1 常闭触点复位后,反向接触器 KM_2 线圈通电,其常开主触点闭合,使电动机定子绕组串电阻 R 获得反相序三相交流电源,对电动机进行反接制动,电动机转速迅速下降。同时,KM_2 常闭触点断开互锁正向接触器 KM_1 线圈控制电路。当电动机转速低于速度继电器释放值(通常小于 100 r/min)时,速度继电器常开触点 KS - 1 复位断开,KA_1 线圈断电释放,其常开触点断开,切断接触器 KM_2 线圈控制电路,KM_2 线圈断电释放,其常开主触点断开,反接制动过程结束。

电动机反向启动和反接制动停车控制电路工作情况与上述相似,在此不再复述。所不同的是速度继电器起作用的是反向触点 KS - 2,中间继电器 KA_2 替代了 KA_1,请读者自行分析。

4. 计算反接制动限流电阻 R

在电源电压为 380 V 时,若要使反接制动电流为电动机直接启动电流的 1/2,即 $1/2I_{St}$,则三相电路每相应串入的电阻 $R(\Omega)$ 值可取为:

$$R \approx 1.5 \times 220/I_{St}$$

若要使反接制动电流等于启动电流 I_s,则每相应串入的 $R'(\Omega)$ 值可取为:

$$R' \approx 1.3 \times 220/I_{St}$$

如果反接制动时,只在电源两相中串接电阻,则电阻值应加大,分别取上述电阻值的 1.5 倍。

5. 反接制动的优缺点

反接制动的优点是制动力强,制动迅速。缺点是制动准确性差,制动过程中冲击强烈,易损坏传动零件,制动能量消耗大,不宜经常制动。因此,反接制动一般适用于制动要求迅速、系统惯性大、不经常启动与制动的场合,台铣床、镗床、中型车床等主轴的制动控制。

(三) 电容制动

当电动机切断交流电源后,通过立即在电动机定子绕组的出线端接入电容器迫使电动机迅速停转的方法叫电容制动。

1. 电容制动的原理

当旋转着的电动机断开交流电源时,转子内仍有剩磁。随着转子的惯性转动,形成一个随转子转动的旋转磁场。该磁场切割定子绕组产生感应电动势,并通过电容器回路形成感应电流,这个电流产生的磁场与转子绕组中的感应电流相互作用,产生一个与旋转方向相反的制动力矩,使电动机受制动迅速停转。

2. 电容制动控制

电容制动控制线路如图 2-65 所示,电阻 R_1 是调节电阻,用以调节制动力矩的大小,电阻 R_2 为放电电阻。经验证明,电容器的电容,对于 380 V、50 Hz 的笼型异步电动机,每千瓦每相约需要 150 μF 左右。电容器的耐压应不小于电动机的额定电压。

工作原理读者自行分析。

3. 电容制动的特点

实验证明,对于 5.5 kW,三角形接法的三相异步电动机,无制动停车时间为 22 s,采用电容制动后其停车时间仅需 1 s。对于 5.5 kW,Y 形接法的三相异步电动机,无制动停车时间为 36 s,采用电容制动后其停车时间仅需 2 s。所以电容制动是一种制动迅速、能量损耗小、设备简单的制动方法，一般用于10 kW以下的小容量电动机，特别适用于存在机械摩擦和阻尼的生产机械和需要多台电动机同时制动的场合。

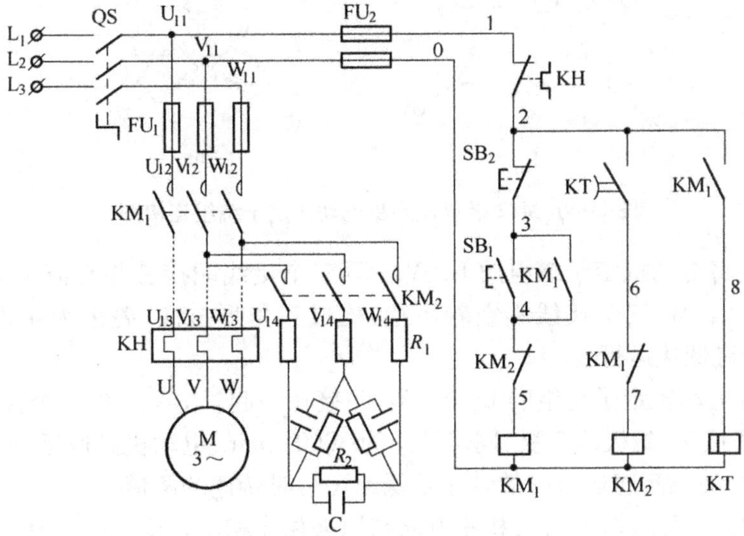

图2-65　电容制动控制线路

第九节　多速异步电动机控制线路

为使生产机械获得更大的调速范围，除采用机械变速外，还可采用电气控制方法实现电动机的多速运行。

由三相异步电动机感应电动机转速公式 $n=60f_1(1-s)/p$ 可知，改变三相异步电动机转速可通过三种方法来实现：变极调速、变转差率调速和变频调速。变极调速是通过改变定子绕组的连接方式来实现的，它是有极调速，一般仅适用于笼型异步电动机；变转差率调速可通过调节定子电压、改变转子电路中的电阻以及采用串级调速来实现，一般适用于绕线式异步电动机；变频调速是现代电力传动的一个主要发展方向，已广泛应用于工业自动控制中。本节介绍三相笼型异步电动机变极调速控制电路和电磁滑差离合器调速以及三相异步电动机变频调速的基础知识。三相绕线式转子电动机串电阻调速控制电路放在本章第十节介绍。

一、笼型多速异步电动机控制线路

变极调速是通过接触器触点来改变电动机绕组的接线方式，以获得不同的极对数来达到调速目的的。变极电动机一般有双速、三速、四速之分。

（一）笼型双速异步电动机控制线路

1. 笼型双速异步电动机定子绕组的连接

笼型双速异步电动机定子绕组的连接如图2-66所示。图中，三相定子绕组有六个接线端，分别为 U_1、V_1、W_1、U_2、V_2、W_2。

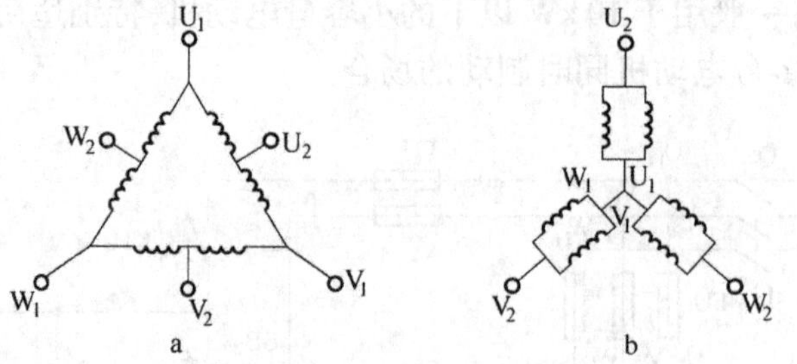

图 2-66　4/2 极双速异步电动机定子绕组连接图

图 2-66a 是将电动机定子绕组的 U_1、V_1、W_1 三个接线端接三相交流电源，而将电动机定子绕组的 U_2、V_2、W_2 三个接线端空着不接，构成三角形接法，磁极为 4 极，同步转速为 1500 r/min，电动机低速运行。

图 2-66b 将电动机定子绕组的 U_1、V_1、W_1 并接在一起，U_2、V_2、W_2 三个接线端接三相交流电源，构成 YY 接法，磁极为 2 极，同步转速为 3000 r/min，电动机高速运行。

可见，双速电动机高速运行时的转速是低速运行时转速的两倍。

值得注意的是，绕组改极后，其相序方向与原来相序相反。所以，在变极时，必须把电动机任意两个出线端对调，以保持高速和低速时的转向相同。

2. 接触器控制双速电动机控制线路图

接触器控制双速电动机控制线路如图 2-67 所示，工作原理自行分析。

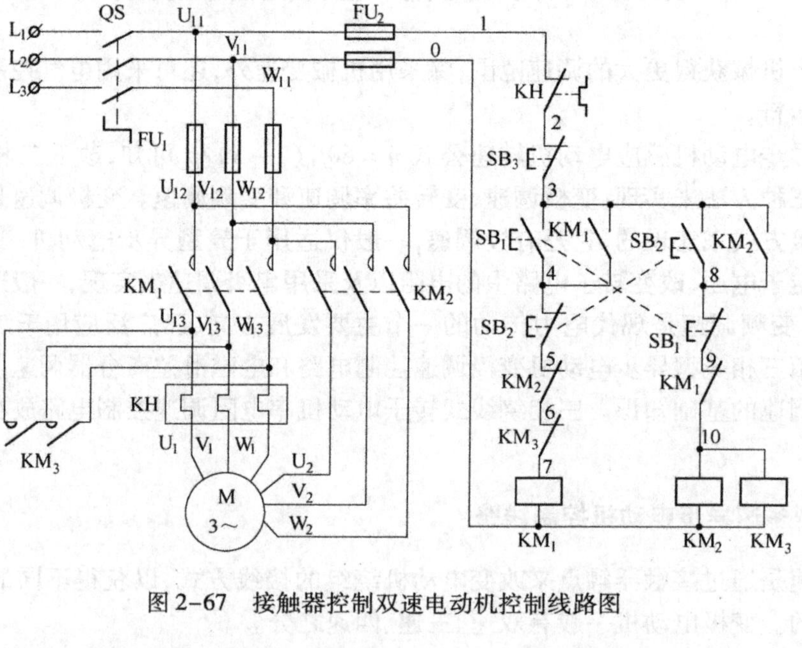

图 2-67　接触器控制双速电动机控制线路图

3. 时间继电器控制双速电动机控制线路

图 2-68 为双速电动机变极调速控制线路图。图中 KM_1 为电动机三角形连接接触器，KM_2、KM_3 为电动机双星形连接接触器。KT 为电动机低速换高速时间继电器，SA 为高、低速选择开关，其有三个位置："左"位为低速，"右"位为高速，"中间"位为停止。

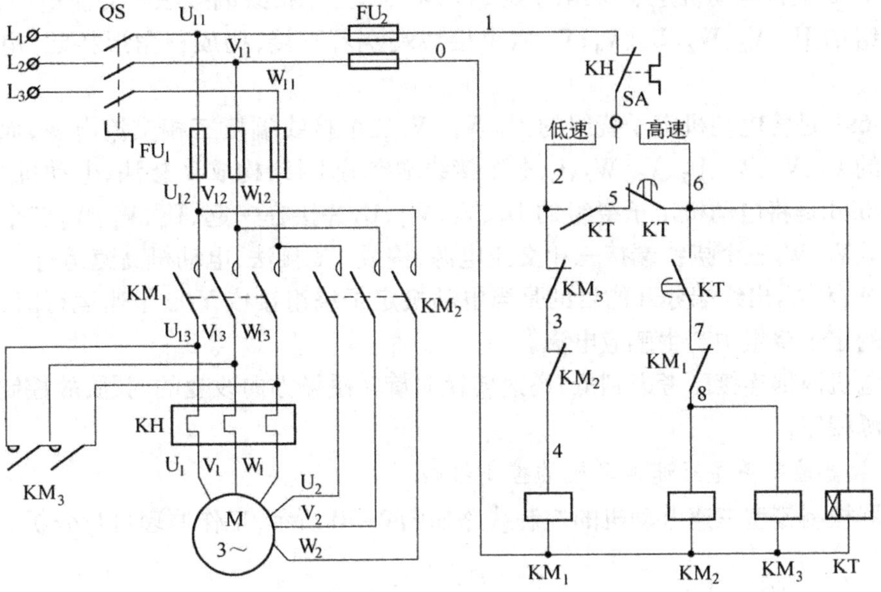

图 2-68　时间继电器控制双速电动机变极调速线路图

线路工作原理:合上电源隔离开关 QS。

选择开关 SA 打向低速→KM_1线圈通电→KM_1主触头闭合→定子绕组的接线端 U_1、V_1、W_1接到三相电源上,而此时 KM_1、KM_2线圈不得电,主触头不闭合,电动机定子绕组三角形连接,电动机 M 低速运行。

选择开关 SA 打向高速→时间继电器 KT 线圈通电延时→KM_1线圈通电→KM_1主触头闭合,电动机定子绕组三角形连接,电动机 M 低速运行→KT 延时时间到→KT 延时常闭触头断开→KM_1线圈断电复位→KM_2、KM_3线圈通电→KM_2、KM_3主触头闭合→电动机定子绕组 YY 连接,电动机 M 高速运行。

选择开关 SA 合向中间位时,电动机停止运行。

(二) 笼型三速异步电动机控制线路

1. 笼型三速异步电动机定子绕组的连接

笼型三速异步电动机具有两套定子绕组,分两层安放在定子槽内,第一套绕组(双速)有七个出线端 U_1、V_1、W_1、U_3、U_2、V_2、W_2,可作三角形或 YY 连接;第二套绕组(单速)有三个出线端 U_4、V_4、W_4,只作 Y 形连接,如图 2-69 所示。当分别改变两套定子(图 2-69a 是两套电子绕组)绕组的连接方式(即改变磁极对数)时,电动机就可以得到三种不同的转速。

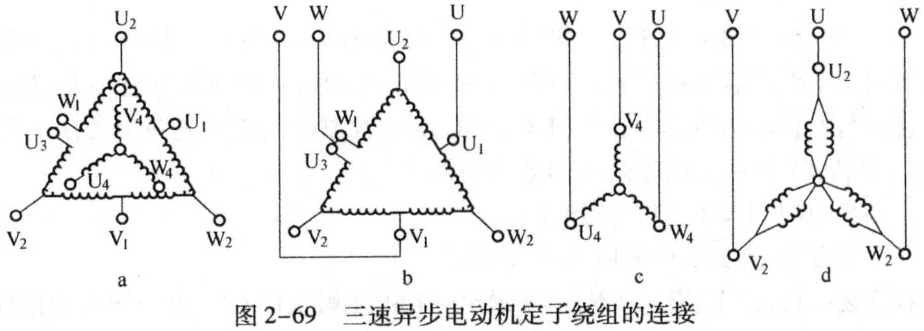

图 2-69　三速异步电动机定子绕组的连接

图 2-69b 是将电动机定子绕组的 U_1、V_1、W_1、U_3 三个接线端接三相交流电源，而将电动机定子绕组的 U_2、V_2、W_2、U_4、V_4、W_4 六个接线端空着不接，构成三角形接法，电动机低速运行。

图 2-69c 是将电动机定子绕组的 U_4、V_4、W_4 三个接线端接三相交流电源，而将电动机定子绕组的 U_1、V_1、W_1、U_2、V_2、W_2、U_3 七个接线端空着不接，构成 Y 接法，电动机中速运行。

图 2-69d 是将电动机定子绕组的 U_1、V_1、W_1、U_3 并接在一起，U_4、V_4、W_4 三个接线端空着不接，U_2、V_2、W_2 三个接线端接三相交流电源，构成 YY 接法，电动机高速运行。

图中 W_1 和 U_3 出线端分开的目的是当电动机定子绕组接成 Y 形中速运行时，避免在三角形接法的定子绕组中产生感应电流。

三速电机内部连接已考虑到低、高速转换时旋转磁场方向改变的问题，故控制线路不需要改变电源相序。

2. 接触器控制笼型三速电动机的控制线路

接触器控制笼型三速电动机的控制线路如图 2-70 所示，工作原理自行分析。

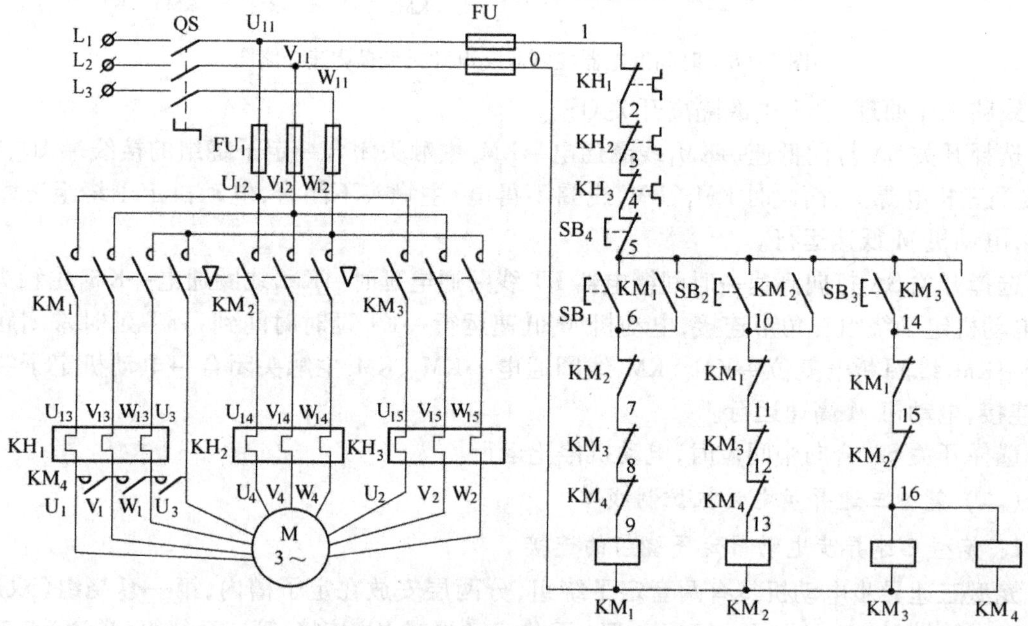

图 2-70　接触器控制三速电动机的控制线路

3. 时间继电器控制笼型三速电动机的控制线路

用时间继电器控制笼型三速电动机的控制线路如图 2-71 所示。其中，SB_1、KM_1 控制电动机三角形接法下低速启动运行；SB_2、KT_1、KM_2 控制电动机从三角形接法下低速启动到 Y 接法下中速运行的自动切换；SB_3、KT_1、KT_2、KM_3、KM_4 控制电动机从三角形接法下低速启动到 Y 中速过渡到 YY 接法下高速运行的自动切换。

注意：KT_2 延时时间大于 KT_1 延时时间。

线路工作原理为：先合上电源隔离开关 QS。

三角形低速运行：按下 SB_1→KM_1 线圈通电→KM_1 主触头闭合→定子绕组的接线端 U_1、

V_1、W_1接到三相电源上，而此时 KM_2、KM_3、KM_4线圈不得电，主触头不闭合，电动机定子绕组三角形连接，电动机 M 低速运行。

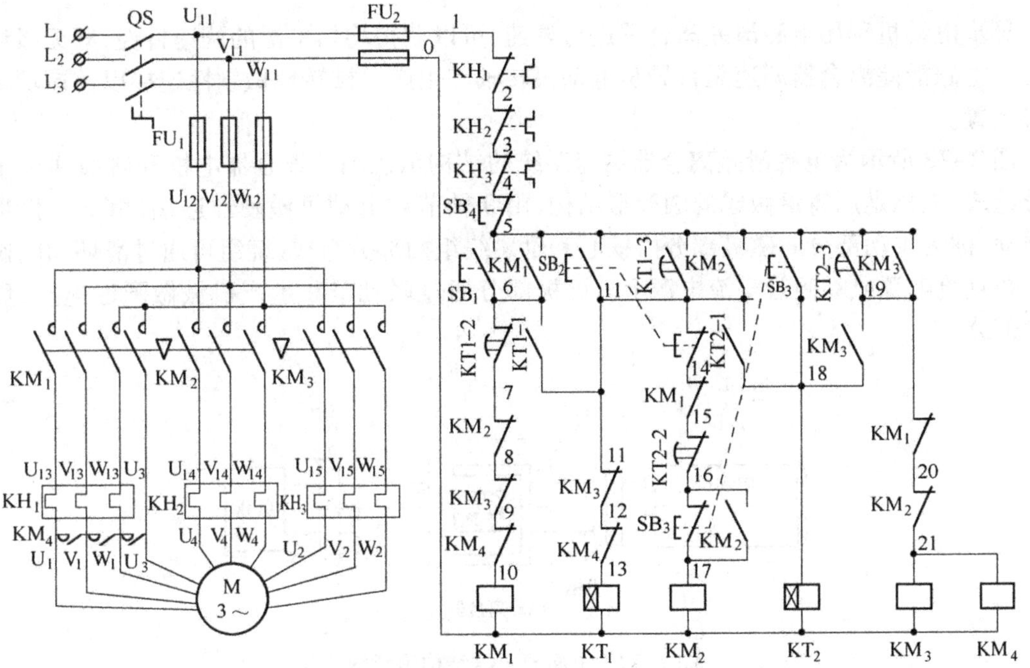

图 2-71　时间继电器控制三速电动机的控制线路

Y 形中速运行：按下 SB_2→时间继电器 KT_1线圈通电→KT1－1 瞬动常开触点闭合→KM_1线圈通电→KM_1主触头闭合→定子绕组的接线端 U_1、V_1、W_1接到三相电源上，而此时 KM_2、KM_3、KM_4线圈不得电，主触头不闭合，电动机定子绕组三角形连接，电动机 M 低速启动过渡→KT_1延时时间到→KT1－2 延时常闭触头先断开→KM_1线圈断电复位→KT1－3 延时常开触头后闭合→KM_2线圈通电→KM_2主触头闭合→定子绕组的接线端 U_4、V_4、W_4接到三相电源上，而此时 KM_1、KM_3、KM_4线圈不得电，主触头不闭合，电动机定子绕组 Y 连接，电动机 M 中速运行。

YY 形高速运行：按下 SB_3→时间继电器 KT_2线圈通电→KT2－1 瞬动常开触点闭合→KT_1线圈得电→KT1－1 瞬动常开触点闭合→KM_1线圈通电→KM_1主触头闭合→定子绕组的接线端 U_1、V_1、W_1接到三相电源上，而此时 KM_2、KM_3、KM_4线圈不得电，主触头不闭合，电动机定子绕组三角形连接，电动机 M 低速启动过渡→KT1 延时时间到→KT1－2 延时常闭触头先断开→KM_1线圈断电复位→KT1－3 延时常开触头后闭合→KT_2延时时间到→KT2－2 延时常闭触头先断开→KM_2线圈断电复位→KT2－3 延时常开触头后闭合→KM_3、KM_4线圈通电→KM_3、KM_4主触头闭合→定子绕组的接线端 U_2、V_2、W_2接到三相电源上，而此时 KM_1、KM_2线圈不得电，主触头不闭合，电动机定子绕组 YY 连接，电动机 M 高速运行。在 KM_3、KM_4线圈得电同时，常闭触头分断，KT_1线圈失电。

通过对笼型异步电动机控制线路的分析可知，在实际应用中，首先必须正确识别电动机的各接线端子，这一点是很重要的。变极多速电动机主要用于驱动某些不需要平滑调速的生产机械上，如冷拔拉管机、金属切削机床、通风机、水泵和升降机等。在某些机床上，采用变极调速与齿轮箱调速相配合，可以较好地满足生产机械对调速的要求。

二、电磁滑差离合器调速电动机控制线路

异步电动机利用电磁滑差离合器进行调速，可以获得均匀平滑的调速特性，即无级调速特性。电磁滑差离合器调速是将异步电动机转轴和生产机械转轴做软性连接以传递功率的一种装置。

图 2–72 所示为电磁滑差离合器调速系统的结构示意图。离合器电枢和磁极两个主要部分组成，电枢是用铸钢做成的圆筒形结构，用联轴节和电动机做硬性连接，由电动机带着它转动，称为主动部分。磁极部分由铁心和励磁绕组两部分组成，绕组可通过滑环和电刷接到一般直流电源或晶闸管整流电源上。磁极部分通过联轴节和生产机械做硬性连接，称为从动部分。

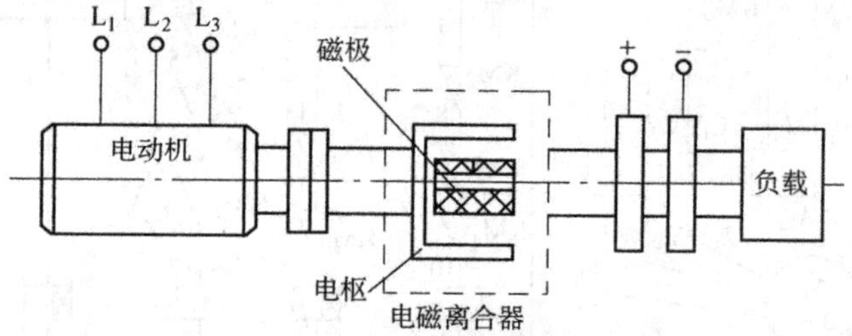

图 2–72　电磁离合器结构示意图

当电动机带着电枢旋转时，因切割磁极的磁感应线，在电枢内感应出涡流，涡流再与磁极相互作用产生转矩，推动着磁极跟随电枢而旋转，从而带着生产机械转动起来。显然，当励磁电流等于零时，磁极没有磁通，电枢不会产生涡流，不能产生转矩，磁极和生产机械也就不会转动；一旦加上励磁电流，磁极即刻转动起来，生产机械也转动起来。此外还可以看出，电磁离合器的工作原理与异步电动机类似，磁极和电枢的转速不能相同，如果相同，电枢也就不会切割磁感应线产生涡流，也就不会带动生产机械旋转的转矩。这就好像异步电动机的转子导体和定子旋转磁场的作用一样，依靠这个“转差”才能工作。当负载一定时，如果减励磁电流，将使磁场的磁通减小，因此磁极与电枢“转差”被迫增大，这样才能产生比较大的涡流，以便获得同样大的转矩，使负载稳定在比较低的转速下运行。所以，通过调节励磁绕组的电流，就可以调节生产机械的转速。

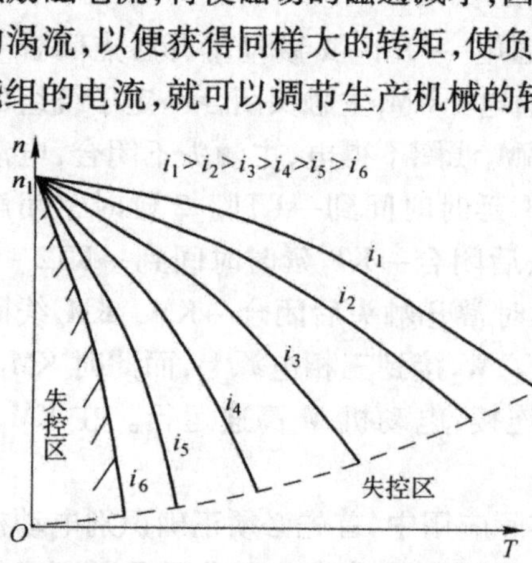

图 2–73　电磁离合器机械特性

图 2–73 所示为电磁滑差离合器的机械特性，它表示从动轴的转速 n 与转矩 T 的关系，它的理想空载转速 n_1 就是电动机的转速。改变励磁电流的大小，就改变了磁场的强弱，实质上和异步电动机改变定子电压相似。当从动部分的转轴带有一定的负载转矩时，励磁电流的大小便决定了转速的高低。励磁电流愈大，转速愈高；反之，励磁电流愈小，转速愈低。

如果励磁电流太小，磁通太弱，产生的转矩太小，从动轴转动不起来，就会失控；在一定的磁场

下，如果负载过大，从动轴转速太低，也会形成从动部分跟不上主动部分而失控。因此，应避免工作在失控区。

从图 2-73 中可以看出，电磁离合器机械特性较软，稳定性差，因此在工程实践中，常常采用带转速负反馈的闭环系统提高机械特性的硬度。

图 2-74 所示为能够自动换极的电磁滑差离合器，可以调速 4/8 极异步电动机控制线路。在电动机定子绕组 YY 连接时，如果电磁离合器从动部分的转速由于励磁电流减小而下降到 600 r/min 以下时，则该控制线路便能够使电动机定子绕组自动变换到三角形连接运行，即由 4 极变换到 8 极转速，其目的主要是为了提高电磁滑差离合器低速运行时的效率。同样，如果电动机运行在定子绕组三角形连接时，从动部分的转速由于励磁电流的增大而上升到 600 r/min 以上时，为了使速度进一步提高，该控制线路能够使电动机的定子绕组自动变换到 YY 连接。电磁滑差离合器的励磁电流是由单结晶体管触发的单相半控桥式整流电路提供的，调节电阻 R_P 可以改变励磁电流的大小，也就改变了生产机械的转速。为了使电动机在 4/8 极或者 8/4 极变换时，其转向维持不变，在具体接线时，将 U_2、V_2 对调。

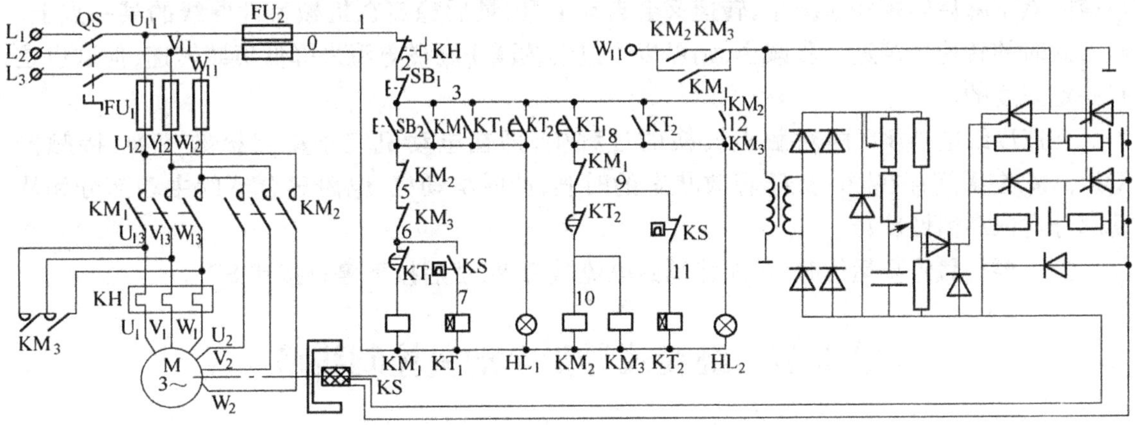

图 2-74　自动换极的电磁调速控制线路图

线路的工作原理为：合上电源隔离开关 QS。

按下启动按钮 SB_2，接触器 KM_1 线圈通电并自锁，KM_1 的主触头闭合，将电动机定子绕组接成三角形，电动机从 8 极开始启动运行，电磁离合器的主动部分在它的拖动下一起运行，同时信号灯 HL_1 亮。由于 KM_1 的常闭辅助触点断开，接触器 KM_2、KM_3 线圈不能接通，而 KM_1 的常开辅助触点闭合，使晶闸管调压线路的触发部分和可控桥部分获得单相的交流电源。调节电阻 R_P 为某一适当值，励磁绕组流过一个直流电流，于是离合器从动部分开始跟随主动部分一起旋转。在此可以通过调节电阻 R_P 改变励磁线圈中的电流，使从动部分所带的负载稳定在所需要的转速上。在调节过程中，若转速升高到 600 r/min 以上时，安装在从动部分转轴上的速度继电器 KS 的常开触点闭合，时间继电器 KT_1 线圈通电并用其瞬动常开触点闭合自锁。当 KT_1 的整定时间到达时，其延时打开的常闭触点断开使 KM_1 线圈断电，触点复位；KT_1 延时闭合的常开触点闭合，接触器 KM_2、KM_3 线圈通电并自锁，KT_1 线圈断电，为下次工作做好准备。KM_2、KM_3 的常开触头闭合，它一方面使晶闸管调压线路继续获得单相交流电源；另一方面使电动机定子绕组接成 YY，电动机与离合器主动部分的转速升高到 4

极转速，从动部分的转速也随之升高。转速上升以后，转矩便相应增加，由电磁滑差离合器调速异步电动机机械特性可知，在一定的励磁电流条件上，转矩的上升会使转速自动下降，而随着转速的下降，转矩又会增加，最后转速稳定在机械特性曲线的某一点上。假如此时的转速还需要进一步提高，则可以通过继续增加励磁电流来提高负载的转速，但提高是有一定限度的。

如果工艺要求转速下降，则可以通过减小励磁电流来达到。如果电动机运行在定子绕组 YY 接线的时候，当从动部分的转速由于励磁电流的减小等原因下降到 600 r/min 以下时，速度继电器 KS 的常闭触头复位，时间继电器 KT_2 线圈通过瞬动触点自锁。当 KT_2 的整定时间到达时，其延时打开的常闭触头断开接触器 KM_2、KM_3 的线圈通路，则电动机 U_2、V_2、W_2 失去三相交流电源，U_1、V_1、W_1 三个接线端也不再短接，KT_2 延时闭合的常开触点闭合使 KM_1 线圈通电并自锁，KT_2 线圈断电，为下次工作做好准备。KM_1 的常开触头闭合，它一方面使晶闸管调压线路继续获得三相交流电源；另一方面使电动机定子绕组又在三角形连接下运行，电动机与离合器的主动部分的转速迅速下降，从动部分的转速也随之降低。但是由于转速突然下降后转矩相应减小，转速又会自动上升，最后稳定在机械特性曲线的某一点上。假若此时的转速仍需进一步减小，则可以通过继续减小励磁电流来降低负载转速，但这也是有一定限度的。

在速度继电器 KS 两对触点转换的过程中，即在电动机定子绕组极数变换，接触器 KM_1、KM_2 在瞬间存在同时处于释放状态的时候，此时电动机、电磁离合器的主动部分和从动部分均依靠惯性旋转。

当需要负载停止运行时，首先将励磁电流减为零，然后按下停止按钮 SB_1。

第十节 绕线式异步电动机控制线路

绕线式异步电动机可以通过滑环在转子绕组中串接电阻来改善电动机的机械特性，从而达到减小启动电流、增大启动转矩以及调节转速的目的。在要求启动转矩较大且有一定调速要求的场合，如起重机、卷扬机等，常常采用三相绕线转子异步电动机拖动。绕线转子异步电动机常用的控制线路有转子绕组串接电阻启动控制线路、转子绕组串接频繁变阻器启动控制线路和凸轮控制器控制线路。

一、转子绕组串接电阻启动控制线路

（一）转子串接三相电阻启动原理

启动时，在转子回路串入作 Y 形连接、分级切换的三相启动电阻器，以减小启动电流、增加启动转矩。随着电动机转速的升高，逐级减小可变电阻。启动完毕后，切除可变电阻器，转子绕组被直接短接，使电动机在额定状态下运行。

电动机转子绕组中串接的外加电阻在每段切除前和切除后，三相电阻始终是对称的，称为三相对称电阻器，如图 2-75a 所示。启动过程依次切除 R_1、R_2、R_3，最后全部电阻被切除。若启动时串入的全部三相电阻是不对称的，且每段切除后三相仍不对称，则称为三相不对称电阻器，如图 2-75b 所示。启动过程依次切除 R_1、R_2、R_3、R_4，最后全部电阻被切除。

（二）按钮、接触器控制的串电阻启动控制线路图

按钮、接触器控制的串电阻启动控制线路如图 2-76 所示，该线路工作原理较简单，请自行分析。线路操作不方便、工作安全性和可靠性差，在生产实际中常采用按时间原则、电流原则设计的控制线路图。

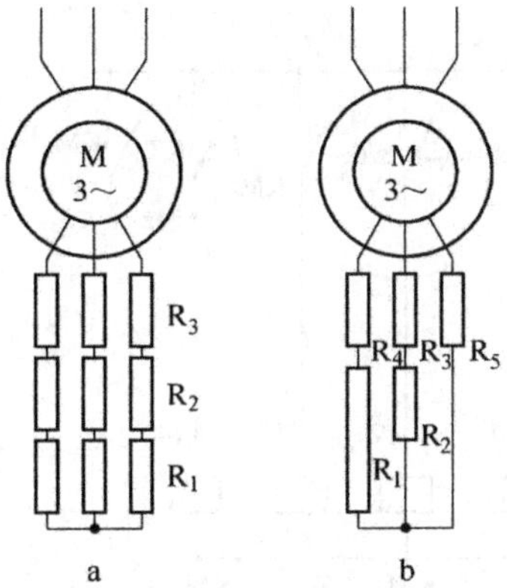

图 2-75　转子串接三相电阻

a—串接三相对称电阻器；

b—串接三相不对称电阻器

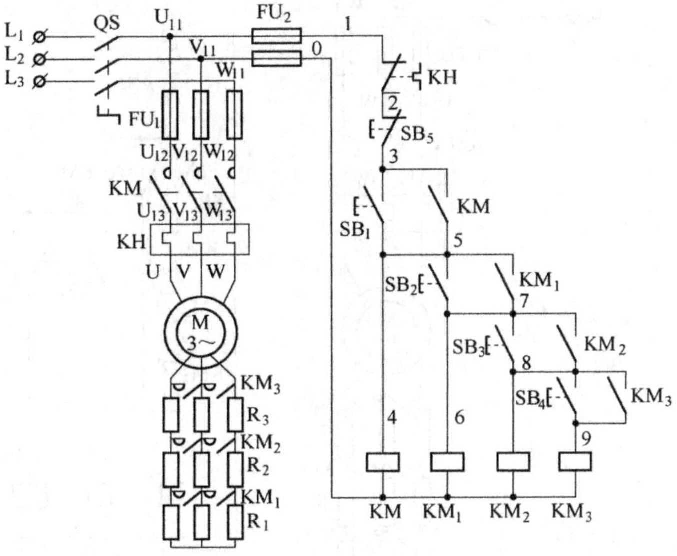

图 2-76　按钮、接触器控制的串电阻启动控制线路图

（三）时间继电器自动控制

按时间原则控制转子串电阻分级启动控制线路如图 2-77 所示。该线路利用三个时间继电器 KT_1、KT_2、KT_3 和三个接触器 KM_1、KM_2、KM_3 的相互配合来依次自动切除转子绕组中的三级电阻。

为了保证电动机只有转子绕组全部串入外加电阻的情况下才能启动，将接触器 KM_1、KM_2、KM_3 的辅助常闭触头与启动按钮 SB_1 串联，这样，如果接触器 KM_1、KM_2、KM_3 中的任何一个因触头熔焊或机械故障而不能正常释放时，即使按下启动按钮 SB_1，控制电路也不会得电，电动机就不会接通电源启动转动。

工作原理为：合上电源隔离开关 QS。

按下 SB2→KM 线圈自锁→电动机 M 串全电阻启动，同时 KT_1 线圈通电延时→KM_1 线圈通电→切除 R_1，同时 KT_2 线圈通电延时→KM_2 线圈通电→切除 R_2，同时 KT_3 线圈通电延时→KM_3 线圈通电自锁→切除 R_3，KT_1，KM_1，KT_2，KM_2，KT_3 等线圈依次断电复位，启动过程结束。

停止时，按下 SB_2 即可。

（四）电流原则控制转子串电阻分级启动控制线路

绕线转子异步电动机刚启动时转子电流较大，随着电动机转速的增大，转子电流逐渐减小，根据这一特性，可以利用电流继电器自动控制接触器来逐级切除转子回路的电阻。

电流原则控制转子串电阻分级启动控制线路如图 2-78 所示。三个欠电流继电器的线

圈串接在转子回路中，电流继电器的吸合电流一样，电动机启动时转子电流最大，KA_1、KA_2、KA_3都吸合，其常闭触头都打开，KM_1、KM_2、KM_3主触头处于断开状态，全部启动电阻均串接

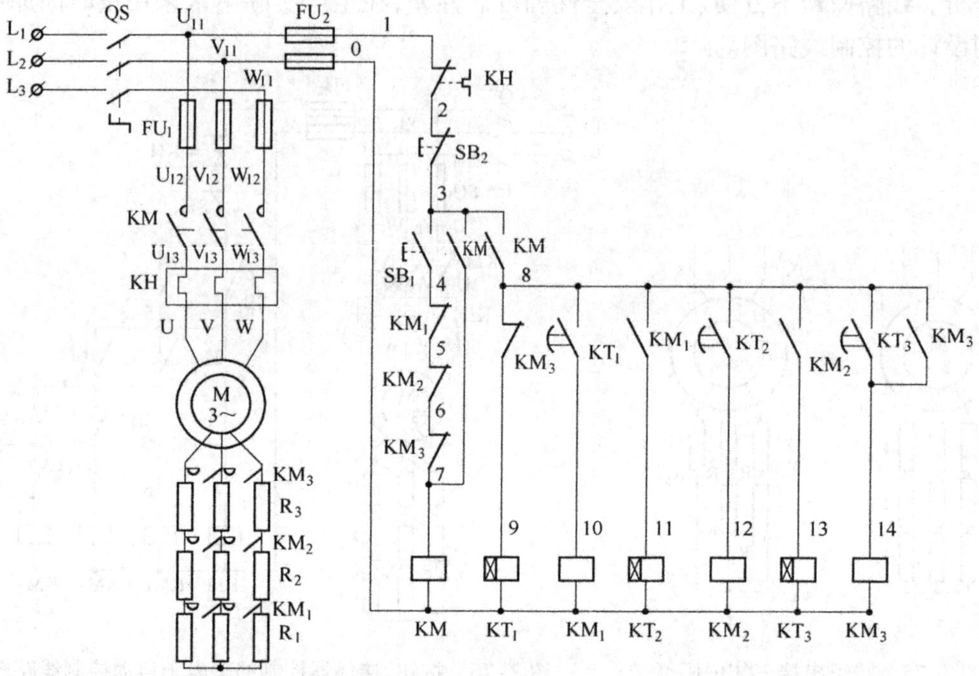

图 2-77　时间原则控制转子串电阻分级启动控制线路

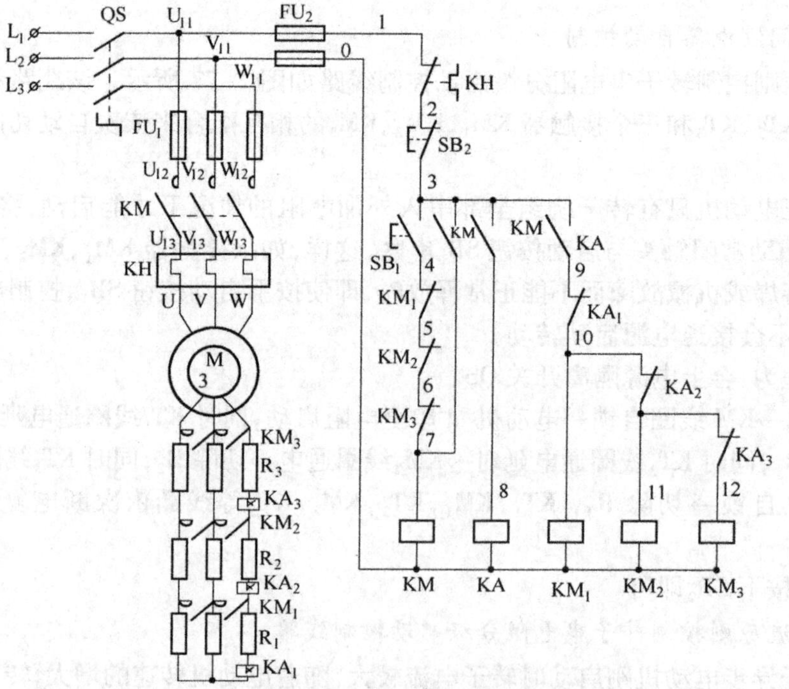

图 2-78　电流原则控制转子串电阻分级启动控制线路

在转子绕组中。但三个欠电流继电器释放电流不同，KA_1的释放电流最大，KA_2其次，KA_3最小；电动机转速逐渐升高，转子电流逐渐减小，当电流减小至KA_1的释放电流时，KA_1首先释放，其常闭触头复位，使接触器KM_1得电主触头闭合，切除第一级电阻R；R_1被切除后，转子电流重新增大，电动机转速继续升高，转子电流又减小，当减小至KA_2的释放电流时，KA_2释放，KA_2的常闭触头复位，KM_2线圈得电主触头闭合，第二级电阻R_2被切除；同理，切除第三级电阻，全部电阻被切除，电动机启动完毕，进入正常运行状态。

工作原理为：合上电源隔离开关QS。

按动启动按钮SB_1→KM线圈通电自锁→中间继电器KA线圈通电、转子串全电阻启动→转速$n\uparrow$，电流$I\downarrow$→过流继电器KA_1复位→KM_1线圈通电→切除转子电阻R_1、$I\uparrow$→随着转速$n\uparrow$，电流$I\downarrow$→过流继电器KA_2复位→KM_2线圈通电→切除转子电阻R_2、$I\uparrow$→转速$n\uparrow$，电流$I\downarrow$→过流继电器KA_3复位→KM_3线圈通电→切除R_3，转速n上升直到电动机启动过程结束。

停止时，按下SB_2即可。

中间继电器KA的作用是保证电动机在转子电路中接入全部电阻的情况下开始启动。因为电动机开始启动时，转子电流从零增大到最大值需要一定的时间，这样有可能电流继电器KA_1、KA_2、KA_3还未动作，接触器KM_1、KM_2、KM_3就已经吸合而把电阻R_1、R_2、R_3短接，造成电动机直接启动。接入KA后，启动时由KA的常开触头断开KM_1、KM_2、KM_3线圈的通电回路，保证了启动时转子回路串入全部电阻。

二、转子绕组串接频敏变阻器启动控制线路

绕线转子异步电动机采用转子绕组串电阻的方法启动，要想获得良好的启动特性，一般需要将启动电阻分为多级，这样所用的电器较多，控制线路复杂，设备投资大，维修不便，并用在逐级切除电阻的过程中，会产生一定的机械冲击。因此，在工矿企业中对不频繁启动的设备，广泛采用频敏变阻器代替启动电阻来控制绕线转子异步电动机的启动。

（一）频敏变阻器

频敏变阻器是一种阻抗随频率明显变化、静止的无触点电磁元件。实质上是一个铁心损耗很大的三相电抗器，由铸铁板或钢板叠成的三柱式铁心，在每个铁心上装有一个线圈，线圈的一端与转子绕组相连，另一端作星形连接，如图2-79所示。

频敏变阻器的等效阻抗值与频率有关，电动机刚启动时，转速较低，转子电流的频率较高，相当于在转子回路中串接一个阻抗很大的电抗器，随着转速的升高，转子频率逐渐降低，其等效阻抗自动减小，实现了平滑无级启动。

用频敏变阻器启动绕线式转子异步电动机的优点是：启动性能好，无电流和机械冲击，结构简单，价格低廉，使用维修方便。但由于功率因数较低，启动转矩较小，一般不宜用于重载启动的场合。

图2-79　BP1频敏变阻器

频敏变阻器主要由铁心和绕组两部分组成。它的上下铁心用四根拉紧螺栓固定，拧开螺母，可以在上下铁心之间增减非磁性垫片，以调整空气隙长度。出厂时上下铁心间的空气隙为零。

频敏变阻器的绕组备有四个抽头，一个抽头在绕组背面，标号为 N；另外三个抽头在绕组的正面，标号为 1、2、3。抽头 1～N 之间为 100% 匝数，2～N 之间为 85% 匝数；3～N 之间为 71% 匝数。出厂时三相线圈均接在 85% 匝数抽头处，并接成 Y 形。

常用的频敏变阻器有 BP1、BP2、BP3、BP4、BP6 等系列。使用时应根据电动机所拖动的生产机械的启动负载特性和操作频繁程度来选择。一般轻载、偶尔启动可用 BP1、BP2、BP4；轻载、频繁启动可用 BP1、BP2、BP3；重载、偶尔启动可用 BP4G、BP6。

在安装和使用时，频敏变阻器顺应牢固地固定在基座上，当基座为铁磁物质时应在中间垫放 10 mm 以上的非磁性垫片，以防影响频敏变阻器的特性。连接线应按电动机转子额定电流选用相应截面的电缆线。同时频敏变阻器还应可靠接地。

使用前，应先测量频敏变阻器对地绝缘电阻，其值应不小于 1MΩ，否则须先进行烘干处理后方可使用。使用时，若发现启动转矩或启动电流过大或过小，应按下述方法调整频敏变阻器的匝数和气隙。

（1）启动电流和启动转矩过大、启动过快时，应换接抽头，使匝数增加，以减小启动电流和启动转矩。

（2）启动电流和启动转矩过小、启动太慢时，应换接抽头，使匝数减小，以增大启动电流和启动转矩。

（3）如果刚启动时，启动转矩偏大，有机械冲击现象，而启动完毕后，稳定转速又偏低，这时可在上下铁心间增加气隙。可拧开变阻器两面上的四个拉紧螺栓的螺母，在上下铁心之间增加非磁性垫片。增加气隙可使启动电流略微增加，启动转矩稍有减小，而启动完毕时的转矩有增大，从而使稳定转速得以提高。

（二）单向旋转转子串频敏变阻器启动控制线路

单向旋转转子串频敏变阻器启动控制线路如图 2-80 所示，工作原理自行分析。

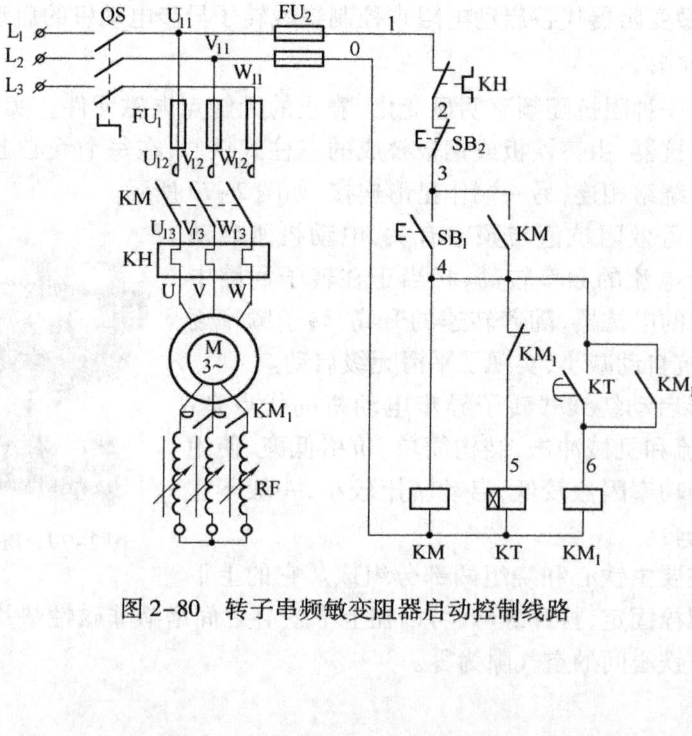

图 2-80　转子串频敏变阻器启动控制线路

(三)转子串频敏变阻器正反转启动控制线路

转子串频敏变阻器正反转启动控制线路如图 2-81 所示,工作原理自行分析。

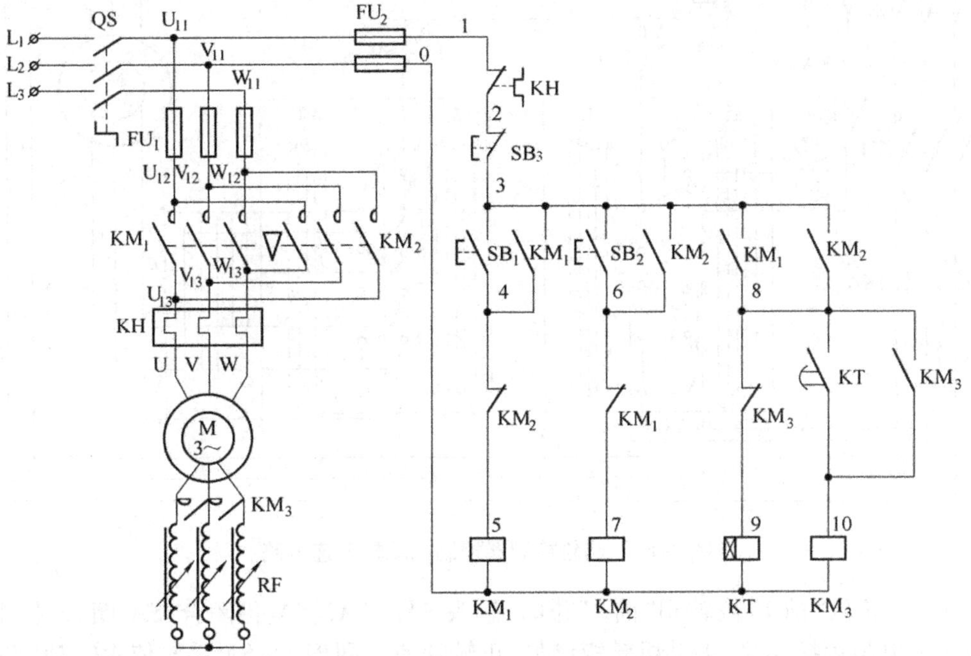

图 2-81　转子串频敏变阻器正反转启动控制线路

三、凸轮控制器控制线路

中、小容量绕线转子异步电动机的启动、调速及正反转控制,常常采用凸轮控制器来实现,以简化操作,如桥式起重机上大部分采用凸轮控制器控制线路。

图 2-82 为凸轮控制器控制电动机调速电路。图中 KM 为线路接触器,KA 为过电流继电器,*R* 是电阻器,SQ_1、SQ_2分别为向前、向后限位开关,SA 为凸轮控制器。

SA 共有 12 对触头,9 对常开主触点,3 对常闭触点。其中 4 对常开主触点 SA_1 ~ SA_4接于电动机定子电路进行换相控制,以实现电动机正反转;5 对常开主触点 SA_5 ~ SA_9接于电动机转子电路,实现转子电阻的接入和切除以获得不同的转速,转子电阻采用不对称接法;3 对常闭触点 SA_{10} ~ SA_{12}中,1 对 SA_{12}用以实现零位保护,即控制器手柄必须置于"0"位,才可启动电动机。另 2 对常闭触点 SA_{10}、SA_{11}与 SQ_1和 SQ_2限位开关串联实现限位保护。

SA 左右各有 5 个工作位置,中间为零位。

线路工作原理为:将凸轮控制器 SA 的手轮置于"0"位后,合上电源开关 QS,此时 SA_{10} ~ SA_{12}闭合,为控制电路的接通做好准备。按下 SB,接触器 KM 线圈得电并自锁,为电动机的启动作准备。

正转控制:将凸轮控制器 SA 的手轮置于"前"位置,此时触头 SA_{10}仍闭合,保持控制电路接通;触头 SA_1、SA_3闭合,电动机 M 接通三相电源正转启动。由于 SA 的触头 SA_5 ~ SA_9均断开,转子绕组串接全部电阻 *R* 启动,所以启动电流较小,启动转矩也较小。如果电动机负载较重,则不能启动,但可起消除传动齿轮间隙和拉紧丝绳的作用。

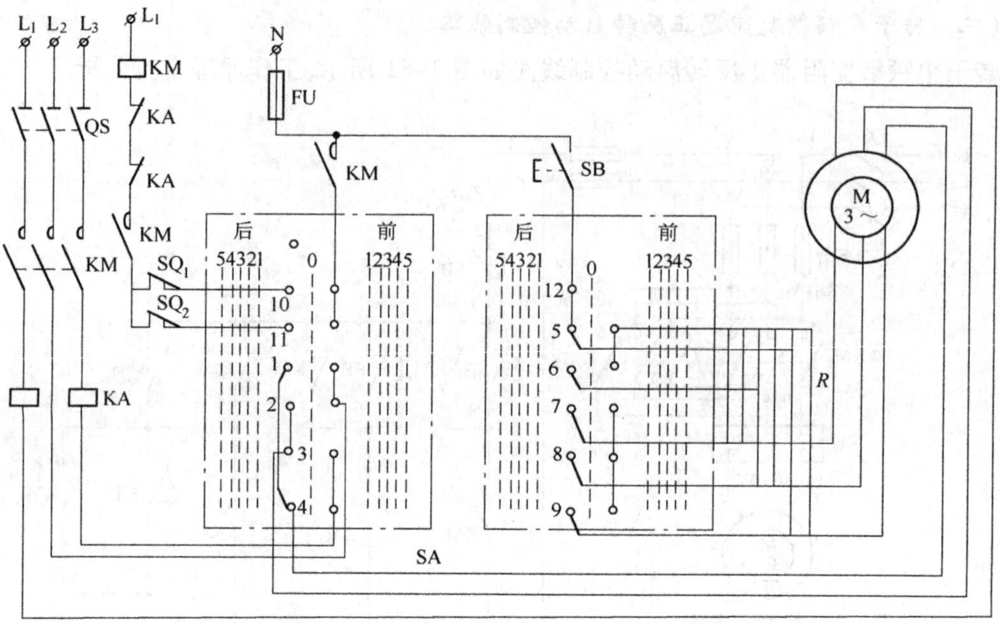

图 2-82　凸轮控制器控制电动机调速电路

当 SA 手轮从“前 1”位转到“前 2”位时，触头 SA_{10}、SA_1、SA_3仍闭合，SA_5闭合，把电阻器 *R* 上的一级电阻短接切除，电动机转矩增加，正转加速。同理，当 SA 手轮依次转到“前 3”和“前 4”位置时，触头 SA_{10}、SA_1、SA_3、SA_5仍闭合，SA_6、SA_7先后闭合，把电阻器 *R* 上的两级电阻相继短接，电动机 M 继续加速正转。当手轮转到“前 5”位置时，SA_5 ~ SA_9五对触头全部闭合，转子回路电阻被全部切除，电动机启动完毕进入正常运转。

停止时，将 SA 手轮扳回零位即可。

反转控制：当将 SA 手轮扳到“后 1”～“后 5”位置时，触头 SA_2、SA_4闭合，接着电动机的三相电源相序改变，电动机将反转。反转的控制过程下正转相似，请自行分析。

凸轮控制器的三对触头 SA_{10} ~ SA_{12}只有当手轮置于零位时才全部闭合，而手轮在其他各挡位置时都只有一对触头闭合（SA_{10}或 SA_{11}），而其余两对断开。从而保证了只有手轮置于“零”位时，按下启动按钮 SB 才能使接触器 KM 线圈得电动作，然后通过凸轮控制器 SA 使电动机逐级启动，避免了电动机在转子回路不串启动电阻的情况下直接启动，同时也防止了由于误按 SB 使电动机突然快速运转而产生的意外事故。

习　题

一、判断题（正确的打√，错误的打×）

1. 三相笼型异步电动机的电气控制线路，如果使用热继电器作过载保护，就不必要再装设熔断器作短路保护。（　　）

2. 在反接制动的控制线路中，必须采用以时间为变化量进行控制。（　　）

3. 频敏变阻器的启动方式可以使启动平稳，克服不必要的机械冲击力。（　　）

4. 频敏变阻器只能用于三相笼型异步电动机的启动控制中。（　　）

5. 失压保护的目的是防止电压恢复时电动机自启动。(　　)

6. 接触器不具有欠压保护的功能。(　　)

7. 电动机采用制动措施的目的是为了停车平稳。(　　)

8. 交流电动机的控制线路必须采用交流操作。(　　)

9. 现有四个按钮,欲使它们都能控制接触器 KM 通电,则它们的常开触头应串联到 KM 的线圈电路中。(　　)

10. 自耦变压器降压启动的方法适用于频繁启动的场合。(　　)

二、选择题(将正确答案的序号填入括号中)

1. 甲、乙两个接触器,欲实现互锁控制,则应(　　)。
   A. 在甲接触器的线圈电路中串入乙接触器的常闭触点
   B. 在乙接触器的线圈电路中串入甲接触器的常闭触点
   C. 在两接触器的线圈电路中互串对方的常闭触点
   D. 在两接触器的线圈电路中互串对方的常开触点

2. 甲、乙两个接触器,若要求甲工作后允许乙接触器工作,则应(　　)。
   A. 在乙接触器的线圈电路中串入甲接触器的常闭触点
   B. 在乙接触器的线圈电路中串入甲接触器的常开触点
   C. 在甲接触器的线圈电路中串入乙接触器的常闭触点
   D. 在甲接触器的线圈电路中串入乙接触器的常开触点

3. 下列电器中不能实现短路保护的是(　　)。
   A. 熔断器　B. 热继电器　C. 过电流继电器　D. 空气开关

4. 同一电器的各个部件在图中可以不画在一起的图是(　　)。
   A. 电气原理图　B. 电器布置图　C. 电气安装接线图　D. 电气系统图

三、改错题

1. 分析题图 2-1 所示各控制电路能否实现点动控制?若不能,试分析说明原因,并加以改正。

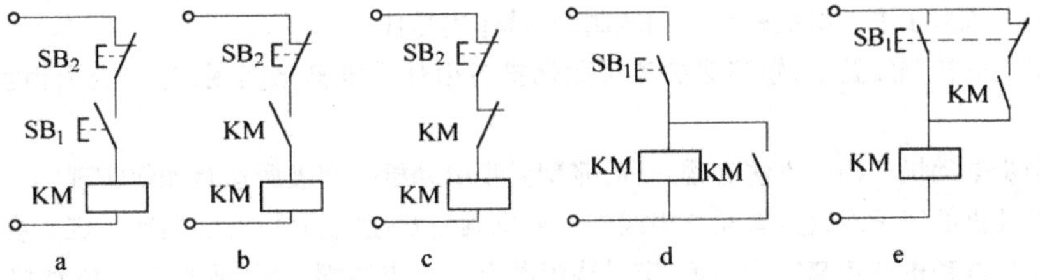

题图 2-1

2. 分析题图 2-2 所示各控制电路能否实现自锁控制?若不能,说明原因,并加以改正。

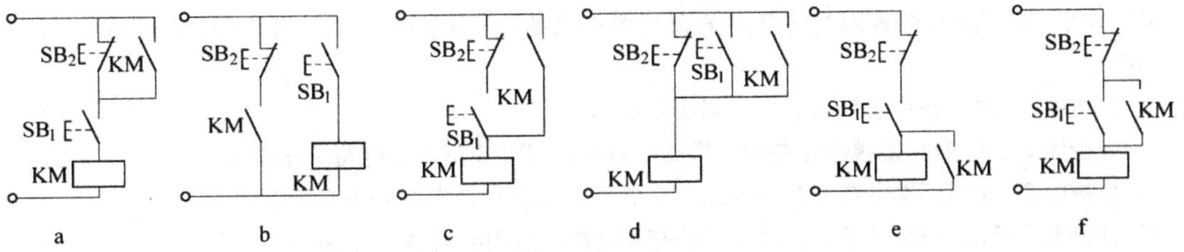

题图 2-2

3. 分析题图 2-3 所示各控制电路能否实现联锁控制?若不能,说明原因,并加以改正,且指出联锁元件。

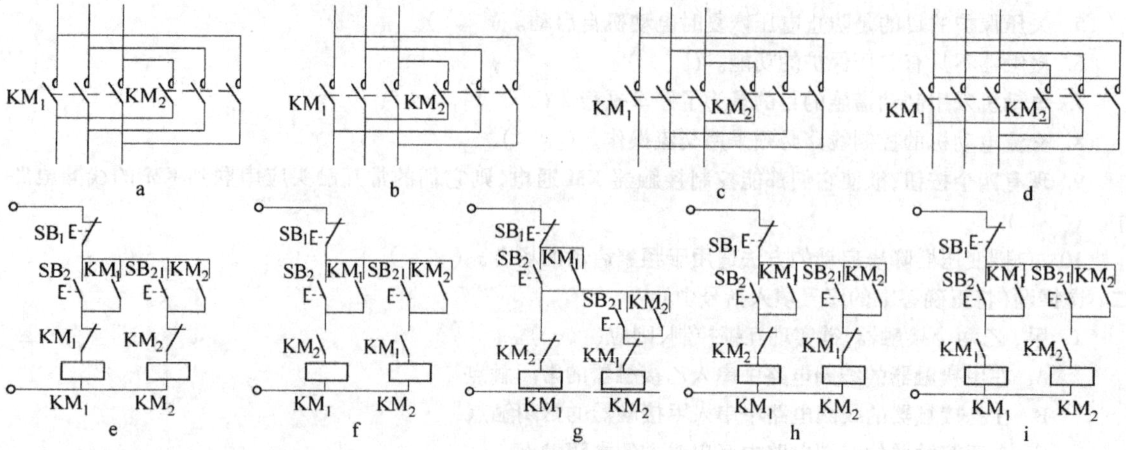

题图 2-3

四、问答题

1. 电动机点动控制与连续运转控制的关键控制环节是什么,其主电路又有何区别?

2. 何为互锁控制,实现电动机正反转互锁控制的方法有哪两种,它们有何不同?

3. 电动机可逆运行控制电路中何为机械互锁,何为电气互锁?

4. 电动机常用的保护环节有哪些,通常它们各由哪些电器来实现其保护?

5. 何为电动机的欠电压与失电压保护,接触器和按钮控制电路如何实现欠电压与失电压保护的?

6. 笼型异步电动机在什么条件下可以直接启动?

7. 某台三相笼型异步电动机,功率为 22 kW,额定电流为 44.3 A,电压为 380 V。问各相应串联多大的启动电阻进行降压启动?

8. 什么叫制动,制动的方法有哪两类?

9. 什么叫电气制动,常用的电气制动方法有哪两种?比较说明两种制动方法的主要不同点。

10. 什么是交流异步电动机的软启动和软制动,其作用是什么?

11. 在电动机的控制线路中,短路保护和过载保护各由什么电器来实现,它们能否相互代替使用,为什么?

12. 三相异步电动机的调速方法有哪三种,笼型异步电动机的变极调速是如何实现的?

13. 双速电动机的定子绕组共有几个出线端?分别画出双速电动机在低、高速时定子绕组的接线图。

14. 三速异步电动机有几套定子绕组,定子绕组共有几个出线端,分别画出三速电动机在低、中、高速时定子绕组的连接图。

15. 绕线转子异步电动机有哪些主要特点,适用于什么场合?

16. 说明图 2-83 凸轮控制器控制线路中中间继电器 KA 的作用是什么,电路中如何实现零位保护?

17. 在生产机械的电气控制线路中,对电动机常采用哪几种保护措施,各由什么电器来实现?

五、分析题

1. 分析图 2-24 三条传送带运输机控制线路工作原理。

2. 分析图 2-33 按钮、接触器控制的自耦变压器降压启动控制线路电路工作原理。

3. 分析图 2-34 时间继电器控制的自耦变压器降压启动控制线路电路工作原理。

4. 分析图 2-65 电动机可逆运行反接制动控制电路反方向启动、制动过程。

5. 分析图 2-66 电容制动控制线路工作原理。

6. 分析图 2-68 接触器控制双速电动机控制线路工作原理。

7. 分析图 2-71 接触器控制笼型三速电动机的控制线路工作原理。

8. 分析图 2-82 转子串频敏变阻器正反转启动控制线路工作原理。

六、设计题

1. 试画出点动的双重联锁正反转控制线路图。

2. 某车床有两台电动机，一台是主轴电动机，要求能正反转控制；另一台是冷却液泵电动机，只要求正转控制；两台电动机都要求具有短路、过载、欠压和失压保护，设计满足要求的控制线路图。

3. 题图 2-4 所示是两条传送带运输机的示意图。请按下述要求画出两条传送带运输机的控制电路图。

(1)1 号启动后，2 号才能启动；(2)1 号必须在 2 号停止后才能停止；(3)具有短路、过载、欠压及失压保护。

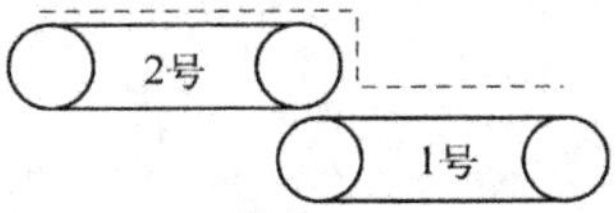

题图 2-4

4. 现有一双速电动机，试按下述要求设计控制线路：(1)分别用两个按钮操作电动机的高速启动与低速启动，用一个总停止按钮操作电动机停止；(2)启动高速时，应先接成低速，然后经延时后再换接到高速；(3)有短路保护和过载保护。

5. 某机床主轴电动机 M_1，要求：

(1)可进行可逆运行；(2)可正向点动、两处启动、停止；(3)可进行反接制动；(4)有短路和过载保护。试画出其电气控制线路图。

6. 有两台电动机 M_1、M_2，要求：

(1) 按下控制按钮 SB_1 后，两电动机正转，过 10s 后电动机自动停止，再过 15 s 电动机自动反转；

(2) M_1、M_2 能同时或分别停止。

(3) 控制电路应有短路、过载和零压保护环节。试画出其电气控制线路图。

7. 某台三相笼型异步电动机 M_1，要求：

(1)能正反转；(2)采用能耗制动停转；(3)有过载、短路、失压及欠压保护。试画出其电气控制线路图。

8. 利用断电延时型时间继电器设计三相交流异步电动机的 Y - △启动控制线路。

9. 用继电接触器设计三台交流电机相隔 3 s 顺序启动同时停止的控制线路。

10. 一台电动机启动后经过一段时间，另一台电动机就能自行启动，试设计控制电路。

11. 两台电机能同时启动和同时停止，并能分别启动和分别停止，试设计控制电路原理图。

12. 某生产机械要求由 M_1、M_2 两台电动机拖动，M_2 能在 M_1 启动一段时间后自行启动，但 M_1、M_2 可单独控制启动和停止。

13. 设计一个小车运行的控制线路，小车由三相交流异步电动机拖动，其动作要求如下：

(1) 小车由原位开始前进，到终端后自动停止。

(2) 在终端停留 3 s 后自动返回原位停止。

(3) 要求能在前进或后退途中任意位置都能停止或启动。

14. 题图 2-5 所示为一台四级皮带输送机，由四台笼型电动机 $M_1 - M_4$ 拖动，试按如下要求设计电路图：

(1) 启动时，要求按 $M_1 - M_2 - M_3 - M_4$ 顺序进行；

(2) 正常停车时，要求按 $M_4 - M_3 - M_2 - M_1$ 顺序进行；

(3) 事故停车时，若 M_2 停车，则 M_3、M_4 立即停车而 M_1 延时停车；

(4) 上述所有动作均按时间原则控制；

(5) 各电动机均可单独启停运行。

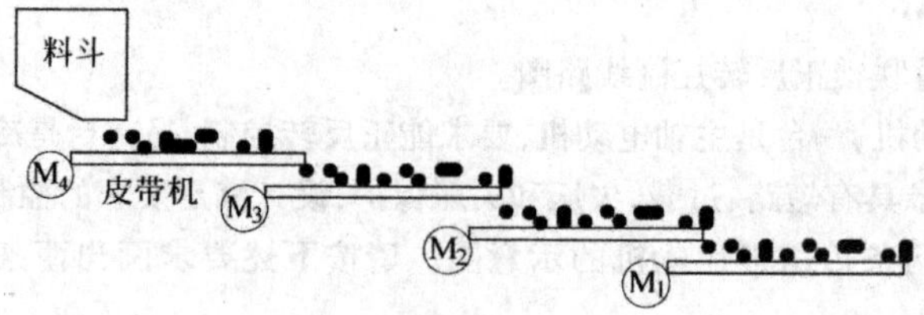

题图 2-5

第三章　电气控制线路设计基础

工业控制系统的核心设备及关键技术的多样化，使电气控制系统设计的中心内容有了很大的差异。继电－接触器电气控制系统线路简单、价格低廉，多年来在各种生产机械的电气控制系统领域中广为应用。本章主要讨论继电－接触器电气控制系统的设计原则和设计方法，同时为学习 PLC 等其他控制系统打下良好的基础。

第一节　电气控制设计的主要内容和基本原则

传统继电－接触器控制系统设计的重点是电气原理图设计，同时对电路进行必要的工艺设计；在单片机控制系统设计中必须对单片机本身作系统配置；PLC 控制系统是将硬件和软件分开，着力进行软件的编程设计。但是，不论什么控制系统，在制订设计规划时，必须符合设计的基本要求。

一、电气控制线路设计的基本要求和主要内容

（一）基本要求

（1）熟悉所设计设备电气线路的总体技术要求及工作过程，取得电气设计的基本依据，最大限度地满足生产机械和工艺对电气控制的要求。

（2）优化设计方案、妥善处理机械与电气的关系，通过技术经济分析，选用性能价格比最佳的电气设计方案。在满足要求的前提下，设计出简单合理、技术先进、工作可靠、维修方便的电路。

（3）正确合理地选用电气元器件，尽可能减少元器件的品种和规格，降低生产成本，确保使用的安全可靠。

（4）设计中贯彻最新的国家标准。

（二）主要内容

电气控制系统设计的基本任务是根据生产机械的控制要求，设计和完成电控装置在制造、使用和维护过程中所需的图样和资料。这些工作主要反映在电气原理和工艺设计中，具体来说，需完成下列设计项目：

（1）拟定电气设计技术任务书。电气设计任务书是电气设计的依据，是由电气设计人员、机械设计及企业管理决策人员共同分析设备的原理及动作要求、控制技术及经济指标而后确定的。

（2）提出电气控制原理性方案及总体框图，编写系统参数计算书。

（3）合理选择整个系统的电气元器件，提出专用元器件的技术指标并给出元器件明细表。

（4）设计电气原理图（总图及分图）。通过电气原理图表达设计思想和控制的工作原

理。绘制电控装置总装、部件、组件、单元装配图、出线端子图和设备接线图。

（5）对电控箱（柜）的结构与尺寸、散热器、导线、支架等进行标准构件选用与非标准构件设计，编制设计说明书和使用说明书。

二、电气控制线路设计的基本原则

当电力拖动方案和控制方案确定后，就可以进行电气控制线路的设计。电气控制线路的设计是电力拖动方案和控制方案的具体化。电气控制线路的设计没有固定的方法和模式，下面介绍在设计中应遵循的一般原则。

（一）实现并满足生产机械和工艺的控制要求

应最大限度地实现并满足生产机械和工艺对电气控制线路的要求。设计之前，首先要调查清楚生产要求。不同的场合对控制线路的要求有所不同，如一般控制线路只要求满足启动、反向和制动就可以了，有些则要求在一定范围内平滑调速和按规定的规律改变转速，出现事故时需要有必要的保护及信号预报以及各部分运动要求有一定的配合和联锁关系等。如果已经有类似设备，还应了解现有控制线路的特点以及操作者对它们的反应。这些都是在设计之前就应该调查清楚的。

另外，在科学技术飞速发展的今天，对电气控制线路的要求越来越高，而新的电气元器件和电气装置、新的控制方法层出不穷，如智能式的断路器、软启动器、变频器等，电气控制系统的先进性总是与电气元器件的不断发展、更新紧密地联系在一起的。电气控制线路的设计人员应不断密切关心电动机、电器技术、电子技术的新发展，不断收集新产品资料，更新自己的知识，以便及时应用于控制系统的设计中，使自己设计的电气控制线路更好地满足生产的要求，并在技术指标、稳定性、可靠性等方面进一步提高。

（二）控制线路应简单经济

在满足生产要求的前提下，选用标准的控制线路环节，力求使控制线路简单、经济。

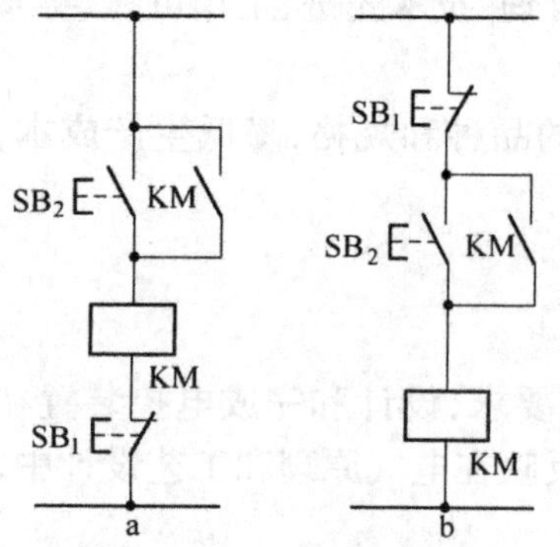

图 3-1　连接导线

a—不合理连线；b—合理连线

（1）控制线路应简短。应考虑到各元器件之间的实际接线。特别要注意电气柜、操作台和限位开关之间的连接线。如图 3-1 所示为连接导线。图 3-1a 是不合理的连线方法，图 3-1b 是合理的连线方法。因为按钮在操作台上，而接触器在电气柜内，一般都将启动按钮和停止按钮直接连接，这样就可以减少一次引出线。要使同一电器的不同触点在电气线路中尽可能具有更多的公共连接线，可减少导线数和缩短导线长度，如图 3-2 所示。

（2）减少不必要的触点以简化线路。使用的触点越少，则控制线路出故障的机会就越低，工作的可靠性就越高。在简化、合并触点过程中，应将着眼点放在同类性质触点的合并上，一个触点能完成的动作，不用两个触点。在简化过程中应注意触点的额定电流是否允许，也应考虑对其他回路的影响。图 3-3 中列举了一些触点简化与合并的例子。

（3）节约电能。控制线路在工作时，除必要的电器必须通电外，其余的电器尽量不通电，以节约电能并延长电器的使用寿命。

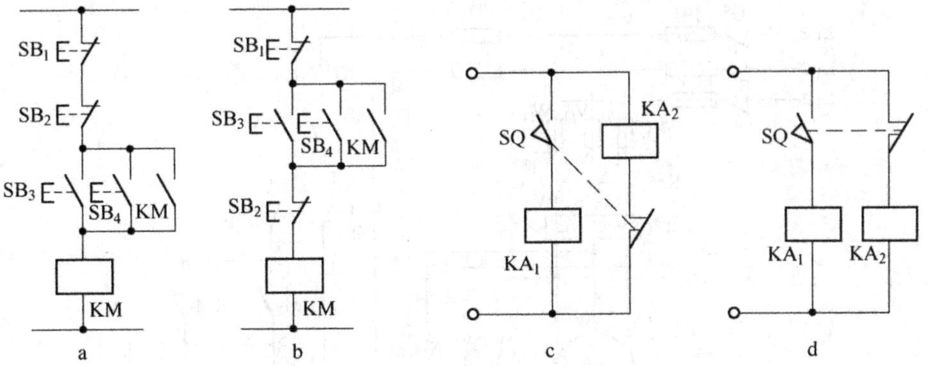

图 3-2　导线的合理连接

a—不合理连线；b—合理连线；c—不合理连线；d—合理连线

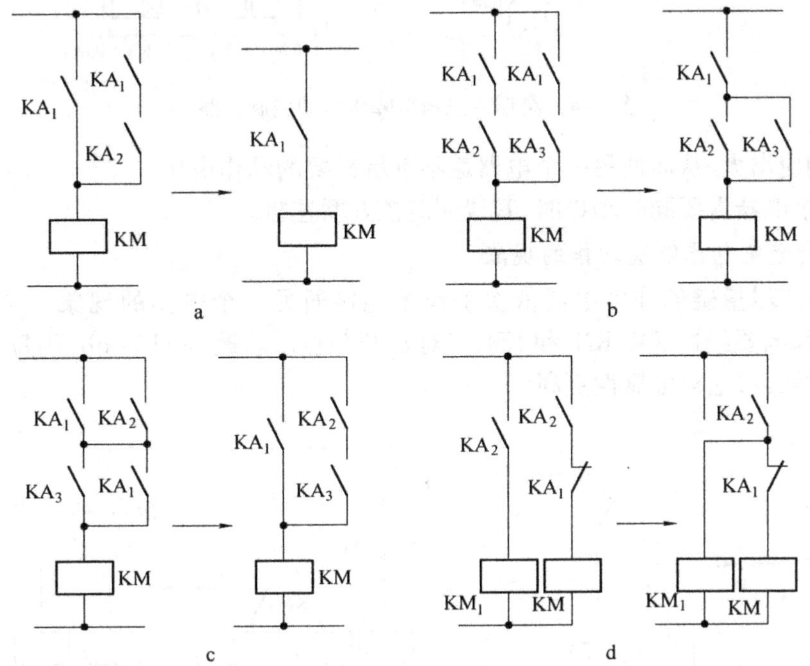

图 3-3　触点简化与合并

以异步电动机星形 - 三角形降压启动的控制线路为例，如图 3-4 所示。在电动机启动后，接触器 KM_2 和时间继电器 KT 就失去了作用，可以在启动后利用 KM_3 的常闭触点切除 KM_2 和 KT 线圈的电源。

（三）保证控制线路工作的可靠和安全

为了使控制线路可靠、安全，尽量选用机械和电气寿命长、结构坚实、动作可靠、抗干扰性能好的电器。在具体线路设计中应注意以下几点。

1. 正确连接电器的线圈

交流电器线圈不能串联使用，如图 3-5 所示。即使外加电压是两个线圈的额定电压之和，也是不允许的。因为两个电器动作总是有先有后，有一个电器做吸合动作，它的线圈上

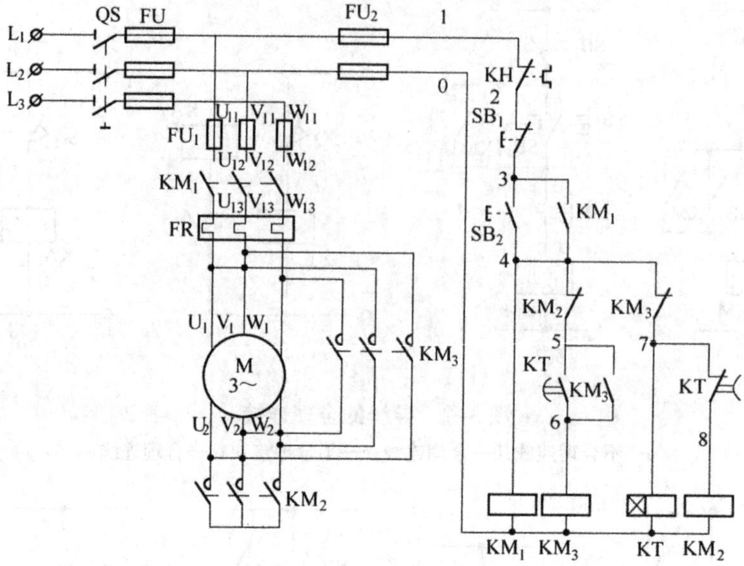

图 3-4　星形－三角形降压启动控制线路

的电压降也相应增大，从而使另一个电器达不到所需要的动作电压。

因此，两个电器需要同时动作时，其线圈应该并联连接。

2. 应尽量避免电器依次动作的现象

在线路中应尽量避免许多电器依次动作才能接通另一个电器的现象。如图 3-6a 所示，接通线圈 KM_3要经过 KM、KM_1和 KM_2三对常开触点。若改为图 3-6b，则每个线圈通电只需经过一对触点，这样可靠性更高。

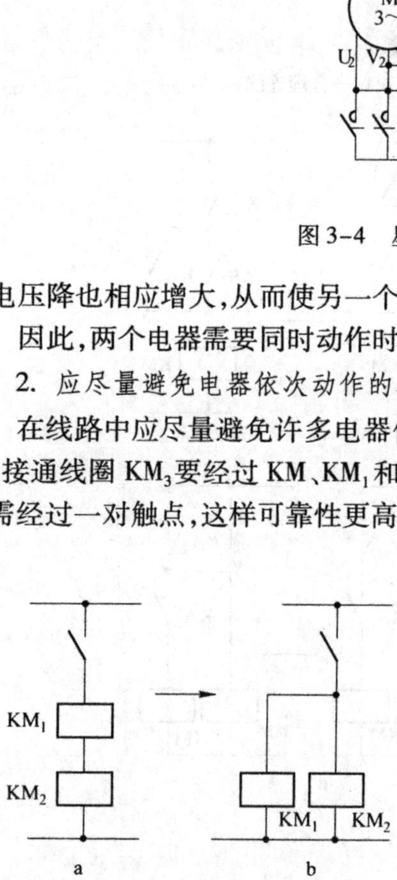

图 3-5　线圈不能串联连接

a—不合理连接；b—合理连接

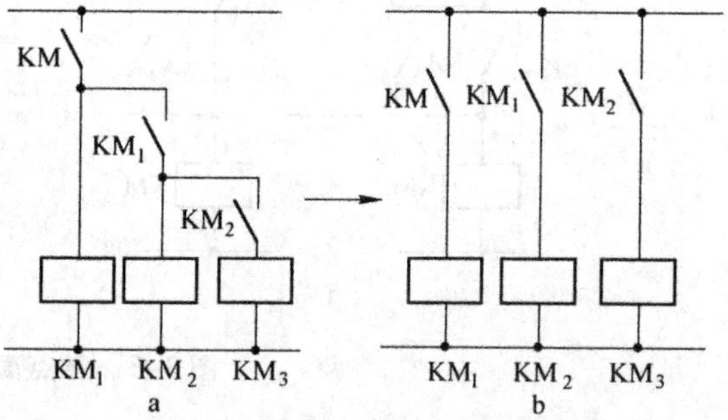

图 3-6　减少多个电气元器件依次通电

a—不合理连接；b—合理连接

3. 避免出现寄生电路

在控制线路的设计中，要注意避免产生寄生电路（或叫假电路）。如图 3-7 所示是一个具有指示灯和热保护的电动机正反转电路。

在正常工作时，线路能完成正反转启动、停止和信号指示，但当电动机过载、热继电器 FR 动作时，线路就出现了寄生电路，如图 3-7 虚线所示。这样使正向接触器 KM_1不能释放，起不到保护作用。如将指示灯与其相应的接触器线圈并联，则可防止寄生电路。

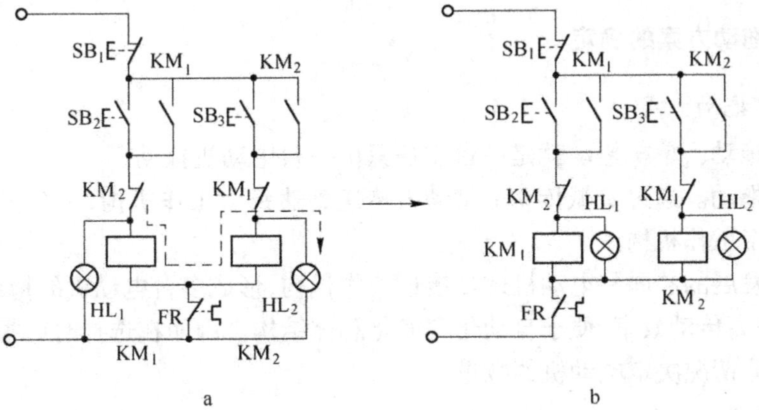

图 3-7　防止寄生电路

4. 避免发生触点“竞争”与“冒险”现象

在电气控制电路中，由于某一控制信号的作用，电路从一个状态转换到另一个状态时，常常有几个电器的状态发生变化。由于电气元器件总有一定的固有动作时间，因此往往会发生不按预订时序动作的情况。触点争先吸合，发生振荡，这种现象称为电路的“竞争”。另外，由于电气元器件的固有释放延时作用，因此也会出现开关电器不按要求的逻辑功能转换状态的可能性，这种现象称为“冒险”。“竞争”与“冒险”现象都造成控制回路不能按要求动作，引起控制失灵，如图 3-8 所示。

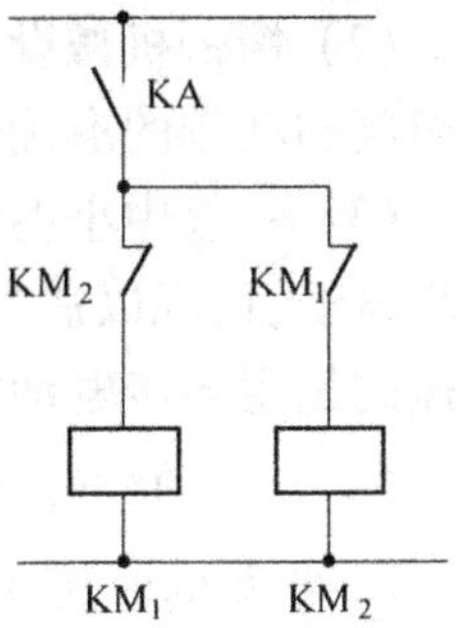

图 3-8　触点的“竞争”与“冒险”

当 KA 闭合时，接触器 KM_1、KM_2竞争吸合，只有经过多次振荡吸合“竞争”后，才能稳定在一个状态上；同样在 KA 断开时，KM_1、KM_2又会争先断开，产生振荡。通常分析控制电路的电器动作及触点的接通和断开都是静态分析，没有考虑其动作时间。实际上，由于电磁线圈的电磁惯性、机械惯性等因素，通断过程中总存在一定的固有时间（几十毫秒到几百毫秒），这是电气元器件的固有特性。设计时要避免发生触点“竞争”与“冒险”现象，防止电路中因电气元器件固有特性引起配合不良的后果。

5. 应考虑各种联锁关系

在频繁操作的可逆运行线路中，正反向接触器之间不仅要有电气联锁，而且要有机械联锁。

第二节　电力拖动方案与电气控制方案的确定

电力拖动方案是指根据生产机械的精度、工作效率、结构、运动部件的数量、运动要求、负载性质、调速要求以及投资额等条件去确定电动机的类型、数量、传动方式及拟订电动机的启动、运行、调速、转向、制动等控制要求。它是电气设计的主要内容之一，也是电气控制原理图设计及电气元器件选择的依据及后续各部分设计内容的基础和先决条件。

一、电力拖动方案的确定

（一）确定拖动方式

（1）单机拖动。单机拖动就是一台设备只由一台电动机拖动。

（2）分立拖动。通过机械传动链将动力传送到达每个工作机构，一台设备由多台电动机分别驱动各个工作机构。

电气传动发展的趋向是电动机逐步接近工作机构，形成多台电动机的拖动方式，以缩短机械传动链，提高传动效率，便于自动化和简化总体结构。因而在选择时应根据生产工艺及机械结构的具体情况决定电动机的数量。

（二）确定调速方案

不同的对象有不同的调速要求。为了达到一定的调速范围，可采用齿轮变速箱、液压调速装置、双速或多速电动机以及电气的无级调速传动方案。无级调速有直流调压调速、交流调压调速和变频变压调速。目前，变频变压调速技术的使用越来越广泛，在选择调速方案时，可参考以下几点：

（1）重型或大型设备主运动及进给运动，应尽可能采用无级调速。这有利于简化机械结构，缩小设备体积降低设备制造成本。

（2）精密机械设备如坐标镗床、精密磨床、数控机床以及某些精密机械手，为了保证加工精度和动作的准确性，便于自动控制，也应采用电气无级调速方案。

（3）一般中小型设备如普通机床没有特殊要求时，可选用经济、简单、可靠的三相笼型异步电动机，配以适当级数的齿轮变速箱。为了简化结构，扩大调速范围，也可采用双速或多速的笼型异步电动机。在选用三相笼型异步电动机的额定转速时，应满足工艺条件要求。

（三）电动机的选择和电动机的启动、制动和反向要求

1. 电动机的选择

电动机的选择包括电动机的种类、结构形式、额定转速和额定功率。

（1）根据生产机械的调速要求选择电动机的种类和转速。在能满足生产需要的前提下，首先应采用异步电动机；仅在启动、制动和调速不满足要求时才选用直流电动机。随着电力电子及控制技术的发展，交流调速装置的性能和成本已能与直流调速装置相媲美，交流调速的应用范围越来越广泛。另外，在需要补偿电网功率因数及稳定工作时，应优先考虑采用同步电动机；在要求大的启动转矩和恒功率调速时，常选用直流串级电动机。

（2）工作方式上，根据不同工作制相应选择连续、短时及断续周期性工作的电动机。根据安装方式分为卧式和立式两种。根据不同工作环境选择电动机的防护形式时，开启式适用于干燥、清洁的环境；防护式适用于干燥和灰尘不多，没有腐蚀性和爆炸性气体的环境；封闭式分自扇冷式、他扇冷式和密封式三种，前两种用于潮湿、多腐蚀性灰尘、多侵蚀的环境，后一种用于浸入水中的机械；防爆式用于有爆炸危险的环境中。

（3）电动机额定电压的选择。交流电动机额定电压与供电电网电压一致，低压电网电压为 380 V，因此，中小型异步电动机额定电压为 220/380 V。当电动机功率较大，可选用 3000 V、6000 V 及 10000 V 的高压电动机。

直流电动机的额定电压也要与电源电压一致，当直流电动机由单独的直流发电机供电

时，额定电压常用 220 V 及 110 V。大功率电动机可提高 600 ~ 800 V。

(4) 电动机额定转速的选择。对于额定功率相同的电动机，额定转速越高，电动机尺寸、重量和成本越小，因此选用高速电动机较为经济。但由于生产机械所需转速一定，电动机转速愈快，传动机构转速比愈大，传动机构愈复杂。因此应综合考虑电动机与机械两方面的多种因素来确定电动机的额定转速。

(5) 根据生产机械的功率负载和转矩负载选择电动机的额定功率。首先根据生产机械的功率负载图和转矩负载图预选一台电动机；然后根据负载进行发热校验，用检验的结果修正预选的电动机，直到电动机容量得到充分利用（电动机的稳定温升接近其额定温升）；最后再校验其过载能力与启动转矩是否满足拖动要求。

2. 电动机启动、制动和反向要求

一般说来，由电动机完成设备的启动、制动和反向要比机械方法简单容易。因此，机电设备主轴的启动、停止、正反转运动调整操作，只要条件允许最好由电动机完成。

机械设备主运动传动系统的启动转矩一般都比较小。因此，原则上可采用任何一种启动方式。对于它的辅助运动，在启动时往往要克服较大的静转矩，必要时也可选用高启动转矩的电动机，或采用提高启动转矩的措施。另外，还要考虑电网容量。对电网容量不大而启动电流较大的电动机，一定要采用限制启动电流的措施，如串入电阻降压启动等，以免电网电压波动较大而造成事故。

传动电动机是否需要制动，应视机电设备工作循环的长短而定。对于某些高速高效金属切削机床，宜采用电动机制动。如果对于制动的性能无特殊要求而电动机又需要反转时，则采用反接制动可使线路简化。在要求制动平稳、准确，即在制动过程中不允许有反转可能性时，则宜采用能耗制动方式。

电动机的频繁启动、反向或制动会使过渡过程中的损耗增加，导致电动机过载。因此在这种情况下，必须限制电动机的启动、制动电流，或者在选择电动机的类型上加以考虑。

二、电气控制方案的确定

电力传动方案确定之后，传动电动机的类型、数量及其控制要求就基本确定了。采用什么方法去实现这些控制要求就是控制方式的选择问题。也就是说，在考虑拖动方案时，实际上对电气控制的方案也同时进行了考虑，因为这两者具有密切的关系。只有通过这两种方案的相互实施，才能实现生产机械的工艺要求。

（一）电气控制方案的可靠性

设计的可靠性就是使一个系统设计满足可靠性指标。如果一个系统的可靠性不在设计阶段进行考虑，没有一些具体的可靠性指标，那么保证一个控制系统的可靠性是困难的。需要确定采用何种控制方案时，应该根据实际情况，实事求是地进行设计。要提高控制系统的可靠性，则应把控制系统的复杂性降至保持工作功能所需要的最低限度。也就是说，控制系统应该尽可能简单化、非工作所需的元器件及不必要的复杂结构尽量不用，否则会增加控制系统失效的概率。因此，必须利用可靠性设计的方法，来提高控制系统的可靠程度。

（二）电气控制方案的确定

控制方案应与通用性和专用性的程序相适应。一般的简单生产设备需要的控制元器件数很少,其工作程序往往是固定的,使用中一般不需经常改变原有程序,因此,可采用有触点的继电－接触器控制系统。虽然该控制系统在电路结构上是呈“固定式”的,但它能控制较大的功率,而且控制方法简单,价格便宜,目前仍使用很广。

对于在控制中需要进行模拟量处理及数字运算的,输入/输出信号多、控制要求复杂或控制要求经常变动的,控制系统要求体积小、动作频率高、响应时间快的,可根据情况采用可编程控制或其他控制方案。

在自动生产线中,可根据控制要求和联锁条件的复杂程度不同,采用分散控制或集中控制的方案。但各台单机的控制方案和基本控制环节应尽量一致,以简化设计及制造过程。

为满足生产工艺的某些要求,在电气控制方案中还应考虑下述诸方面的问题:采用自动循环或半自动循环、手动调整、工序变更、系统的检测、各个运动之间的连锁、各种安全保护、故障诊断、信号指标、照明及人机关系等。

第三节 电动机的控制、保护、常用元器件的选择

一、电动机的控制原则

以上介绍了电动机的各种电气控制线路,而生产机械的电气控制线路都是在这些控制线路的基础上,根据生产工艺过程的控制要求设计的,而生产工艺过程必然伴随着一些物理量的变化,并根据这些量的变化对电动机实现自动控制。对电动机控制的一般原则归纳起来,有以下几种:行程控制原则、时间控制原则、速度控制原则和电流控制原则。

(1) 行程控制原则。根据生产机械运动部件的行程或位置,利用行程开关来控制电动机工作状态的原则称为行程控制原则。行程控制原则是生产机械电气自动化中应用最多和作用原理最简单的一种方式。如第二章第四节学习的位置控制线路和工作台自动往返控制线路都是按行程原则控制的。

(2) 时间控制原则。利用时间继电器按一定时间间隔来控制电动机工作状态的原则称为时间控制原则。如在电动机的降压启动、制动以及变速过程中,利用时间继电器按一定的时间间隔改变线路的接线方式来自动完成电动机的各种控制要求。在这里,换接时间的控制信号由时间继电器发出,换接时间的长短则根据生产工艺要求或者电动机启动、制动和变速过程的持续时间来整定时间继电器的动作时间。

(3) 速度控制原则。根据电动机的速度变化,利用速度继电器等电器来控制电动机工作状态的原则称为速度控制原则。反应速度变化的电器有多种,直接测量速度的电器有速度继电器、小型测速发电机;间接测量电动机速度的电器有电压继电器和频率继电器,对于直流电动机用其感应电动势来反映其速度,通过电压继电器来控制;对于交流绕线转子异步电动机可用转子频率来反映其速度,通过频率继电器来控制。

(4) 电流控制原则。根据电动机主回路电流的大小,利用电流继电器来控制电动机工作状态的原则称为电流控制原则。

二、电动机的保护

电气控制系统除了要能满足生产机械加工工艺要求外,还应保证设备长期安全、可靠、

无故障地运行,因此保护环节是所有电气控制系统不可缺少的组成部分,用来保护电动机、电网、电气控制设备以及人身安全等。

选择和设置保护装置在使电动机免受损坏的同时,还应使电动机得到充分的利用。因此,一个正确的保护方案应该是:在免受损坏的情况下使电动机充分发挥过载能力,使其在工作过程中功率被充分利用,温升达到国家标准规定的数值,同时还能提高电力拖动系统的可靠性和生产的连续性。

电气控制系统中常用的保护环节有短路保护、过电流保护、过载保护、零压、欠压保护及弱磁保护。

(一) 短路保护

电动机、电器以及导线的绝缘损坏或线路发生故障时,都可能造成短路事故。很大的短路电流和电动力可能使电器设备损坏。因此要求一旦发生短路故障时,控制电路应能迅速、可靠地切断电路进行保护,并且保护装置不应受启动电流的影响而误动作。

常用的短路保护元件有熔断器和自动开关。

熔断器价格便宜,断弧能力强,所以一般电路几乎无例外地使用它作短路保护。但是熔体的品质、老化及环境温度等因素对其动作值影响较大,用其保护电动机时,可能会因一相熔体熔断而造成电动机单相运行。因此熔断器适用于对动作准确度和自动化程度较差的系统中,如小容量的笼型电动机、普通交流电源等。

自动开关又称自动空气熔断器,它有短路、过载和欠压保护。这种开关能在线路发生短路故障时,其电流线圈动作,就会自动跳闸,将三相电源同时切断。自动开关结构复杂,价格较贵,不宜频繁操作,广泛应用于要求较高的场合。

(二) 过电流保护

电动机不正确地启动或负载转矩剧烈增加会引起电动机过电流运行。一般情况下这种过电流比短路电流小,但比电动机额定电流却大得多,过电流的危害虽没有短路那么严重,但同样会造成电动机的损坏。

原则上,短路保护所用元件可以用作过电流保护,不过断弧能力可以要求低些,完全可以利用控制电动机的接触器来断开过电流,因此常用瞬时动作的过电流继电器与接触器配合起来作过电流保护。过电流继电器作为测量元件,接触器作为执行元件断开电路。

由于笼型电动机启动电流很大,如果要使启动时过电流保护元件不动作,其整定值就要大于启动电流,那么一般的过电流就无法使之动作,所以过电流保护一般只用在直流电动机和绕线式异步电动机上。

整定过电流动作值一般为启动电流的 1.2 倍。

(三) 过载保护

电动机长期超载运行,电动机绕组温升将超过其允许值,造成绝缘材料变脆,寿命减少,严重时会使电动机损坏。过载电流越大,达到允许温升的时间就越短。

常用的过载保护元件是热继电器。热继电器可以满足如下要求:当电动机为额定电流时,电动机为额定温升,热继电器不动作;在过载电流较小时,热继电器要经过较长时间才动作;过载电流较大时,热继电器则经过较短时间就会动作。

由于热惯性的原因,热继电器不会受电动机短时过载冲击电流或短路电流的影响而瞬时动作，所以在使用热继电器作过载保护的同时，还必须设有短路保护，选作短路保护的熔断器熔体的额定电流不应超过 4 倍热继电器发热元件的额定电流。

必须强调指出，短路、过电流、过载保护虽然都是电流保护，但由于故障电流的动作值、保护特性和保护要求以及使用元件的不同，它们之间是不能相互取代的。

（四）零电压和欠电压保护

在电动机运行中，如果电源电压因某种原因消失，那么在电源电压恢复时，如果电动机自行启动，将可能使生产设备损坏，也可能造成人身事故。对供电系统的电网来说，同时有许多电动机及其他用电设备自行启动也会引起不允许的过电流及瞬间网络电压下降。为防止电网失电后恢复供电时电动机自行启动的保护叫做零电压保护。

电动机正常运行时，电源电压过分地降低将引起一些电器释放，造成控制电路工作不正常，甚至产生事故。电网电压过低，如果电动机负载不变，由于三相异步电动机的电磁转矩与电压的二次方成正比，则会因电磁转矩的降低而带不动负载，造成电动机堵转停车，电动机电流增大使电动机发热，严重时烧坏电动机。因此，在电源电压降到允许值以下时，需要采用保护措施，及时切断电源，这就是欠电压保护。

通常是采用接触器、中间继电器、欠电压继电器，或设置专门的零电压继电器来实现。

在控制电路的主电路和控制电路由同一个电源供电时，具有电气自锁的接触器兼有欠电压和零电压保护作用。若因故障电网电压下降到允许值以下时，接触器线圈也释放，从而切断电动机电源；当电网电压恢复时，由于自锁已解除，电动机也不会再自行启动。

欠电压继电器的线圈直接跨接在定子的两相电源线上，其常开触点串接在控制电动机的接触器线圈控制电路中。自动开关的欠压脱扣亦可作为欠压保护。主令控制器的零位操作是零电压保护的典型环节。

（五）弱磁保护

直流电动机在磁场有一定强度情况下才能启动。如果磁场太弱，电动机的启动电流就会很大；直流电动机正在运行时磁场突然减弱或消失，电动机转速就会迅速升高，甚至发生“飞车”，因此需要采取弱磁保护。

常用的弱磁保护是通过在电动机励磁回路串入欠电流继电器来实现的。在电动机运行中，如果励磁电流消失或降低太多，欠电流继电器就会释放，其触点切断主回路接触器线圈控制电路，使电动机断电停车。

除了上述几种保护措施外，控制系统中还可能有其他各种保护，如联锁保护、行程保护、油压保护、温度保护等。只要在控制电路中串接上能反映这些参数的控制电器的常开触点或常闭触点，就可实现有关保护。

例 5–1　图 3–9 所示是电动机常用保护电路，指出各电气元器件所起的保护作用。

解：各元器件所起的保护作用如下。

短路保护：熔断器 FU；

过载保护：热继电器 FR；

过流保护：热电流继电器 KI_1、KI_2；

零压保护：中间继电器 KA，接触器 KM_1、KM_2；

欠压保护：欠电压继电器 KV，接触器 KM_1、KM_2；

联锁保护：通过接触器 KM_1、KM_2互锁触点实现。

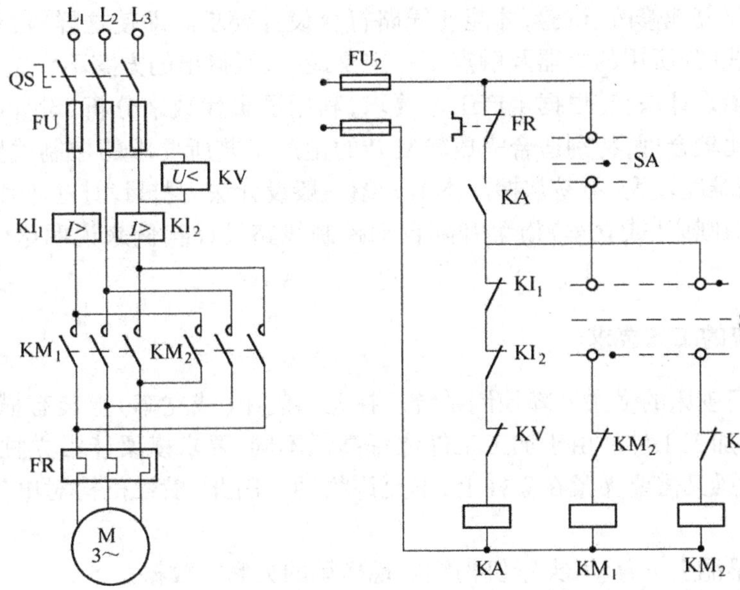

图 3-9 电动机的常用保护线路

三、常用电气元器件的选择

(一) 常用电气元器件的选择原则

在控制系统原理图设计完成之后,就可根据线路要求,选择各种控制电器,并以元器件目录表形式列在标题栏上方。正确、合理地选用各种电气元器件,是控制线路安全、可靠工作的保证,也是使电气控制设备具有一定的先进性和良好经济性的重要环节。

(1) 根据对控制元器件功能的要求,确定电气元器件的类型。例如:当元器件用于通、断功率较大的主电路时,应选用交流接触器;若有延时要求,应选用延时继电器。

(2) 确定元器件承载能力的临界值及使用寿命。主要是根据电气控制的电压、电流及功率大小来确定元器件的规格。

(3) 确定元器件预期的工作环境及供应情况。如防油、防尘、货源等。

(4) 确定元器件在供应时所需的可靠性等。确定用以改善元器件失效率用的老化或其他筛选实验。采用与可靠性预计相适应的降额系数等,进行一些必要的核算和校核。

(二) 电气元器件的选用

常用低压电器元件的功能、结构、分类、电气符号与规格型号及其主要技术数据、选择使用等已在第一章中作了介绍,读者可参阅相关内容,这里不再讨论。

第四节 电气控制原理图的设计方法

电气控制线路的设计方法通常使用一般设计法,也叫经验设计法。它是根据生产工艺要求,利用各种典型的线路环节,直接设计控制线路。它的特点是无固定的设计程序和设计模式,灵活性很大,主要靠经验进行。这种设计方法比较简单,但要求设计人员必须熟悉大量的控制线路,掌握多种典型线路的设计资料,同时具有丰富的设计经验。在设计过程中往往还要经过多次反复地修改、试验，才能使线路符合设计要求。即使这样，设计出来的线路可能不是最简化线路，所用的电器及触点不一定是最少，所得出的方案不一定是最佳方案。

另一种是逻辑设计法，它根据生产工艺要求，利用逻辑代数来分析、设计线路。用这种方法设计的线路比较合理，特别适合完成较复杂的生产工艺所要求的控制线路。但是相对而言，逻辑设计法难度较大，不易掌握。本节介绍一般设计法，逻辑设计法不作专门介绍。

本节通过龙门刨床（或立车）横梁升降自动控制线路设计实例来说明电气控制线路的一般设计方法。

一、控制系统的工艺要求

设计一个龙门刨床的横梁升降控制系统。在龙门刨床（或立车）上装有横梁机构，刀架装在横梁上，用来加工工件。由于加工工件位置高低不同，要求横梁能沿立柱上下移动，而在加工过程中，横梁又需要夹紧在立柱上，不允许松动。因此，横梁机构对电气控制系统提出了如下要求：

（1）保证横梁能上下移动，夹紧机构能实现横梁的夹紧或放松。

（2）横梁夹紧与横梁移动之间必须有一定的操作程序。当横梁上下移动时，应能自动按照“放松横梁→横梁上下移动→夹紧横梁→夹紧电动机自动停止运动”的顺序动作。

（3）横梁在上升与下降时应有限位保护。

（4）横梁夹紧与横梁移动之间及正反向运动之间应有必要的联锁。

二、电气控制线路设计步骤

（一）设计主电路

根据工艺要求可知，横梁移动和横梁夹紧需用两台异步电动机（横梁升降电动机 M_1 和夹紧放松电动机 M_2）拖动。为了保证实现上下移动和夹紧放松的要求，电动机必须能实现正反转，因此需要四个接触器 KM_1、KM_2、KM_3、KM_4 分别控制两个电动机的正反转。那么，主电路就是两台电动机的正反转电路。

（二）设计基本控制电路

使用了 4 个接触器，即具有 4 个控制线圈，由于只能用两个点动按钮去控制上下移动和放松夹紧两个运动。按钮的触点不够，因此需要通过两个中间继电器 KA_1 和 KA_2 进行控制。根据上述要求，可以设计出图 3-10 所示的控制电路，但它还不能实现在横梁放松后自动向上或向下移动，也不能在横梁夹紧后使夹紧电动机自动停止。为了实现这两个自动控制要求，还需要做相应地改进，这需要恰当地选择控制过程中的变化参量来实现。

（三）选择控制参量、确定控制方案

对于第一个自动控制要求，可选行程这个变化参量来反映横梁的放松程度，采用行程开关 SQ_1 来控制，如图 3-11 所示。当按下向上移动按钮 SB_1 时，中间继电器 KA_1 通电，其常开触点闭合，KM_4 通电，则夹紧电动机作放松运动；同时，其常闭触点断开，实现与夹紧和下移的联锁。当放松完毕，压块就会压合 SQ_1，其常闭触点断开，接触器线圈 KM_4 失电；同时 SQ_1 常开触点闭合，接通向上移动接触器 KM_1。这样，横梁放松以后，就会自动向上移动。向下的过程类似。

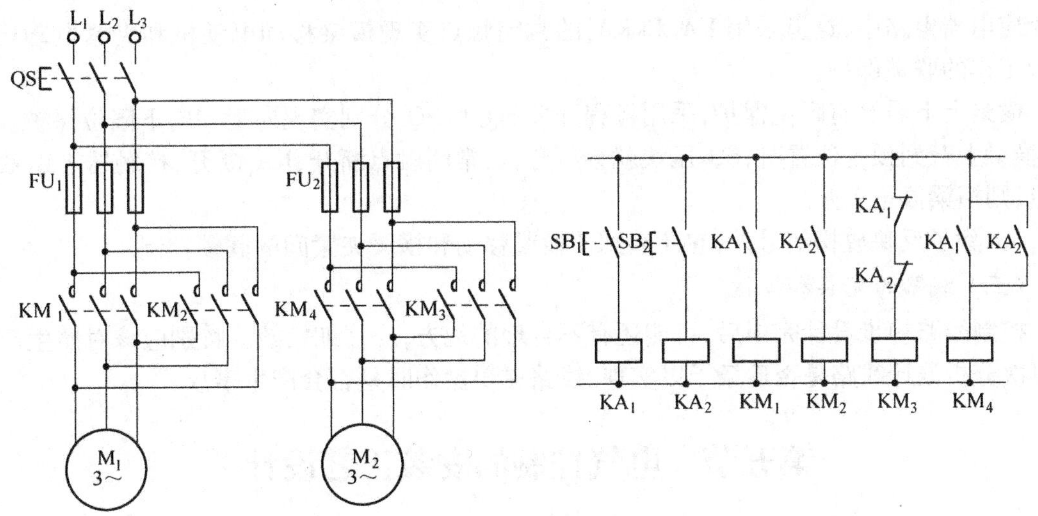

a　　　　b

图 3-10　横梁控制电路

a—主电路；b—控制电路

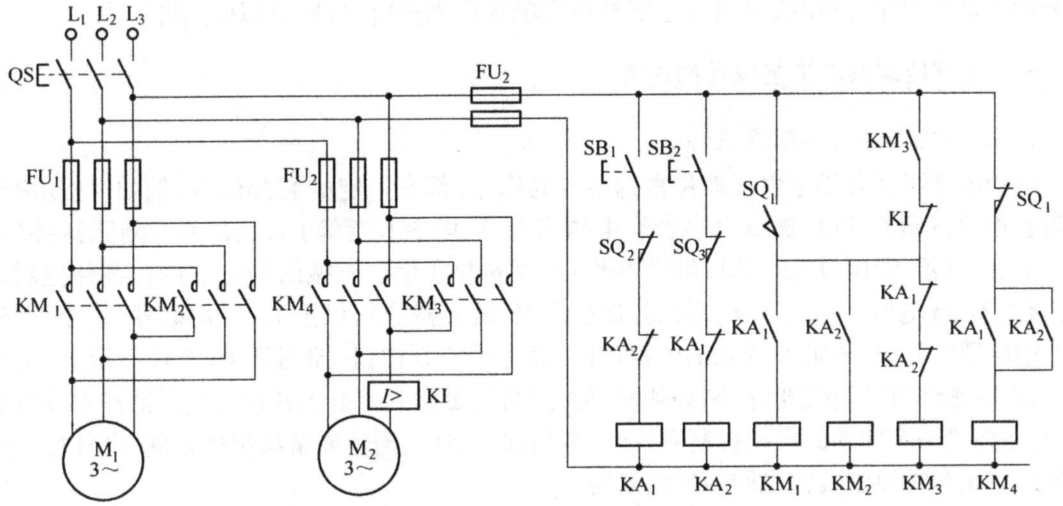

图 3-11　完整的电气控制原理图

对于第二个自动控制要求，即在横梁夹紧后使夹紧电动机自动停止，也需要选择一个变化参量来反映夹紧程度。可以用行程、时间和反映夹紧力的电流作为变化参量。如采用行程参量，当夹紧机构磨损后，测量就不精确；如采用时间参量，则更不易调整准确。因此这里选用电流参量进行控制。图 3-11 中，在夹紧电动机夹紧方向的主电路中串联接入一个电流继电器 KI，其动作电流可整定在额定电流两倍左右。KI 的常闭触点应该串接在 KM_3 接触器电路中。横梁移动停止后，如上升停止，行程开关 SQ_2 的压块会压合，其常闭触点断开，KM_3 通电，因此夹紧电动机立即自动启动。当较大的启动电流达到 KI 的整定值时，KI 将动作，其常闭触点一旦断开，KM_3 又断电，自动停止夹紧电动机的工作。

（四）设计联锁保护环节

设计联锁保护环节主要是将反映相互关联运动的电器触点串联或并联接入被联锁运动

的相应电器电路中，这里采用 KA_1 和 KA_2 的常闭触点实现横梁移动电动机和夹紧电动机正反转工作的联锁保护。

横梁上下需要有限位保护，采用行程开关 SQ_2 和 SQ_3 分别实现向上和向下限位保护。例如，横梁上升到预定位置时，SQ_2 压块就会压合，其常闭触点断开，KA_1 断开，接触器 KM_1 线圈断电，则横梁停止上升。

SQ_1 除了反映放松信号外，它还起到了横梁移动和横梁夹紧间的联锁控制。

（五）线路的完善和校核

控制线路初步设计完毕后，可能还有不合理的地方，应仔细校核。特别应该对照生产要求再次分析设计线路是否逐条予以实现，线路在误操作时是否会产生事故。

第五节　电气控制的安装工艺设计

工艺设计的目的是为了满足电气控制设备的制造和使用要求，工艺设计必须在原理设计完成之后进行。在完成电气原理设计及电气元器件选择之后，就可以进行电气控制设备总体配置，即总装配图、总接线图设计，然后再设计各部分的电器装配图与接线图，并列出各部分的元器件目录、进出线号以及主要材料清单等技术资料，最后编写使用说明书。

一、电气控制系统工艺设计的内容

（一）电气设备总体配置设计

各种电动机及各类电气元器件根据各自的作用，都有一定的装配位置，例如，拖动电动机与各种执行元器件（电磁铁、电磁阀、电磁离合器、电磁吸盘等）以及各种检测元器件（限位开关、传感器、温度、压力、速度继电器等）必须安装在生产机械的相应部位。各种控制电器（接触器、继电器、电阻、自动开关、控制变压器、放大器等），保护电器（熔断器、电流、电压保护继电器等）可以安放在单独的电器箱内，而各种控制按钮、控制开关、各种指示灯、指示仪表、需经常调节的电位器等，则必须安放在控制台面板上。由于各种电气元器件安装位置不同，在构成一个完整的自动控制系统时，必须划分组件，同时要解决组件之间、电气箱之间以及电气箱与被控制装置之间的连线问题。

划分组件的原则是：

（1）功能类似的元器件组合在一起。例如用于操作的各类按钮、开关、键盘、指示检测、调节等元器件集中为控制面板组件，各种继电器、接触器、熔断器，照明变压器等控制电器集中为电气板组件，各类控制电源、整流、滤波元器件集中为电源组件等。

（2）尽可能减少组件之间的连线数量，接线关系密切的控制电器置于同一组件中。

（3）强弱电控制器分离，以减少干扰。

（4）力求整齐美观，外形尺寸，重量相近的电器组合在一起。

（5）使于检查与调试，需经常调节、维护和易损元器件组合在一起。

电气控制设备的各部分及组件之间的接线方式通常有：

（1）电器板、控制板、机床电器的进出线一般采用接线端子（按电流大小及进出线数选用不同规格的接线端子）。

（2）电气箱与被控制设备或电气箱之间采用多孔接插件，便于拆装、搬运。

(3) 印制电路板及弱电控制组件之间宜采用各种类型标准接插件。

电气设备总体配置设计任务是根据电气原理图的工作原理与控制要求，将控制系统划分为几个组成部分称为部件。以龙门刨床为例，可划分机床电器部分（各拖动电动机、各种行程开关等）、机组部件（交磁放大机组、电动发电机组等）以及电气箱（各种控制电器、保护电器、调节电器等）。根据电气设备的复杂程度，每一部分又可划成若干组件，如印制电路组件、电器安装板组件、控制面板组件、电源组件等。要根据电气原理图的接线关系整理出各部分的进出线号，并调整它们之间的连接方式。

总体配置设计是以电气系统的总装配图与总接线图形式来表达的，图中应以示意形式反映出各部分主要组件的位置及各部分接线关系、走线方式及使用管线要求等。

总装配图、接线图（根据需要可以分开，也可以并在一起画）是进行分部设计和协调各部分组成一个完整系统的依据。总体设计要使整个系统集中、紧凑，同时在场地允许条件下，对发热厉害、噪声和振动大的电气部件，如电动机组、启动电阻箱等尽量放在离操作者较远的地方或隔离起来。对于多工位加工的大型设备，应考虑两地操作的可能。总电源紧急停止控制应安放在方便而明显的位置。总体配置设计合理与否将影响到电气控制系统工作的可靠性，并关系到电气系统的制造、装配质量、调试、操作以及维护是否方便。

（二）元器件布置图的设计及电器部件接线图的绘制

电气元器件布置图是某些电气元器件按一定原则的组合。电气元器件布置图的设计依据是部件原理图（总原理图的一部分）。同一组件中电气元器件的布置要注意以下问题：

(1) 体积大和较重的电气元器件应装在电器板的下面，而发热元器件应安装在电器板的上面。

(2) 强电弱电分开并注意弱电屏蔽，防止外界干扰。

(3) 需要经常维护、检修、调整的电气元器件安装位置不宜过高或过低。

(4) 电气元器件的布置应考虑整齐、美观、对称、外形尺寸与结构类似的电器安放在一起，以利加工、安装和配线。

(5) 电气元器件布置不宜过密，要留有一定的间距，若采用板前走线槽配线方式，应适当加大各排电器间距，以利布线和维护。

各电气元器件的位置确定以后，便可绘制电器布置图。布置图是根据电气元器件的外形绘制，并标出各元器件间距尺寸。每个电气元器件的安装尺寸及其公差范围，应严格按产品手册标准标注，作为底板加工依据，以保证各电器的顺利安装。

在电气布置图设计中，还要根据本部件进出线的数量（由部件原理图统计出来）和采用导线规格，选择进出线方式，并选用适当接线端子板，按一定顺序标上进出线的接线号。

电气部件接线图是根据部件电气原理及电气元器件布置图绘制的。

(1) 接线图和接线表的绘制应符合 GB/T 6988.3—1997《电气技术用文件的编制第 3 部分：接线图和接线表》的规定。

(2) 电气元器件按外形绘制，并与布置图一致，偏差不要太大。

(3) 所有电气元器件及其引线应标注与电气原理图中相一致的文字符号及接线号。原理图中的项目代号、端子号及导线号的编制分别应符合 GB 5904—1985《电气技术中的项目代号》，GB/T 4026—2004《人—机界面标志标识的基本方法和安全规则设备端子和特定导体终端标识及子母数字系统的应用通则》及 GB 4884—1985《绝缘导线的标记》等规定。

(4) 与电气原理图不同,在接线图中同一电气元器件的各个部分(触点、线圈等)必须画在一起。

(5) 电气接线图一律采用粗线条,走线方式有板前走线及板后走线两种,一般采用板前走线。对于简单电气控制部件,电气元器件数量较少,接线关系不复杂,可直接画出元器件间的连线。但对于复杂部件,电气元器件数量多,接线较复杂的情况,一般是采用走线槽,只需在各电气元器件上标出接线号,不必画出各元器件间连线。

(6) 接线图中应标出配线用的各种导线的型号、规格、截面积及颜色要求。

(7) 部件的进出线除大截面导线外,都应经过接线板,不得直接进出。

(三) 电气箱及非标准零件图的设计

在电气控制系统比较简单时,控制电器可以附在生产机械内部,而在控制系统比较复杂或由于生产环境及操作的需要,通常都带有单独的电气控制箱,以利制造、使用和维护。电气控制箱设计要考虑以下几个问题:

(1) 根据控制面板及箱内各电气部件的尺寸确定电气箱总体尺寸及结构方式。

(2) 结构紧凑外形美观,要与生产机械相匹配,应提出一定的装饰要求。

(3) 根据控制面板及箱内电气部件的安装尺寸,设计箱内安装支架,并标出安装孔或焊接安装螺栓尺寸。

(4) 根据方便安装、调整及维修要求,设计其开门方式。

(5) 为利于箱内电器的通风散热,在箱体适当部位设计通风孔或通风槽。

(6) 为便于电气箱的搬动,应设计合适的起吊钩、起吊孔、扶手架或箱体底部带活动轮。

按比例画出外形图,外形确定以后,再按上述要求进行各部分的结构设计,绘制箱体总装图及各面门、控制面板、底板、安装支架、装饰条等零件图,并注明加工要求,视需要选用适当的门锁。大型控制系统、电气箱常设计成立柜式或工作台式,小型控制设备则设计成台式、手提式或悬挂式。电气箱的品种繁多,造型结构各异,在箱体设计中应注意吸取各种形式的优点。

非标准的电器安装零件,如开关支架、电气安装底板、控制箱的有机玻璃面板、扶手、装饰零件等,应根据机械零件设计要求,绘制其零件图,凡配合尺寸应注明公差要求并说明加工要求如镀锌、涂装、刻字等。

(四) 填汇总清单及编写说明书

在电气控制系统原理设计及工艺设计结束后,应根据各种图样,对设备需要的各种零件及材料进行综合统计,按类别划出外购成件汇总清单表、标准件清单表、主要材料消耗定额表及辅助材料消耗定额表,以便采购人员,生产管理部门按设备制造需要备料,做好生产准备工作。这些资料也是成本核算的依据,特别是对于生产批量较大的产品,此项工作尤其要仔细做好。

在新型生产设备的设计制造中,电气控制系统的投资占有很大比重,同时,控制系统对生产机械运行可靠性、稳定性起着重要的作用。因此,控制系统设计方案完成后,在投入生产前应经过严格的审定。为了确保生产设备达到设计指标,设备制造完成后,又要经过仔细的调试,使设备运行处在最佳状态。设计说明及使用说明是设计审定及调试、使用、维护过程中必不可少的技术资料。

设计及使用说明书应包含以下主要内容:

(1) 拖动方案选择依据及本设计的主要特点。
(2) 主要参数的计算过程。
(3) 设计任务书中要求各项技术指标的核算与评价。
(4) 设备调试要求与调试方法。
(5) 使用、维护要求及注意事项。

二、电气控制系统工艺设计实例

结合电气控制设备制造的工程实际,以一台小型电动机控制线路设计为例,根据电气接线图和电气互连图的绘制原则,进一步说明电气控制系统工艺设计的过程。

(一) 电动机启停控制电气原理图

电动机启停控制电路如图 3-12 所示,为便于施工,设计电气接线图。电气原理图中依据线号标注原则标出了各导线标号,大电流导线标出了载流面积(根据电动机工作电流计算出导线的截面积)。

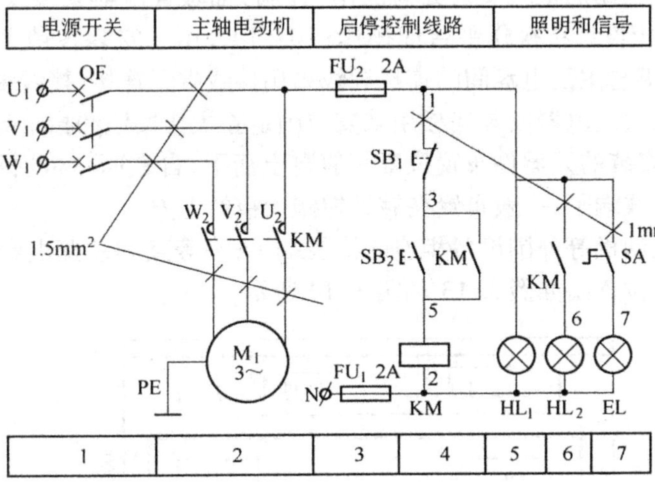

图 3-12 电动机启停控制电路

图中接触器线圈符号的下方数字分别说明其动合主触点,动合、动断辅助触点所在的列号,用于分析工作原理时查找该接触器控制的器件。元件明细见表 3-1 和表 3-2。

表 3-1 元件明细表

序号	符号	名　称	型　号	规　格	数 量
1	M	异步电动机	Y80	1.5 kW,380 V,1440 r/min	1
2	QF	低压断路器	C45N	3 级,500 V,32 A	1
3	KM	交流接触器	CJ21 - 10	380 V,10 A,线圈电压 229 V	1
4	SB_1	控制按钮	LAY3	红	1
5	SB_2	控制按钮	LAY3	绿	1
6	SA	旋转开关	NP2	220 V	1
7	HL	指示信号灯	ND16	380 V,5 A	2
8	EL	照明灯		220 V,40 W	1
9	FU	熔断器	KT18	250 V,4 A	2

表 3-2　管内敷线明细表

序号	穿线用管类型	电线		接线端子号
		截面积/mm²	根数	
1	ϕ10 包塑金属软管	1	2	9、10
2	ϕ20 金属软管	0.75	6	1~6
3	ϕ20 金属软管	1.5	4	U、V、W、PE
4	YHZ 橡套电缆	1.5	4	R、S、T、N

（二）电气安装位置图

电气安装位置图又称布置图，主要用来表示原理图中所有电器元件在设备上的实际位置。为电气设备的制造、安装提供必要的资料。图中各电器符号与电气原理图和元器件清单中的器件代号一致。根据此图可以设计相应器件安装打孔位置，用于器件的安装固定。电气安装位置图同时也是电气接线图设计的依据。

电动机启停控制电路的电气安装分为操作（控制）面板和电器安装底板（主配电盘）两部分，操作（控制）面板设计在操作平台或操作柜柜门上，用于安装各种主令电器和状态指示灯等器件，控制面板与主配电盘间的连接导线采用接线端子连接，接线端子安装在靠近主配电盘接线端子的位置。电器安装底板用来安装固定除操作按钮和指示灯以外的其他电器元件，电器安装底板安装的元器件布置位置一般自上而下，自左而右依次排列；底板与控制操作面板相连接的接线端子，一般布置在靠近控制面板的上方。

底板与电源或电动机等外围设备相连的接线端子，平等互利须配电盘的下方靠近过线孔的位置。电气安装位置图如图 3-13 和图 3-14 所示。

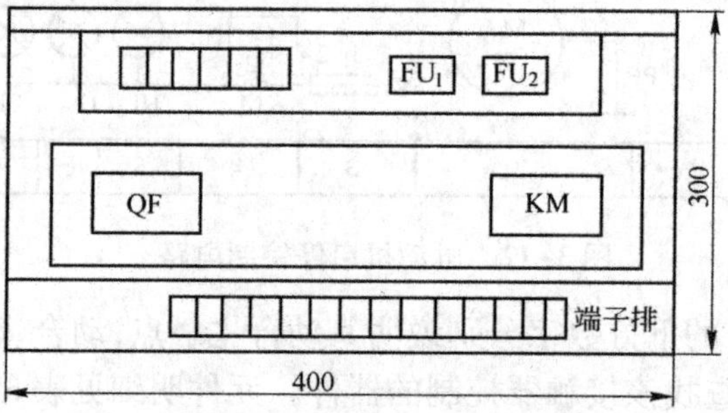

图 3-13　主盘电气安装位置

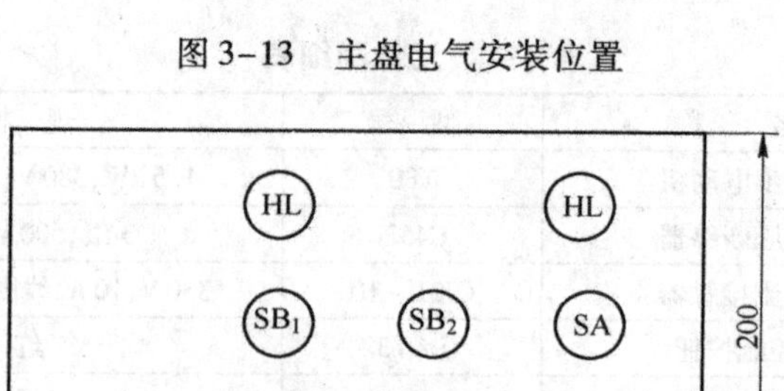

图 3-14　操作面板电气安装位置

（三）电气接线图

根据电气安装位置图绘制电气接线图的具体原则，分别绘制操作面板和电器安装底板的电气接线图。如图 3-15 所示，电器安装板（配电盘）的电气接线图，图中，元件所有电气符号均集中在本元件框的方框内；各个器件编号，连同电器符号标注在器件方框的右上方；电气接线图采用二维标注法，表示导线的连接关系，线侧数字表示线号；线端数字 20～25 表示器件编号，用于指示导线去向，布线路径可由电气安装人员自行确定。

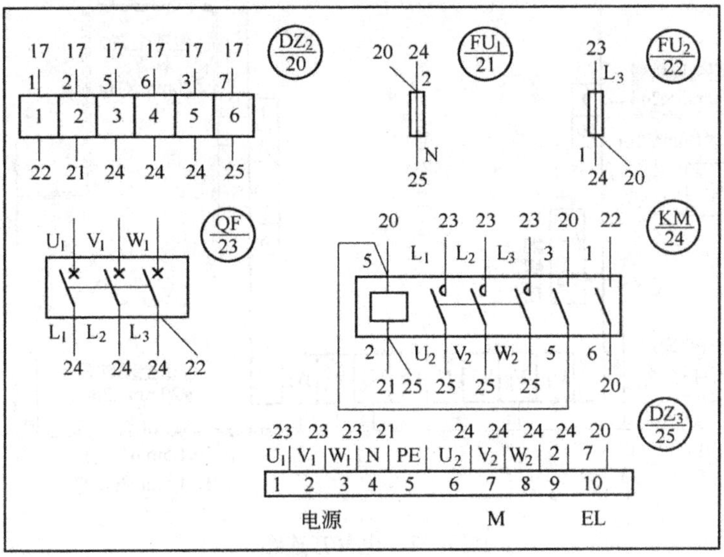

图 3-15　电器安装底板接线

（四）控制面板的电气接线图

如图 3-16 所示操作面板的电气接线图，图中线侧和线上数字 1～7 表示线号；线端数字 10～25 表示器件编号。控制面板接线，用于指示导线去向。控制面板与主配电盘间的连接导线通过接线端子连接，并采用塑料蛇形套管防护。

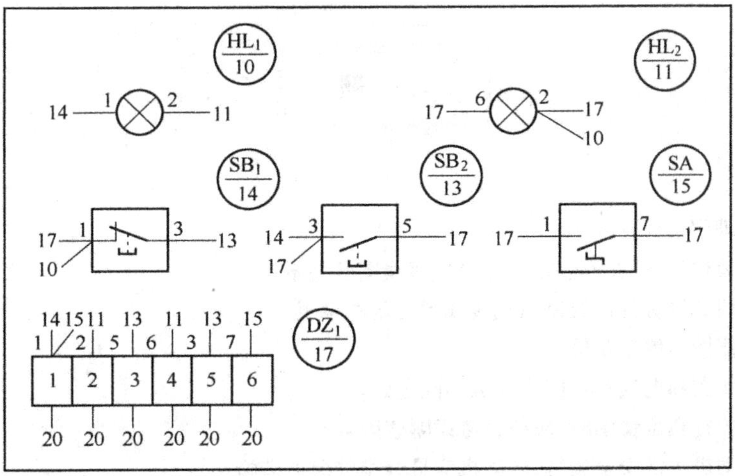

图 3-16　操作面板电气接线图

（五）电气安装互连图

表示电动机启停控制电路的电气控制柜和外部设备及操作面板间的接线关系，如图 3-17 所示，图中导线的连接关系用导线束表示，并注明了导线规范（颜色、数量、长度和截面积等）和穿线管的种类、内径、长度及考虑备用导线后的导线根数，连接电器安装底板和控制面板的导线，采用蛇形塑料软管或包塑金属软管保护，控制柜与电源、电动机间采用电缆线连接。

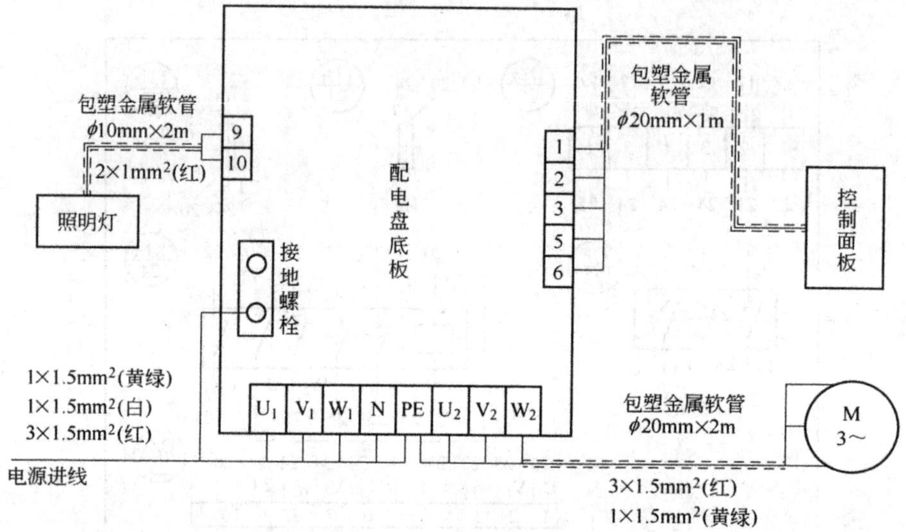

图 3-17　电气互连图

（六）安装调试

设计工作完毕后，要进行样机的电气控制柜安装施工，按照电气接线图和电气安装互连图完成安装及接线，经检查无误且连接可靠，进行通电试验。首先在空载状态下（不接电动机等负荷），通过操作相应开关，给出开关信号，试验控制回路各电器元件动作以及指示的正确性。经过调试，各电器元件均按照原理要求动作准确无误后，方可进行负载试验。第二步的负载试验通过后，编号相应的报告、原理、使用操作说明文件。

习　题

一、问答题

1. 简述电气原理图的设计原则。
2. 简述电气安装位置图的用途，以及与电气接线图的关系。
3. 简述应用导线二维标注法绘制电气接线图的基本思想。
4. 简述电气接线图的绘制步骤。
5. 简述电气接线图和电气互连图有什么不同之处。
6. 绘制配电盘的打孔位置图时，应综合考虑哪些因素？
7. 为了确保电动机正常安全运行，电动机应具有哪些保护措施？
8. 为什么电器元件的电流线圈要串接于负载电路中，电压线圈要并接于被测电路的两端？

二、设计题

1. 某电机要求只有在继电器 KA_1、KA_2、KA_3 中任何一个或两个动作时才能运转，而在其他条件下都不运转，试设计其控制电路原理图。

2. 已知两台三相交流异步电动机的数据均为 $P_N = 7.5\,kW$，$U_N = 380\,V$，$I_N = 15.4\,A$，$n_N = 1440\,r/min$，要求两台机同时启动和同时停车，请设计电气原理图，选择电器元件、列写元器件明细表，并绘制电气接线图。

3. 已知三相交流异步电动机的参数为 $P_N = 22\,kW$，$U_N = 380\,V$，$I_N = 43.9\,A$，$n_N = 1460\,r/min$，设计一台 Y－△启动控制电路、选择元器件参数、列写元器件清单、绘制电气安装图、电气接线图，写出简要说明。

4. 有一台生产设备用双速三相异步电动机拖动，双速三相异步电动机型号为 YD123M－4/2，三相异步电动机铭牌数据为 6.5kW/8kW、△/2Y、13.8A/17.1A、450/2880r/min，根据加工工艺要求电动机自动切换运转，并且具备过载保护、短路保护、失压保护和欠压保护，试设计出一个具有自动变速双速带反接制动的继电－接触式双速电动机电气控制线路。

5. 有一台生产设备用双速三相异步电动机拖动，双速三相异步电动机型号为 YD123M－4/2，三相异步电动机铭牌数据为 6.5kW/8kW、△/2Y、13.8A/17.1A、450/2880r/min，根据加工工艺要求电动机自动切换运转，并且具备过载保护、短路保护、失压保护和欠压保护，试设计出一个具有自动变速双速带能耗制动的继电－接触式双速电动机电气控制线路。

6. 有一台生产设备用双速三相异步电动机拖动，双速三相异步电动机型号为 YD123M－4/2，三相异步电动机铭牌数据为 6.5kW/8kW、△/2Y、13.8A/17.1A、450/2880r/min，根据加工工艺要求电动机可以单独低速运行，又可高速运行，但高速运行必须从低速运行一段时间后自动切换到高速，并且具备过载保护、短路保护、失压保护和欠压保护，试设计出一个具有自动变速双速电动机的电气控制线路。

第四章 继电-接触器电气控制系统分析

本章首先介绍典型生产机械继电接触式控制线路读图方法，并列举了实例，然后以车床、钻床、磨床、铣床、桥式起重机为例，进一步介绍电气控制系统的分析方法和分析步骤，典型生产机械控制线路的原理以及机械、液压与电气控制配合的意义，为电气控制系统的设计、安装、调试、维护打下基础。

本章主要学习电气控制线路的读图方法、C650 车床电气控制线路、Z37 和 Z3040 型摇臂钻床电气控制线路、M7130 平面磨床电气控制线路、X62W 万能铣床电气控制线路和 20t/5t 桥式起重机电气控制线路。

第一节 电气控制线路的读图方法

电气控制系统图按功能分类，可以分为电气原理图、电气装配图、电气接线图和电气布置图。本节主要介绍阅读分析机床电气控制原理图的方法。阅读分析电气控制原理图，主要包括主电路、控制电路和辅助电路等几部分。在阅读分析之前，应注意以下几个问题：

（1）对机床的主要结构、运动形式、加工工艺要求等应有一定的了解，做到了解控制对象，明确控制要求。

（2）应了解机械操作手柄与电器元件的关系；了解机床液压系统与电气控制的关系等。

（3）将整个控制电路按动能不同分成若干局部控制电路，逐一分析，分析时应注意各局部电路之间的联锁关系，然后再统观整个电路，形成一个整体观念。

（4）抓住各机床电气控制的特点，深刻理解电路中各电器元件、各接点的作用，掌握分析方法，养成分析习惯。

一、读图的一般方法和步骤

（1）分析主电路。从主电路入手，根据每台电动机和电磁阀等执行电器的控制要求去分析它们的控制内容。分析主电路，要分清主电路中的用电设备、要搞清楚用什么电器元件控制用电设备、要了解主电路中其他电器元件的作用。

（2）分析控制电路。根据主电路中各电动机和电磁阀等执行电器的控制要求，逐一找出控制电路中的控制环节，利用前面学过的继电-接触器电气控制电路的基本环节的知识，按功能不同划分成若干个局部控制线路来进行分析。其步骤如下：

1）从执行电器（电动机等）着手，在主电路上看有哪些控制元件的触点，根据其组合规律看控制方式。

2）在控制电路中由主电路控制元件的主触点的文字符号找到有关的控制环节及环节间的联系。

3）从按启动按钮开始，查对线路，观察元件的触点符号是如何控制其他控制元件动作的，再查看这些被带动的控制元件的触点是如何控制执行电器或其他元件动作的，并随时注意控制元件的触点使执行电器有何运动或动作，进而驱动被控机械有何运动。

在分析过程中，要一边分析一边记录，最终得出执行电器及被控机械的运动规律。

（3）分析辅助电路。辅助电路包括电源显示、工作状态显示、照明和故障报警等部分，它们大多由控制电路中的元件来控制，所以在分析时，要对照控制电路进行分析。

（4）分析联锁与保护环节。生产机械对安全性和可靠性有很高的要求，实现这些要求，除了合理地选择拖动和控制方案以外，在控制线路中还设置了一系列电气保护和必要的电气联锁。

（5）总体检查。经过“化整为零”，逐步分析了每一个局部电路的工作原理以及各部分之间的控制关系之后，还必须用“集零为整”的方法，检查整个控制线路，看是否有遗漏。特别要从整体角度去进一步检查和理解各控制环节之间的联系，理解电路中每个元件所起的作用。

二、读图实例

下面结合 C620－1 型卧式车床电气控制线路分析实例，如图 4－1 所示，介绍生产机械电气控制线路的分析方法。

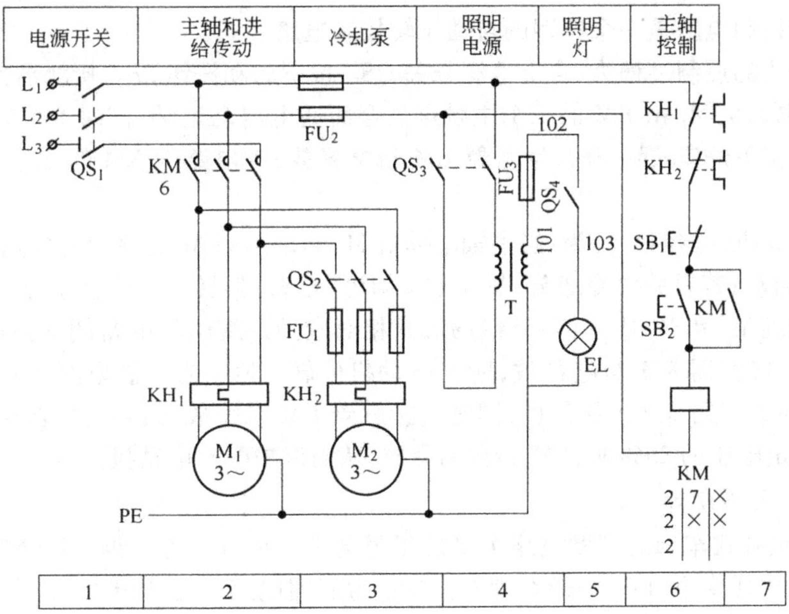

图 4－1 C620－1 型卧式车床电气控制线路

车床是一种应用极为广泛的金属切削机床，能够车削外圆、内圆、端面、螺纹，切断及割槽等，并可以装上钻头或铰刀进行钻孔等加工。

（一）主要结构、运动形式、电力拖动形式及控制要求

C620－1 型卧式车床主要由床身、主轴变速箱、进给箱、溜板箱、溜板、丝杠和刀架等几部分组成。

车削加工的主运动是主轴通过卡盘或顶尖带动工作的旋转运动，且由主轴电动机通过带传动传到主轴变速箱再旋转的，机床的其他进给运动是由主轴传动的。

C620－1 型车床共有两台电动机，一台是主轴电动机，带动主轴旋转，采用普通笼型感应电动机，功率为 7 kW，配合齿轮变速箱实行机械调速，以满足车削负载的特点，该电动机属长期工作制运行；另一台是冷却泵电动机，为车削工件时输送冷却液，也采用笼型感应电动机，功率为 0.125 kW，属长期工作制运行。机床要求两台电动机单向运动，且采用全压直接启动。

C620－1 型卧式车床电气控制线路是由主电路、控制电路、照明电路等部分组成，如图 4-1 所示。由于向车床供电的电源开关要装熔断器，而电动机 M_1 的电流要比电动机 M_2 及控制电路的电流大得多，所以电动机 M_1 没有再装熔断器。

（二）主电路分析

从主电路看，C620－1 型卧式车床电动机电源采用 380 V 的交流电源，由组合开关 QS_1 引入。主轴电动机 M_1 的启停由 KM 的主触头控制，主轴通过摩擦离合器实现正反转；主轴电动机启动后，才能启动冷却泵电动机 M_2，是否需要冷却，由组合开关 QS_2 控制。熔断器 FU_1 为电动机 M_2 提供短路保护。热继电器 FR_1、FR_2 为电动机 M_1 和 M_2 提供过载保护，它们的常闭触点串接后接在控制电路中。

（三）控制电路分析

该车床的控制电路是一个典型的自锁正转控制电路。

主轴电动机的控制过程为：合上电源开关 QS_1，按下启动按钮 SB_2，接触器 KM 线圈通电使铁心吸合，电动机 M_1 由 KM 的三个主触点吸合而通电启动运转，同时 KM 的自锁常开触头闭合自锁。按下停车按钮 SB_1，接触器 KM 断电释放，主电路中 KM 的三个主触点断开，M_1 停转。

冷却泵电动机的控制过程为：当主轴电动机 M_1 启动后（KM 主触头闭合），合上 QS_2，电动机 M_2 得电启动；若要关掉冷却泵，断开 QS_2 即可；当 M_1 停转后，M_2 也停转。

只要电动机 M_1 和 M_2 中任何一台过载，其相对应的热继电器的常闭触点断开，从而使控制电路失电，接触器 KM 断电释放，所有电动机停转。FU_2 为控制电路的短路保护。另外，控制电路还具有失压和欠压保护，同时由接触器 KM 来完成，因为当电源电压低于接触器 KM 线圈额定电压的 85% 时，KM 会自动释放，从而保护两台电动机。

（四）辅助电路分析

C620－1 型卧式车床的辅助电路主要是照明电路。照明由变压器 T 将交流 380 V 转变为 36 V 的安全电压供电，FU_3 为短路保护。QS_4 为照明电路的电源开关，合上 QS_4，照明灯 EL 亮。照明电路必须接地，以确保人身安全。

三、识读机床电气控制线路图的基本知识

从 C620－1 型卧式车床电气控制线路分析的实例中，可知，识读分析机床电气控制线路，除第二章第二节介绍的一般原则之外，还应明确注意以下几个问题：

（1）电气控制线路图按功能分成若干单元，并用文字将其功能标注在电路图上部的栏内，如图 3－1 所示电路按功能分为电源开关、主轴和进给传动、冷却泵、照明电源、照明灯、

主轴控制 6 个单元。

(2) 在电气控制线路图的下方划分若干图区，并从左到右依次用阿拉伯数字编号标注在图区栏内。通常是一条回路或一条支路划分为一个图区，如图 3 - 1 所示电路图共划分为 7 个图区。

(3) 在电气控制线路图中，在每个接触器下方画出两条竖直线，分成左、中、右三栏，每个继电器线圈下方画出一条竖直线，分成左、右两栏。把受其线圈控制而动作的触头所处的图区号填入相应的栏内，对备用的触头，在相应的栏内用记号"×"标出或不标出任何符号，见表 4-1 和表 4-2。

表 4-1　接触器触头在电路图中位置的标记

栏　目	左　栏	中　栏	右　栏
触头类型	主触头所处的图区号	辅助常开触头所处的图区号	辅助常闭触头所处的图区号
KM 2 7 × 2 × × 2	表示 3 对主触头均在图区 2	表示一对辅助常开触头在图区 7，另一对辅助常开触头未用	表示两对辅助常闭触头未用

表 4-2　继电器触头在电路图中位置的标记

栏　目	左　栏	右　栏
触头类型	常开触头所处的图区号	常闭触头所处的图区号
KA 2 2 2	表示 3 对常开触头均在图区 2	表示常闭触头未用

(4) 电气控制线路中触头文字符号下面用数字表示该电器线圈所处的图区号。在图 3 - 1 所示电路中，在图区 2 中有 $\frac{KM}{6}$ 表示接触器 KM 的线圈中图区 6 中。

第二节　车床的电气控制

在各种金属切削机床中，车床占的比重最大，应用也最广泛。车床的种类很多，有卧式车床、落地车床、立式车床、转塔车床等，生产中以普通车床应用最普遍，数量最多。本节以 C650 普通卧式车床为例进行电气控制线路分析。

一、C650 卧式车床的主要结构及运动形式

C650 卧式车床属于中型车床，可加工的最大工件回转直径为 1020 mm，最大工件长度为 3000 mm，机床的结构形式如图 4-2 所示，由主轴变速箱、挂轮箱、进给箱、溜板箱、尾座、滑板与刀架、光杠与丝杠等部件组成。

车床有 3 种运动形式：主轴通过卡盘或顶尖带动工件的旋转运动，称为主运动；刀具与滑板一起随溜板箱实现进给运动，称为进给运动；其他运动称为辅助运动。

主轴的旋动运动由主轴电动机拖动，经传动机构实现。车削加工时，要求车床主轴能在

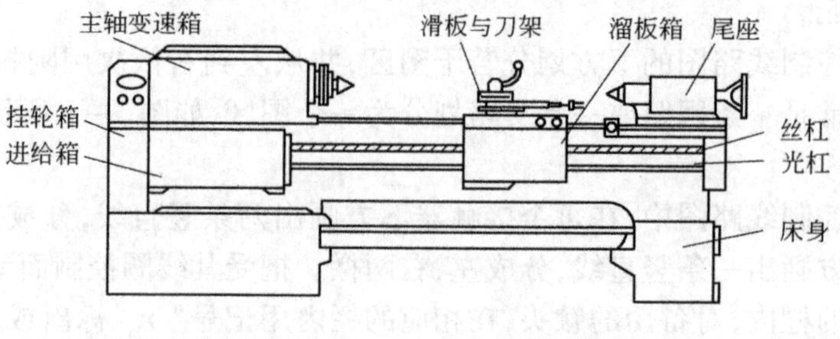

图 4-2　C650 卧式机床的结构

较大范围内变速。通常根据被加工零件的材料性能、车刀材料、零件尺寸精度要求、加工方式及冷却条件等来选择切削速度，采用机械变速方法。对于卧式车床，调速比一般应大于70。为满足加工螺纹的需求，主轴有正反转。由于加工的工件比较大，其转动惯量也较大，停车时采取电气制动。

车床纵、横两个方向的进给运动是由主轴箱的输出轴，经挂轮箱、进给箱、光杠传入溜板箱而获得，其运行形式有手动和自动控制两种。

车床的辅助运动为溜板箱的快速移动、尾座的移动和工件的夹紧与放松。

二、电力拖动要求与控制特点

（1）车削加工近似于恒功率负载，主轴电动机 M_1 选用鼠笼型异步电动机，完成主轴主运动和刀具进给运动的驱动。电动机采用直接启动的方式启动，可正反两个方向旋转，并可实现正反两个旋转方向的电气制动。加工调整方便，还具有点动功能。

（2）车削螺纹时，刀架移动与主轴旋转运动之间必须保持准确的比例关系，因此，车床主轴运动和进给运动只由一台电动机拖动，刀架移动由主轴箱通过机械传动链来实现。

（3）为了提高生产效率、减轻工人劳动强度，拖板的快速移动电动机 M_3 单独拖动，根据使用需要，可随时手动控制启停。

（4）车削加工中，为防止刀具和工件的温度过高，延长刀具使用寿命，提高加工质量，车床附有一台单方向旋转的冷却泵电动机 M_2，与主轴电动机实现顺序启停，也可单独操作。

（5）必要的保护环节、联锁环节、照明和信号电路。

三、C650 卧式车床电气控制线路分析

（一）主电路分析

C650 卧式车床控制线路如图 4-3 所示。主电路中有三台电动机。隔离开关 QS 将三相电源引入，电动机主电路接线分为 3 部分，第一部分由正转控制交流接触器 KM_1 和反转控制交流接触器 KM_2 的两组主触点构成电动机的正反转接线；第二部分为电流表 A 经电流互感器 TA 接在主电动机 M_1 的动力回路上，以监视电动机工作时绕组的电流变化。为防止电流表被启动电流冲击损坏，利用一时间继电器 KT 的延时常闭触点，在启动的短时间内将电流表暂时短接；第三部分线路通过交流接触器 KM_3 的主触点控制限流电阻 R 的接入和切除。在进行点动调整时，为防止连续的启动电流造成电动机过载，串入限流电阻 R，以保证电路设备正常工作。在电动机反接制动时，通常串入电阻 R 限流。速度继电器 KS 与电动

机同轴连接。在停车制动过程中，当主电动机转速为零时，其常开触点可将控制电路中反接制动相应电路切断，完成停车制动。

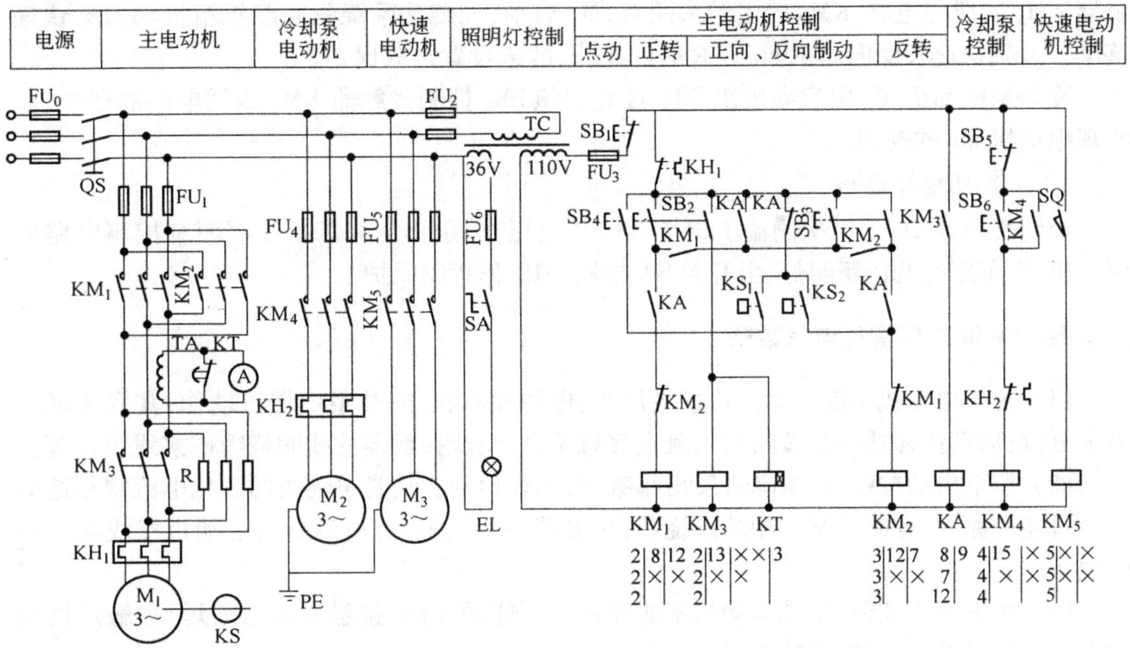

图 4-3　C650 卧式车床电气控制原理图

电动机 M_2 由交流接触器 KM_4 的主触点控制其动力电路的接通与断开；电动机 M_3 由交流接触器 KM_5 控制。

为了保证主电路的正常运行，主电路中还设置了采用熔断器的短路保护环节和采用热继电器的电动机过载保护环节。

(二) 控制电路分析

1. 主电动机 M_1 的控制电路

(1) M_1 正向启动控制。按下正向启动按钮 SB_2→KM_3、KT 线圈得电→KM_3 主触头将主电路中限流电阻 R 短接，同时辅助常开触头闭合→KA 线圈得电，常闭触点断开切除停车制动电路；常开触点闭合→KM_1 线圈得电→KM_1 主触头闭合，常开触头闭合自锁→电动机正向直接启动→转速高于 120 r/min 后，速度继电器常开触头 KS_2 闭合。

KT 线圈得电后，常闭触头延时断开，电流表接入电路正常工作。

(2) M_1 正向反接制动。按下停车按钮 SB_1→KM_1、KM_3、KA 线圈失电，触头复位，电动机 M_1 惯性继续运转→松开停车按钮 SB_1→KM_2 线圈得电→KM_2 主触头闭合，电动机 M_1 串入限流电阻 R 反接制动，强迫电动机迅速停车→转速低于 100 r/min 时，KS_2 断开→KM_2 线圈失电→触头复位→电动机失电，反接制动过程结束。

(3) M_1 正向点动控制。按下 SB_4→KM_1 线圈得电→主触头闭合→电动机 M_1 串入限流电阻 R 正向点动→松开 SB_4→KM_1 线圈失电→主触头复位→电动机 M_1 停转。

(4) M_1 反向控制。M_1 反向启动控制由 SB_3 控制，反向反接制动由 SB_1 控制。工作过程自行分析。

2. 刀架的快速移动和冷却泵电动机的控制

刀架快速移动是由转动刀架手柄压动位置开关 SQ，接通控制快速移动电动机 M_3 的接触器 KM_5 的线圈电路，KM_5 的主触头闭合，M_3 启动，经传动系统驱动溜板箱带动刀架快速移动。刀架快速移动电动机 M_3 是短时间工作，故未设置过载保护。

冷却泵电动机 M_2 由启动按钮 SB_6、停止按钮 SB_5 控制接触器 KM_4 线圈电路的通断，以实现电动机 M_2 的控制。

（三）照明电路分析

控制变压器 TC 的二次侧输出 36 V、110 V 电压，分别作为车床低压照明和控制电路电源。EL 为车床的低压照明灯，由开关 SA 控制，FU_6 作短路保护。

四、C650 车床常见电气故障

（1）主轴电动机不能启动。可能的原因：电源没有接通；热继电器已动作，其常闭触点尚未复位；启动按钮或停止按钮内的触点接触不良；交流接触器的线圈烧毁或接线脱落等。

（2）按下启动按钮后，电动机发出嗡嗡声，不能启动。这是电动机的三相电流缺相造成的。可能的原因：熔断器某一相熔丝烧断；接触器一对主触点没接触好；电动机接线某一处断线等。

（3）按下停止按钮，主轴电动机不能停止。可能的原因：接触器触点熔焊、主触点被杂物卡阻；停止按钮常闭触点被卡阻。

（4）主轴电动机不能点动。可能的原因：点动按钮 SB_4 其常开触点损坏或接线脱落。

（5）不能检测主轴电动机负载。可能的原因；电流表损坏、时间继电器设定时间太短或损坏、电流互感器损坏。

第三节　钻床的电气控制

在机械加工过程中经常需要加工各种各样的孔，钻床就是一种用途广泛的孔加工机床，它主要用于钻削精度要求不太高的孔。还可以用来扩孔、铰孔、镗孔以及攻螺纹等。

钻床的种类很多，有台钻、立钻、卧钻、专门化钻床和摇臂钻床。台钻和立钻的电气线路比较简单，其他形式的钻床在控制系统上也大同小异，本节以 Z37 和 Z3050 为例分析它的电气控制线路。

一、Z37 摇臂钻床电气控制线路

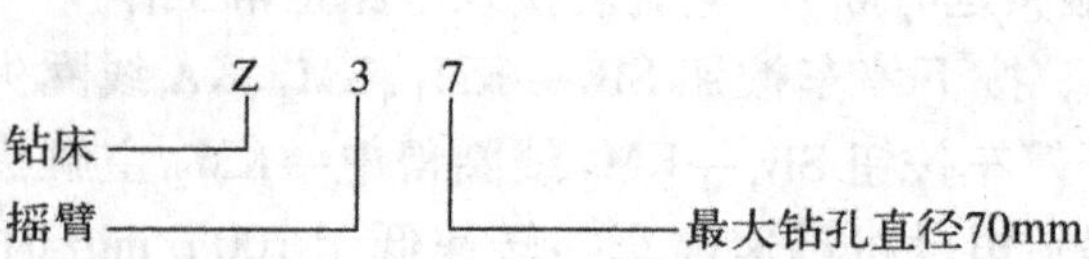

（一）主要结构及运动形式

Z37 摇臂钻床主要由底座、内立柱、外立柱、摇臂、主轴箱、工作台等部分组成。如图 4-4 所示。内立柱固定在底座上，在它的外面套着空心的外立柱，外立柱可绕着内立柱回转 360°。摇臂一端的套筒部分与外立柱滑动配合，借助丝杠的正反转可使摇臂沿外立柱做上下移动，但两者不能做相对运动，因此摇臂只能与外立柱一起绕内立柱回转。主轴箱是一个复合部件，它包括主轴及主轴旋转和进给运动的全部传动变速和操作机构。主轴箱安装于摇臂的水平导轨上，可以通过手轮操作使其在水平导轨上沿摇臂移动。

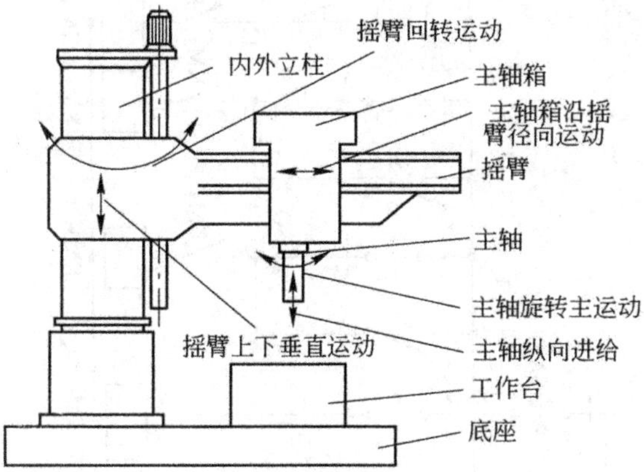

图 4-4 摇臂钻床结构及运动示意图

钻削加工时，主轴箱可由夹紧装置将其固定在摇臂的水平导轨上，外立柱紧固在内立柱上，摇臂紧固在外立柱上，然后进行钻削加工。

摇臂钻床的主运动是主轴带动钻头的旋转运动；进给运动是钻头的上下运动；辅助运动是主轴箱沿摇臂水平移动、摇臂沿外立柱上下移动及摇臂连同外立柱一起相对于内立柱的回转运动。

（二）电力拖动要求与控制特点

（1）Z37 摇臂钻床相对运动部件较多，为简化传动装置，采用多台电动机拖动。

冷却泵电机 M_1 供给冷却液，正转控制。主轴电动机 M_2 拖动钻削及进给运动，单向运转，主轴正反转通过摩擦离合器实现。摇臂升降电动机 M_3 拖动摇臂升降，正反转控制，具有机械和电气联锁。立柱松紧电动机 M_4 拖动内、外立柱及主轴箱与摇臂夹紧与放松，正反转控制，通过液压装置和电气联合控制。

（2）各种工作状态都通过十字开关 SA 操作，为防止十字开关手柄停在某一工作位置时，因接通电源而产生误动作，本控制线路设有零压保护环节。

（3）摇臂升降要求有限位保护。

（4）钻削加工时需要对刀具及工件进行冷却。

（三）电气控制线路分析

1. 主电路分析

Z37 摇臂钻床控制线路如图 4-5 所示。主电路共有四台三相异步电动机。冷却泵电动机 M_1 由组合开关 QS_2 控制，由熔断器 FU_1 进行短路保护。主轴电动机 M_2 由接触器 KM_1 控制，由热继电器 FR 进行过载保护。摇臂升降电动机 M_3 由接触器 KM_2、KM_3 控制，用熔断器 FU_2 进行短路保护。立柱松紧电动机 M_4 由接触器 KM_4、KM_5 控制，由熔断器 FU_3 进行短路保护。

2. 控制电路分析

控制电路的电源由控制变压器 TC 提供 110 V 电压。Z37 摇臂钻床控制电路采用十字

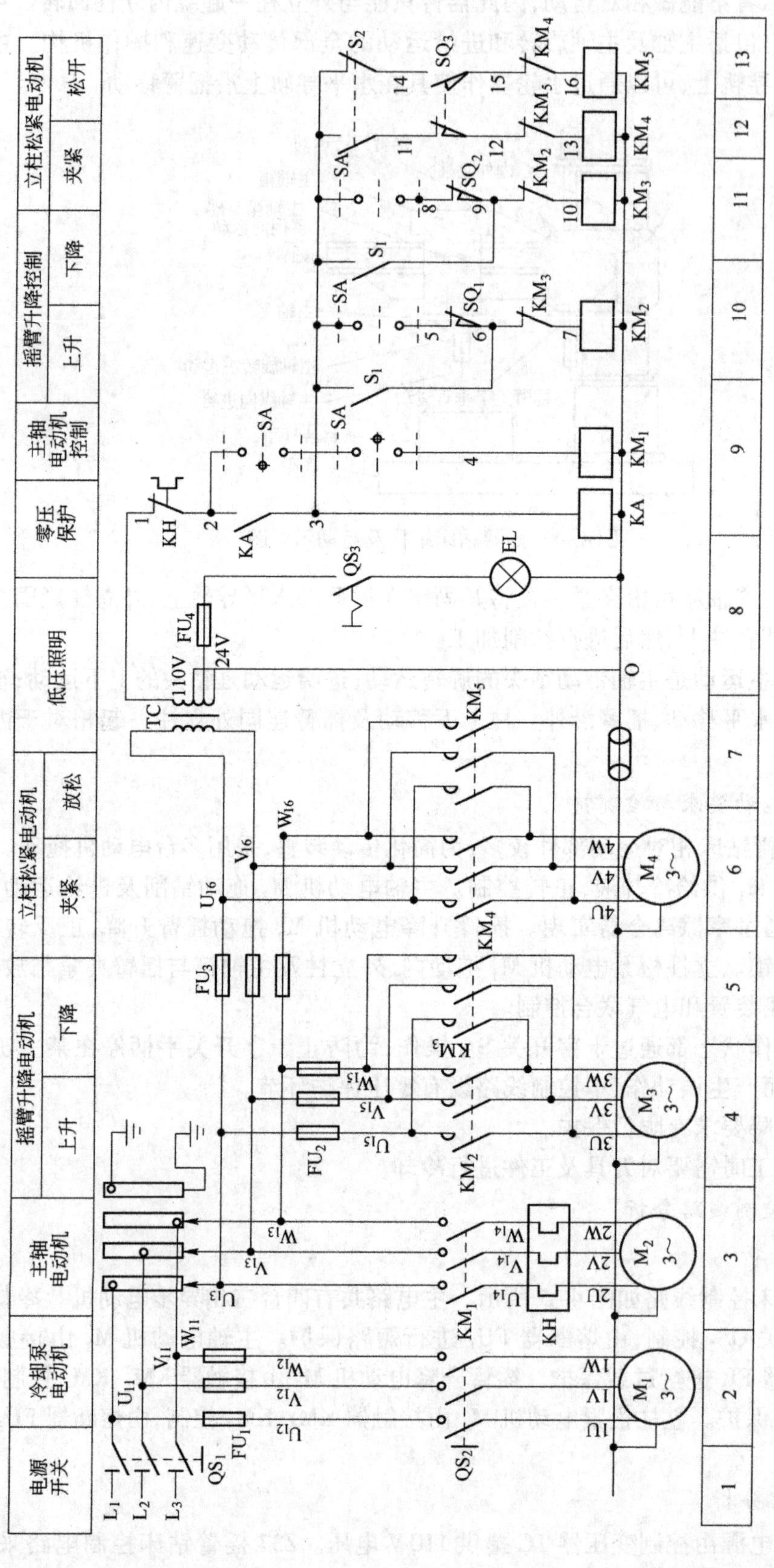

图 4-5　Z37 摇臂钻床电气控制线路图

开关 SA 操作，它由十字手柄和四个微动开关组成，手柄处在各个工作位置时的工作情况见表 4-3。电路中还设有零压保护环节，由十字开关 SA 和中间继电器 KA 实现。

表 4-3　十字开关 SA 操作说明

手柄位置	接通微动开关的触头	工作情况
中	均不通	控制电路断电不工作
左	SA(2～3)	KA 得电自锁，零压保护
右	SA(3～4)	KM_1 获电，主轴旋转
上	SA(3～5)	KM_2 获电，摇臂上升
下	SA(3～8)	KM_3 获电，摇臂下降

（1）主轴电动机 M_2 的控制。主轴电动机 M_2 的启停由接触器 KM_1 和十字开关 SA_4 控制。

将十字开关扳到左边位置→SA(2～3)触点闭合→中间继电器 KA 得电，并自锁→将十字开关扳到右边位置→SA(2～3)分断、SA(3～4)闭合→KM_1 线圈得电→主轴电动机 M_2 启动运行→十字开关扳到中间位置→SA 触头均不通→KM_1 线圈断电释放→主轴电动机 M_2 停转。

（2）摇臂升降电动机 M_3 的控制。摇臂的放松、升降、夹紧是通过十字开关 SA、接触器 KM_2、KM_3、行程开关 SQ_1 和 SQ_2 用鼓形组合开关 S_1 控制电动机 M_3 正反转来实现的。行程开关 SQ_1 和 SQ_2 用作限位保护，保护摇臂上升或下降不致超出允许的极限位置。

将十字开关扳到上位置→SA(3～5)触点闭合→KM_2 线圈得电→电动机 M_3 启动正转→通过传动装置放松摇臂→当摇臂完全放松时，推动组合开关 S_1 动作，常开触头闭合，为摇臂的夹紧做好准备→摇臂上升到所需位置后，十字开关扳到中间位置→KM_2 断电释放，电动机停转→KM_3 线圈得电→电动机 M_3 反转，带动机械夹紧机构将摇臂夹紧→摇臂夹紧时，组合开关 S_1 复位→KM_3 断电释放，电动机 M_3 停转，上升结束。

（3）立柱的夹紧与松开控制。Z37 摇臂钻床在正常工作时，外立柱夹紧在内立柱上。要使摇臂和外立柱绕内立柱转动，应首先将外立柱放松。立柱的松开和夹紧是靠电动机 M_4 的正反转拖动液压装置来完成的。电动机 M_4 的正反转由组合开关 S_2、行程开关 SQ_3、接触器 KM_4、KM_5 来控制，行程开关 SQ_3 则是由主轴箱与摇臂夹紧的机械手柄操作的。

扳动手柄使 SQ_3 的常开触头(14～15)闭合→KM_5 线圈得电→M_4 拖动液压泵工作，立柱夹紧装置放松→立柱夹紧装置完全放松时，S_2 动作，(3～14)触点断开，(3～11)触点闭合→KM_5 断电释放→M_4 失电停转，可推动摇臂旋转→扳动手柄使 SQ_3 复位，常开触点(14～15)断开，常闭触点(11～12)闭合→KM_4 线圈得电→M_4 拖动液压泵反向转动，使立柱夹紧装置夹紧→立柱夹紧装置完全夹紧时→S_2 复位，KM_4 断电释放→M_4 停转。

Z37 摇臂钻床主轴箱在摇臂上的松开和夹紧和立柱的松开和夹紧是由同一台电动机 M_4 拖动液压装置完成的。

3. 照明电路分析

照明电路的电源也是由变压器 TC 将 380 V 的交流电压降为 24 V 安全电压来提供。照明灯 EL 由开关 QS_3 控制，由熔断器 FU_4 作短路保护。

（四）常见电气故障

（1）摇臂上升（下降）夹紧后，M_3 仍正反转重复不停。可能原因：鼓形组合开关 S_1 两对常开触头的动、静触头间距离太近，使它们不能及时分断所引起的。

（2）摇臂上升（下降）后不能完全夹紧。可能原因：鼓形组合开关 S_1 动触头的夹紧螺栓松动造成动触头位置偏移，不能按要求闭合；S_1 动、静触头弯曲、磨损、接触不良等。

（3）摇臂升降后不能按要求停车。可能原因：鼓形组合开关 S_1 的常开触头（3～6）和（3～9）的顺序颠倒。

二、Z3040 摇臂钻床电气控制线路

Z　3　0　40

钻床——Z

摇臂钻床组——3

0——摇臂钻床型

40——最大钻孔直径40mm

（一）Z3040 摇臂钻床的主要结构及运行

Z3040 摇臂钻床是一种立式钻床，它具有性能完善、适用范围广、操作灵活及工作可靠等优点，适合加工单件和批量生产中带有多孔的大型零件。

Z3040 摇臂钻床主要由底座、内立柱、外立柱、摇臂、主轴箱、工作台等部分组成。如图 4-4 所示。内立柱固定在底座上，在它的外面套着空心的外立柱，外立柱可绕着内立柱回转 360°。摇臂一端的套筒部分与外立柱滑动配合，借助丝杠的正反转可使摇臂沿外立柱做上下移动，但两者不能做相对运动，因此摇臂只能与外立柱一起绕内立柱回转。主轴箱是一个复合部件，它包括主轴及主轴旋转和进给运动的全部传动变速和操作机构。主轴箱安装于摇臂的水平导轨上，可以通过手轮操作使其在水平导轨上沿摇臂移动。

钻削加工时，主轴箱可由夹紧装置将其固定在摇臂的水平导轨上，外立柱紧固在内立柱上，摇臂紧固在外立柱上，然后进行钻削加工。

钻削加工时，主轴旋转为主运动，而主轴的直线移动为进给运动。即钻孔时钻头一面做旋转运动。同时做纵向进给运动。主轴变速和进给变速的机构都在主轴箱内，用变速机构分别调节主轴转速和上、下进给量。摇臂钻床的主轴旋转运动和进给运动由一台交流异步电动机 M_1 拖动。

摇臂钻床的辅助运动有：摇臂沿外立柱的上升、下降，立柱的夹紧和松开以及摇臂与外立柱一起绕内立柱的回转运动。摇臂的上升、下降由一台交流异步电动机 M_2 拖动，立柱的夹紧和松开，摇臂的夹紧和松开以及主轴箱的夹紧和松开由另一台交流电动机 M_3 拖动一台液压泵，供给夹紧装置所需要的压力油推动夹紧机构液压系统实现的。而摇臂的回转和主轴箱摇臂水平导轨方向的左右移动通常采用手动。此外还有一台冷却泵电动机 M_4 对加工的刀具进行冷却。

（二）电力拖动的特点和控制要求

（1）摇臂钻床运动部件较多，为简化传动装置，采用多台电动机拖动，通常设有主轴电动机、摇臂升降电动机、立柱夹紧和放松电动机及冷却泵电动机。

（2）主轴的旋转运动、纵向进给运动及其变速机构均在主轴箱内，由一台主电动机拖动。

(3) 为了适应多种加工方式的要求,主轴的旋转与进给运动均有较大的调速范围,由机械变速机构实现。

(4) 加工螺纹时,要求主轴能正、反向旋转,采用机械方法来实现。因此,主电动机只需单方向旋转,可直接启动,不需要制动。

(5) 摇臂的升降由升降电动机拖动,要求电动机能正、反向旋转,采用笼型异步电动机。可直接启动,不需要调速和制动。

(6) 内外立柱、主轴箱与摇臂的夹紧与松开,是通过控制电动机的正、反转,带动液压泵送出不同流向的压力油,推动活塞,带动菱形块动作来实现。因此拖动液压泵的电动机要求正、反向旋转,采用点动控制。

(7) 摇臂钻床主轴箱、立柱的夹紧与松开由一条油路控制,且同时动作。而摇臂的夹紧与松开是与摇臂升降工作连成一体,由另一条油路控制。两条油路哪一条处于工作状态,是根据工作要求通过控制电磁阀操纵。

(8) 根据加工需要,操作者可以手控操作冷却泵电动机单向旋转。

(9) 必要的联锁和保护环节。

(10) 机床安全照明及信号指示电路。

(三) Z3040 摇臂钻床电气控制线路分析

Z3040 摇臂钻床主要有两种主要运动和其他辅助运动,主运动是指主轴带动钻头的旋转运动;进给运动是指钻头的垂直运动;辅助运动是指主轴箱沿摇臂水平移动,摇臂沿外立柱上下移动以及摇臂和外立柱一起相对于内立柱的回转运动。

Z3040 摇臂钻床具有两套液压控制系统:一套是由主轴电动机拖动齿轮泵送出压力油,通过操纵机构实现主轴正反转、停车制动、空挡、预选与变速;另一套是由液压泵电动机拖动液压泵送出压力油来实现摇臂的夹紧与松开、主轴箱的夹紧与松开、立柱的夹紧与松开。前者安装在主轴箱内,后者安装于摇臂电器盒下部。

1. 操纵机构液压系统

该系统压力油由主轴电动机拖动齿轮泵送出,由主轴操作手柄来改变两个操纵阀的相互位置,获得不同的动作。操作手柄有五个空间位置:上、下、里、外和中间位置。其中上为“空挡”,下为“变速”,外为“正转”,里为“反转”,中间位置为“停车”。而主轴转速及主轴进给量各由一个旋钮预选,然后再操作主轴手柄。

主轴旋转时,首先按下主轴电动机启动按钮,主轴电动机启动旋转,拖动齿轮泵,送出压力油。然后操纵主轴手柄,扳至所需转向位置(里或外),于是两个操纵阀相互位置改变,使一股压力油将制动摩擦离合器松开,为主轴旋转创造条件;另一股压力油压紧正转(反转)摩擦离合器,接通主轴电动机到主轴的传动链,驱动主轴正转或反转。

在主轴正转或反转的过程中,可转动变速旋钮,改变主轴转速或主轴进给量。

主轴停车时,将操作手柄扳回中间位置,这时主轴电动机仍拖动齿轮泵旋转,但此时整个液压系统为低压油,无法松开制动摩擦离合器,而在制动弹簧作用下将制动摩擦离合器压紧,使制动轴上的齿轮不能转动,实现主轴停车。所以主轴停车时主轴发动机仍在旋转,只是不能将动力传到主轴。

主轴变速与进给变速:将主轴操作手柄扳至“变速”位置,于是改变两个操纵阀的相互位置,使齿轮泵送出的压力油进入主轴转速预选阀和主轴进给量预选阀,然后进入各变速油缸。与此同时，另一油路系统推动拔叉缓慢移动，逐渐压紧主轴正转摩擦离合器，接通主轴电动机到主轴的传动链，带动主轴缓慢旋转，称为缓速，以利于齿轮的顺利啮合。当变速完成，松开操作手柄，此时手柄在弹簧作用下由“变速”位置自动复位到主轴“停车”位置，然后再操纵主轴正转或反转，主轴将在新的转速或进给量下工作。

2. 夹紧机构液压系统

主轴箱、内外立柱和摇臂的夹紧和松开是由液压泵电动机拖动液压泵送出压力油，推动活塞、菱形块来实现的。其中由一个油路控制主轴箱和立柱的夹紧，另一油路控制摇臂的夹紧和松开，这两个油路均由电磁阀控制。

Z3040 摇臂钻床电气控制线路如图 4-6 所示。该机床共有四台电动机：主电动机 M_1，摇臂升降电动机 M_2，液压泵电动机 M_3 和冷却泵电动机 M_4。

3. 主电路分析

（1）主电动机 M_1 单向旋转，它由接触器 KM_1 控制，而主轴的正反转依靠机床液压系统并配合正、反转摩擦离合器来实现。

（2）摇臂升降电动机 M_2 具有正反转控制，控制电路保证在操纵摇臂升降时先通过液压系统，将摇臂松开后 M_2 才能启动，带动摇臂上升或下降，当移动达到所需位置时控制电路又保证升降电动机先停止，然后自动液压系统将摇臂夹紧。由于 M_2 是短时运转的，所以没有设置过载保护。

（3）液压泵电动机 M_3 送出压力油作为摇臂的松开与夹紧、立柱和主轴箱的松开与夹紧的动力源。为此，M_3 采用由接触器 KM_4、KM_5 来实现正反转控制，并设有热继电器 FR_2 作为过载保护。

（4）冷却泵电动机 M_4 容量小所以用组合开关 SA_1 直接控制其运行和停止。

4. 控制电路分析

该机床控制电路同样采用380V/127V 隔离变压器供电，但其二次绕组增设36V 安全电压供局部照明使用。

（1）摇臂升降的控制：按上升（或下降）按钮 SB_3（或 SB_4），时间继电器 KT 吸合，其延时断开的常开触点与瞬时常开触点使电磁铁 YV 和接触器 KM_4 同时吸合，液压泵电动机 M_3 旋转，供给压力油。压力油经二位六通阀进入摇臂松开的油腔，推动活塞和菱形块，使摇臂松开。同时活塞杆通过弹簧片压下限位开关 SQ_2，使接触器 KM_4 线圈断电释放，液压泵电动机 M_3 停转，与此同时 KM_2（或 KM_3）吸合，升降电动机 M_2 旋转，带动摇臂上升（或下降）。如果摇臂没有松开，SQ_2 的常开触点也不能闭合，KM_2（或 KM_3）就不能吸合，摇臂也就不可能升降。

当摇臂上升（或下降）到所需位置时，松开按钮 SB_3（或 SB_4），KM_2（或 KM_3）和时间继电器 KT 释放，升降电动机 M_2 停转，摇臂停止升降。由于 KT 释放，其延时闭合的常闭触点经 1～3 s 延时后，接触器 KM_5 吸合，液压电动机 M_3 反向启动旋转，供给压力油。压力油经二位六通阀（此时电磁铁 YV 仍处于吸合状态）进入摇臂夹紧油腔，向相反方向推动活塞和菱形块，使摇臂夹紧。同时，活塞和菱形块，使摇臂夹紧，活塞杆通过弹簧片压下限位开关 SQ_3，KM_5 和 YV 同时断电释放，液压泵电动机停止旋转，夹紧动作结束。

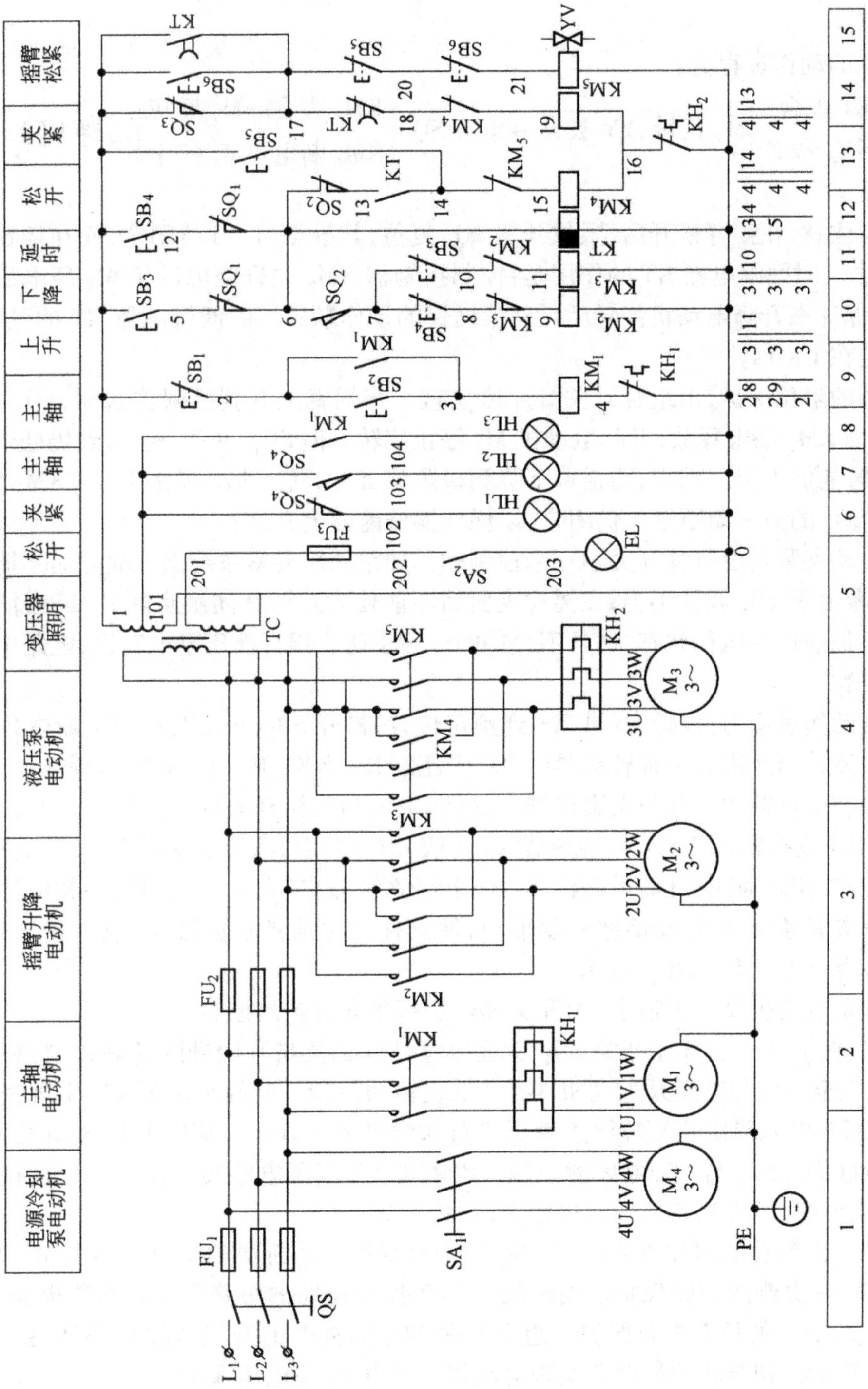

图 4-6　Z3040 摇臂钻床电气控制线路图

摇臂上升的动作过程为:

$$\text{按 } SB_3\left\{\begin{matrix}\text{KT 吸合}\\ KM_4\text{ 吸合}\end{matrix}\right\}M_3\text{ 正转、YV 吸合}\rightarrow\text{压下 }SQ_2\left\{\begin{matrix}KM_2\text{ 吸合}\rightarrow M_2\text{ 正转}\\ KM_4\text{ 断电}\rightarrow M_3\text{ 停止}\end{matrix}\right\}\text{摇臂上升到预定}$$

位置,松开 SB_3。

摇臂下降的动作过程为:

$$\text{按 } SB_4\left\{\begin{matrix}\text{KT 吸合}\\ KM_4\text{ 吸合}\end{matrix}\right\}M_3\text{ 正转、YV 吸合}\rightarrow\text{压下 }SQ_2\left\{\begin{matrix}KM_3\text{ 吸合}\rightarrow M_3\text{ 反转}\\ KM_4\text{ 断电}\rightarrow M_3\text{ 停止}\end{matrix}\right\}\text{摇臂下降到预定}$$

位置,松开 SB_4。

这里还应注意,在摇臂松开后,限位开关 SQ_3 复位,其触点(1～17)闭合,而在摇臂夹紧后,SQ_3 被压合。时间继电器 KT 的作用是:控制接触器 KM_5 在升降电动机 M_2 断电后的吸合时间,从而保证在升降电动机停转后再夹紧摇臂的动作顺序。时间继电器 KT 的延时,可根据需要整定在 1～3 s。

摇臂升降的限位保护,由组合开关 SQ_1 来实现。当摇臂上升到极限位置时,SQ_1 动作,将电路断开,则 KM_2 断电释放,升降电动机 M_2 停止旋转。但 SQ_1 的另一组触点仍处于闭合状态,保证摇臂能够下降。同理,当摇臂下降到极限位置时,SQ_1 动作,电路断开,KM_3 释放,M_2 停转。而 SQ_1 的另一动断触点仍闭合,以保证摇臂能够上升。

摇臂的自动夹紧是由行程开关 SQ_3 来控制的。如果液压夹紧系统出现故障而不能自动夹紧摇臂,或者由于 SQ_3 调整不当,在摇臂夹紧后不能使 SQ_3 的常闭触点断开,都会使液压泵电动机处于长期过载运行状态,这是不允许的。为了防止损坏液压泵电动机,电路中使用了热继电器 FR_2。

摇臂夹紧动作过程为:摇臂升(或降)到预定位置,松开 SB_3(或 SB_4)→KT 断电延时→KM_5 吸合、M_3 反转、YV 吸合→摇臂夹紧→SQ_3 受压断开→KM_5、M_3、YV 均断电释放。

(2) 立柱和主轴箱的松开与夹紧控制:立柱和主轴箱的松开与夹紧是同时进行的。首先按下按钮 SB_5(或夹紧按钮 SB_6),接触器 KM_4(或 KM_5)吸合,液压电动机 M_3 旋转,供给压力油,压力油经二位六通阀(此时电磁铁 YV 处于释放状态)进入立柱松开及夹紧液压缸和主轴箱松开及夹紧液压缸,推动活塞和菱形块,使立柱和主轴箱分别松开(或夹紧)。同时松开(或夹紧)指示灯(HL_1、HL_2)显示。

(3) 冷却泵电动机 M_4 的控制。由开关 SA_1 进行单向旋转的控制。

(4) 联锁、保护环节。行程开关 SQ_2 实现摇臂松开到位与开始升降的联锁;行程开关 SQ_3 实现摇臂完全夹紧与液压泵电动机 M_3 停止旋转的联锁。时间继电器 KT 实现摇臂升降电动机 M_2 断开电源待惯性旋转停止后再进行摇臂夹紧的联锁。摇臂升降电动机 M_2 正反转具有双重联锁。SB_5 与 SB_6 常闭触点接入电磁阀 YV 线圈电路实现在进行主轴箱与立柱夹紧、松开操作时,压力油不能进入摇臂夹紧油腔的联锁。

熔断器 FU_1 作为总电路和电动机 M_1、M_4 的短路保护。熔断器 FU_2 为电动机 M_2、M_3 及控制变压器 TC 一次侧的短路保护。熔断器 FU_3 为照明电路的短路保护。热继电器 FR_1、FR_2 为电动机 M_1、M_3 的长期过载保护。组合开关 SQ_1 为摇臂上升、下降的极限位置保护。带自锁触点的启动按钮与相应接触器实现电动机的欠电压、失电压保护。

5. 照明与信号指示电路分析

HL_1 为主轴箱、立柱松开指示灯,灯亮表示已松开,可以手动操作主轴箱沿摇臂水平移动或摇臂回转。HL_2 为主轴箱、立柱夹紧指示灯，灯亮表示已夹紧，可以进行钻削加工。HL_3 为主轴旋转工作指示灯。照明灯 EL 由控制变压器 TC 供给 36 V 安全电压，经开关 SA_2 操作实现钻床局部照明。

（四）Z3040 钻床常见故障分析

（1）主轴电动机不能启动。可能的原因：电源没有接通；热继电器已动作，但常闭触点仍未复位；启动按钮或停止按钮内的触点接触不良；交流接触器的线圈烧毁或接线脱落等。

（2）主轴电动机刚启动运转，熔断器就熔断。按下主轴启动按钮 SB_2，主轴电动机刚旋转，就发生熔断器熔断故障。可能原因：机械机构发生卡住现象，或者是钻头被铁屑卡住，进给量太大，造成电动机堵转；负荷太大，主轴电动机电流剧增，热继电器来不及动作，使熔断器熔断。也可能因为电动机本身的故障造成熔断器熔断。

（3）摇臂不能上升（或下降）。可能的原因：行程开关 SQ_2 动作时，故障发生在接触器 KM_2 或摇臂升降电动机 M_2 上；行程开关 SQ_2 没有动作，可能是 SQ_2 位置改变，造成活塞杆压不上 SQ_2，使 KM_2 不能吸合，升降电动机不能得电旋转，摇臂不能上升。液压系统发生故障，如液压泵卡死、不转，油路堵塞或气温太低时油的黏度增大，使摇臂不能完全松开，压不下 SQ_2，摇臂也不能上升。电源相序接反，按下 SB_3 摇臂上升按钮，液压泵电动机反转，使摇臂夹紧，压不上 SQ_2，摇臂也就不能上升或下降。

第四节　磨床的电气控制

在机械加工中，当对零件的表面粗糙度要求较高时，就需要用磨床进行加工，磨床是用砂轮的周边或端面对工件的表面进行机械加工的一种精密机床。磨床的种类很多，根据用途不同可分为平面磨床、内圆磨床、外圆磨床、无心磨床等。本节以 M7130 卧轴矩台平面磨床为例分析磨床的电气控制线路的构成、原理及常见故障的分析方法。

M7130 卧轴矩台平面磨床的作用是用砂轮磨削加工各种零件的平面。它操作方便，磨削精度和光洁度都比较高，适于磨削精密零件和各种工具，并可作镜面磨削。

一、M7130 卧轴矩台平面磨床的主要结构及运动形式

M7130 卧轴矩台平面磨床的表示方法如下：

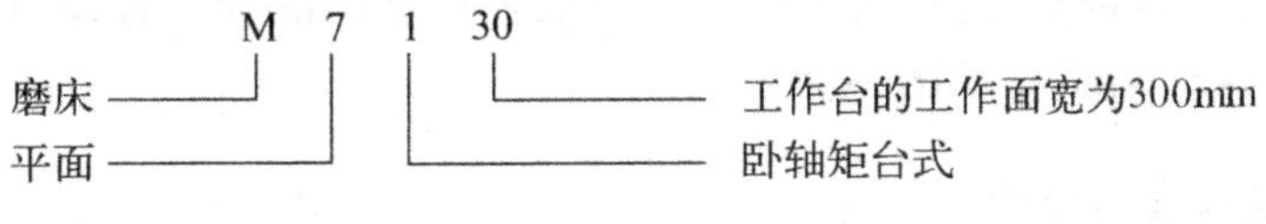

M7130 卧轴矩台平面磨床主要由床身、工作台、电磁吸盘、砂轮架（及磨头）、滑座和立柱等组成。图 4-7 为卧轴矩台平面磨床外形图。

主运动：砂轮的高速旋转。

进给运动：工作台的往复运动（纵向进给）、砂轮架的横向（前后）进给、砂轮架的升降运动（垂直进给）。

辅助运动：工件的夹紧、工作台的快速移动、工件的夹紧与放松、工件冷却。

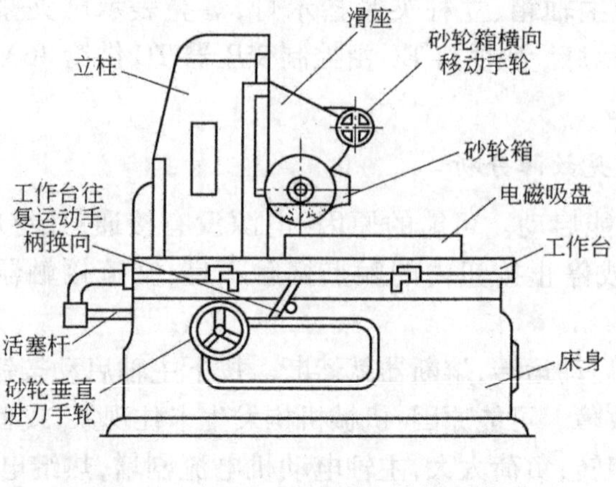

图 4-7　M7130 平面磨床结构示意图

二、电力拖动要求与控制特点

M7130 平面磨床采用多电机拖动,其中砂轮电动机拖动砂轮旋转,砂轮的旋转不需要调速,采用三相异步装入式电动机,将砂轮直接装在电动机轴上;液压电动机驱动液压泵,供出压力油,经液压传动机构来完成工作台往复纵向运动并实现砂轮的横向自动进给及承担工作台导轨的润滑;冷却泵电动机拖动冷却泵,供出磨削加工时需要的冷却液。

为适应磨削小工件需要,采用电磁吸盘来吸持工件,电磁吸盘有充磁和退磁控制环节。为保证安全,电磁吸盘与砂轮电动机、液压电动机有电气联锁关系。

平面磨床设有局部安全照明。

在箱形床身中装有液压传动装置,工作台通过活塞杆由油压驱动做往复运动,床身导轨有自动润滑装置进行润滑。工作台表面有 T 形槽,用以固定电磁吸盘,再用电磁吸盘来吸持加工工件。工作台往返运动的行程长度可通过调节装在工作台正面槽中的撞块的位置来改变。换向撞块是通过碰撞工作台往复运动换向手柄来改变油路方向,以实现工作台往复运动的。

在床身上固定有立柱,沿立柱的导轨上装有滑座,砂轮箱能沿滑座的水平导轨做横向移动。砂轮轴由装入式砂轮电动机直接拖动。在滑座内部往往也装有液压传动机构。

滑座可在立柱导轨上做上下垂直移动,并可由垂直进刀手轮操作。砂轮箱的水平轴向移动可由横向移动手轮操作,也可由液压传动做连续或间断横向移动,连续移动用于调节砂轮位置或整修砂轮,间断移动用于进给。

三、电气控制线路分析

(一) 主电路分析

电气控制线路如图 4-8 所示。主电路有三台电动机,M_1 为砂轮电动机,M_2 为冷却泵电动机,M_3 为液压泵电动机,它们使用一组熔断器 FU_1 作为短路保护,M_1、M_2 由热继电器 FR_1,M_3 由热继电器 FR_2 作过载保护。由于冷却泵箱和床体是分装的,所以冷却泵电动机 M_2 通过插接器 1XS 和砂轮电动机 M_1 的电源线相连,并和 M_1 在主电路实现顺序控制。冷却泵电动机容量小，没设过载保护；砂轮电动机 M_1 由接触器 KM_1 控制；液压泵电动机 M_3 由接触器 KM_2 控制。

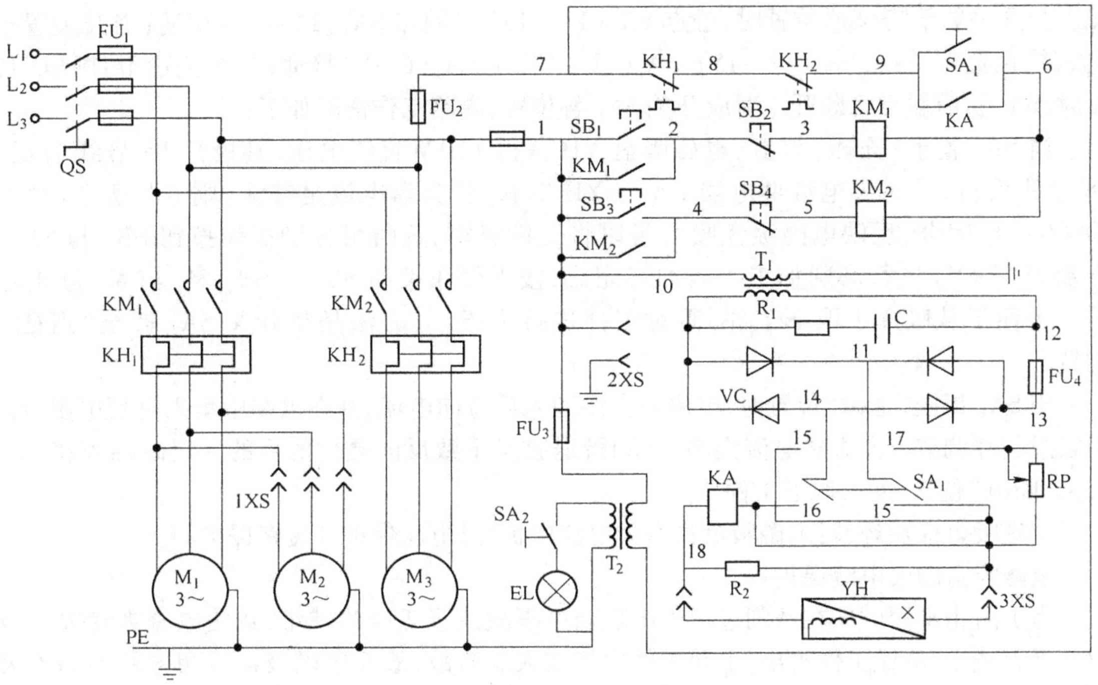

图 4-8　M7130 平面磨床电气控制原理图

（二）控制电路分析

控制电路采用 380 V 电压供电，由按钮 SB_1、SB_2 与接触器 KM_1 构成砂轮电动机启动、停止控制电路。由按钮 SB_3、SB_4 与接触器 KM_2 构成液压泵电动机启动、停止控制电路。在三台电动机控制电路中，串接着转换开关 SA_1 的常开触点和欠电流继电器 KA 的常开触点，因此，三台电动机启动的必要条件是 SA_1 或 KA 的常开触点闭合。即欠电流继电器 KA 通电吸合，触点 KA(6～9)闭合，或 YH 不工作，但转换开关 SA_1 置于“去磁”位置，触点 SA_1(6～9)闭合后方可进行。

（三）电磁吸盘控制电路

电磁吸盘的构造和原理：电磁吸盘外形有长方形和圆形两种。矩形平面磨床采用长方形电磁吸盘。电磁吸盘结构和工作原理如图 4-9 所示。

它的外壳由钢制箱体和盖板组成。在箱体内部均匀排列多个凸起的芯体上绕有线圈，盖板则采用非磁性材料隔离成若干个钢条。当线圈通入直流电后，凸起的芯体和隔离的钢条均被磁化形成磁极。当工件放在电磁吸盘上时，将被磁化而产生与磁盘相异的磁极并被吸住，即磁力线经由盖板、工件、盖板、吸盘体、芯体闭合，将工件牢牢吸住。

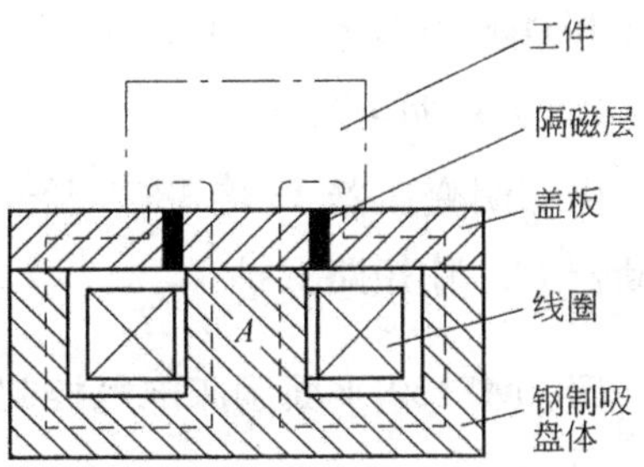

图 4-9　电磁吸盘原理图

电磁吸盘电路由整流装置、控制装置及保护装置等部分组成。

电磁吸盘整流装置由整流变压器 T_1 与桥式全波整流器 VC 组成，输出 110 V 直流电压对电磁吸盘供电。电磁吸盘集中由转换开关 SA_1 控制。SA_1 有三个位置：充磁、断电与去磁。当开关置于“充磁”位置时，触点 SA_1（11～15）与触点 SA_1（14～16）接通；当开关置于“去磁”位置时，触点 SA_1（14～15）、SA_1（11～17）及 SA_1（6～9）接通；当开关置于“断电”位置时，SA_1 所有触点都断开。对应开关 SA_1 各位置，电路工作情况如下：

当 SA_1 置于“充磁”位置，电磁吸盘 YH 获得 110 V 直流电压，其极性 15 号线为正，18 号线为负，同时欠电流继电器 KA 与 YH 串联，若吸盘电流足够大，则 KA 动作，触点 KA（6～9）闭合，反映电磁吸盘吸力足以将工件吸牢，这时可分别操作按钮 SB_1 与 SB_3，启动 M_1 与 M_2 进行磨削加工。当加工完成，按下停止按钮 SB_2 与 SB_4，M_1 与 M_2 停止旋转。为便于从吸盘上取下工件，需对工件进行去磁，其方法是将开关 SA_1 扳至“退磁”位置。

当 SA_1 扳至“退磁”位置时，电磁吸盘中通入反方向电流，并在电路中串入可变电阻 R_2，用以限制并调节反向去磁电流大小，达到既退磁又不致反向磁化的目的。退磁结束将 SA_1 扳到“断电”位置，便可取下工件。

电磁吸盘保护环节：电磁吸盘具有欠电流保护、过电压保护及短路保护等。

电磁吸盘的欠电流保护：

为了防止平面磨床在磨削过程中出现断电事故或吸盘电流减小，致使电磁吸盘失去吸力或吸力减小，造成工件飞出，引起工件损坏或人身事故，故在电磁吸盘线圈电路中串入欠电流继电器 KA，只有当直流电压符合设计要求，吸盘具有足够吸力时，KA 才吸合，触点 KA（6～9）闭合，为启动 M_1、M_2 进行磨削加工作准备。否则不能开动磨床进行加工；若已在磨削加工中，则 KA 因电流过小而释放，触点 KA（6～9）断开，KM_1、KM_2 线圈断电，M_1、M_2 立即停止旋转，避免事故发生。

电磁吸盘线圈的过电压保护：

电磁吸盘匝数多，电感大，通电工作时储有大量磁场能量。当线圈断电时，在线圈两端将产生高电压，若无放电回路，将使线圈绝缘及其他电器设备损坏。为此，在吸盘线圈两端应设置放电装置，以吸收断开电源后放出的磁场能量。该机床在电磁吸盘两端并联了电阻 R_3，作为放电电阻。

电磁吸盘的短路保护：

在整流变压器 T_1 二次侧或整流装置输出端装有熔断器作短路保护。

此外，在整流装置中还设有 R、C 串联电路并联在 T_1 二次侧，用以吸收交流电路产生过电压和直流侧电路通断时在 T_1 二次侧产生浪涌电压，实现整流装置的过电压保护。

（四）照明电路

由照明变压器 T_2 将 380 V 降为 36 V，并由开关 SA_2 控制照明灯 EL。在 T_2 一次侧装有熔断器 FU_3 作短路保护。

四、M7130 平面磨床电气控制线路常见故障与处理方法

平面磨床电气控制特点是采用了可吸持工件的电磁吸盘，所以常见故障是电磁吸盘控

制电路。

M7130 平面磨床电气控制线路常见故障与处理方法见表 4-4。

表 4-4　M7130 平面磨床电气控制线路常见故障与处理方法

故障现象	故障分析	处理方法
电磁吸盘没有吸力	1. 三相交流电源是否正常，熔断器 FU_1、FU_2 与 FU_4 是否熔断或接触不良； 2. 插接器 3XS 接触是否良好； 3. 电流继电器 KA 线圈是否断开，吸盘线圈是否断路等	1. 使用万用表测电压，测量熔断器 FU_1、FU_2 与 FU_4 是否熔断，并予以修复； 2. 检查插接器 3XS 是否良好并予以修复； 3. 测量电流继电器 KA 线圈、吸盘线圈是否损坏，并予以修复
电磁吸盘吸力不足	1. 整流电路输出电压不正常，负载时不低于 110 V； 2. 电磁吸盘损坏	1. 测量电压是否正常，找出故障点并予以修复； 2. 检查线圈是否短路或断路，更换线圈，处理好线圈绝缘
电磁吸盘退磁效果差	1. 退磁控制电路断路； 2. 退磁电压过高	1. 检查转换开关 SA_1 接触是否良好，退磁电阻 RP 是否损坏，并予以修复； 2. 检查退磁电压（5～10 V）并予以修复
三台电动机都不运转	1. 电流继电器 KA 是否吸合，其触点（6～9）是否闭合或接触不良； 2. 转换开关 SA_1（6～9）是否接通； 3. 热继电器 FR_1、FR_2 是否动作或接触不良	1. 检查电流继电器 KA 触点（6～9）是否良好，并予以修复或更换； 2. 检查转换开关 SA_1（6～9）是否良好或扳到退磁位置，检查 SA_1（6～9）触点情况，并予以修复； 3. 检查热继电器 FR_1、FR_2 是否动作或接触不良，并复位或修复

第五节　铣床的电气控制

万能铣床是一种通用的多用途机床，它可以用圆柱铣刀、圆片铣刀、角度铣刀、成型铣刀及端面铣刀等刀具对各种零件进行平面、斜面、螺旋面及成型表面的加工，还可以加装万能铣头、分度头和圆工作台等机床附件来扩大加工范围。

铣床的种类很多，按照结构形式和加工性能的不同，可分为立式铣床、卧式铣床、龙门铣床、仿形铣床和专用铣床等。

常用的万能铣床有两种，一种是 X62W 型万能铣床，铣头水平方向放置；另一种是 X52K 型立式万能铣床，铣头垂直方向放置。这两种铣床在结构上大体相同，工作台进给方式、主轴变速等都一样，电气控制线路经过系列化以后也基本一样，差别在于铣头的放置方向不同。

本节以 X62W 型卧式万能铣床为例，分析铣床对电气传动的要求、电气控制线路的构成、工作原理及故障分析。

一、X62W 型卧式万能铣床的主要结构及运动形式

X62W 型卧式万能铣床主要由底座、床身、悬梁、主轴、刀杆支架、工作台、回转盘、横溜板和升降台等部分组成。图 4-10 所示是其外形图、结构、运动形式。

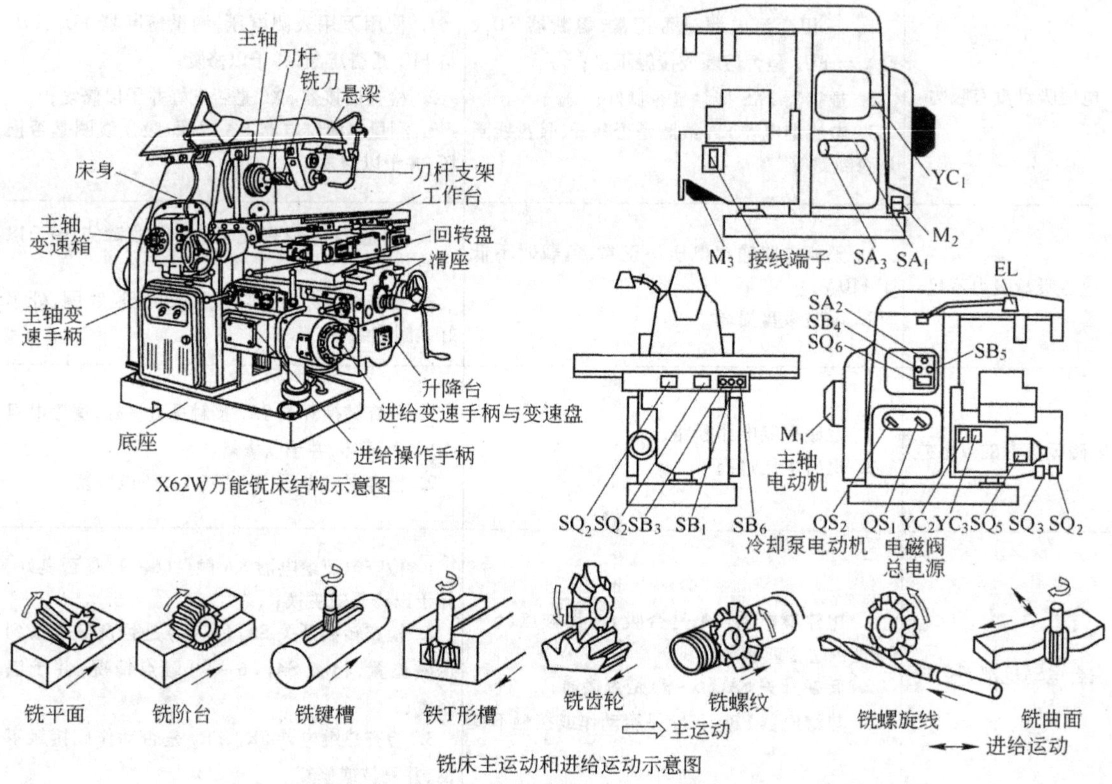

图 4-10 X62W 万能铣床外形图、运动形式、结构

X62W 万能铣床型号意义如下：

X 6 2 W

铣床——X；卧式——6；2号工作台（用0、1、2、3、4表示工作台台面宽度）——2；万能——W

X62W 万能铣床的主运动是主轴带动铣刀的旋转运动。

X62W 万能铣床的进给运动是指工件随工作台在前后、左右和上下六个方向上的运动以及椭圆形工作台的旋转运动。

X62W 万能铣床的辅助运动包括工作台的快速运动及主轴和进给的变速冲动。

二、电力拖动要求与控制特点

铣削加工有顺铣和逆铣两种加工方式，所以要求主轴电动机能正转和反转，但考虑到在大多数情况下一批或多批工件只用一个方向铣削，在加工过程中不需要变换主轴旋转的方向，因此用组合开关来控制主轴电动机的正转和反转。

铣削加工是一种不连续的切削加工方式，为减小振动，主轴上装有惯性轮，但这样会造成主轴停车困难，为此主轴电动机采用电磁离合器制动以实现准确停车。

铣削加工过程中需要主轴调速，采用改变变速箱的齿轮传动比来实现，主轴电动机不需要调速。

铣床的工作台要求有前后、左右和上下六个方向上的进给运动和快速移动，所以要求进给电动机能正反转。为扩大加工能力，在工作台上可加装圆形工作台，圆形工作台的回转运动由进给电动机经传动机构驱动。

为了保证机床和刀具的安全，在铣削加工时，任何时刻工件都只能有一个方向的进给运动，因此采用机械操作手柄和行程开关相配合的方式实现六个运动方向的联锁。

为防止刀具和机床的损坏，要求只有主轴旋转后，才允许有进给运动；同时为了减小加工件的表面粗糙度，要求进给停止后，主轴才能停止或同时停止。

进给变速采用机械方式实现，进给电动机不需要调速。

工作台的快速运动是指工作台在前后、左右和上下六个方向之一上的快速移动。它是通过快速移动电磁离合器的吸合，改变机械传动链的传动比实现的。

为保证变速后齿轮能良好啮合，主轴和进给变速后，都要求电动机做瞬时点动，即变速冲动。

三、电气控制线路分析

X62W 万能铣床的电气控制线路如图 4-11 所示。

（一）主电路分析

X62W 主电路共有三台电动机。主轴电动机 M_1，主要是拖动主轴带动铣刀旋转，由接触器 KM_1、组合开关 SA_3 控制，用 FR_1 和 FU_1 分别进行过载保护和短路保护。

进给电动机 M_2，主要是拖动进给运动和快速移动，由接触器 KM_3、KM_4 控制，用 FR_2、FU_2 分别进行过载保护和短路保护。

冷却泵电动机 M_3，主要是供应冷却液，由手动开关 QS_2 控制，用 FR_3、FU_3 分别进行过载保护和短路保护。

（二）控制电路分析

控制电路的电源由控制变压器 TC 输出 110 V 电压供电。

1. 主轴电动机 M_1 的控制

为方便操作，主轴电动机 M_1 采用两地控制方式，一组启动控制按钮 SB_1 和停车按钮 SB_5 安装在工作台上，另一组启动按钮 SB_2 和停止按钮 SB_6 安装在床身上。

（1）主轴电动机 M_1 的启动。选择好主轴的转速，合上电源开关 QS_1，再把主轴换向开关 SA_3 扳到所需的转向→按下启动按钮 SB_1 或 SB_2→KM_1 线圈得电→主触头闭合、自锁触头闭合→M_1 启动运转。同时 KM_1 的辅助常开触头(9～10)闭合，为工作台进给电路提供电源。SA_3 的位置及动作说明如表 4-5 所示。

（2）主轴电动机 M_1 的制动。按下停车按钮 SB_5 或 SB_6→SB_5 或 SB_6 常闭触头先分断→KM_1 线圈失电，触头复位→M_1 惯性运转→SB_5 或 SB_6 常开后闭合→电磁离合器线圈 YC_1 得电→M_1 制动停转。

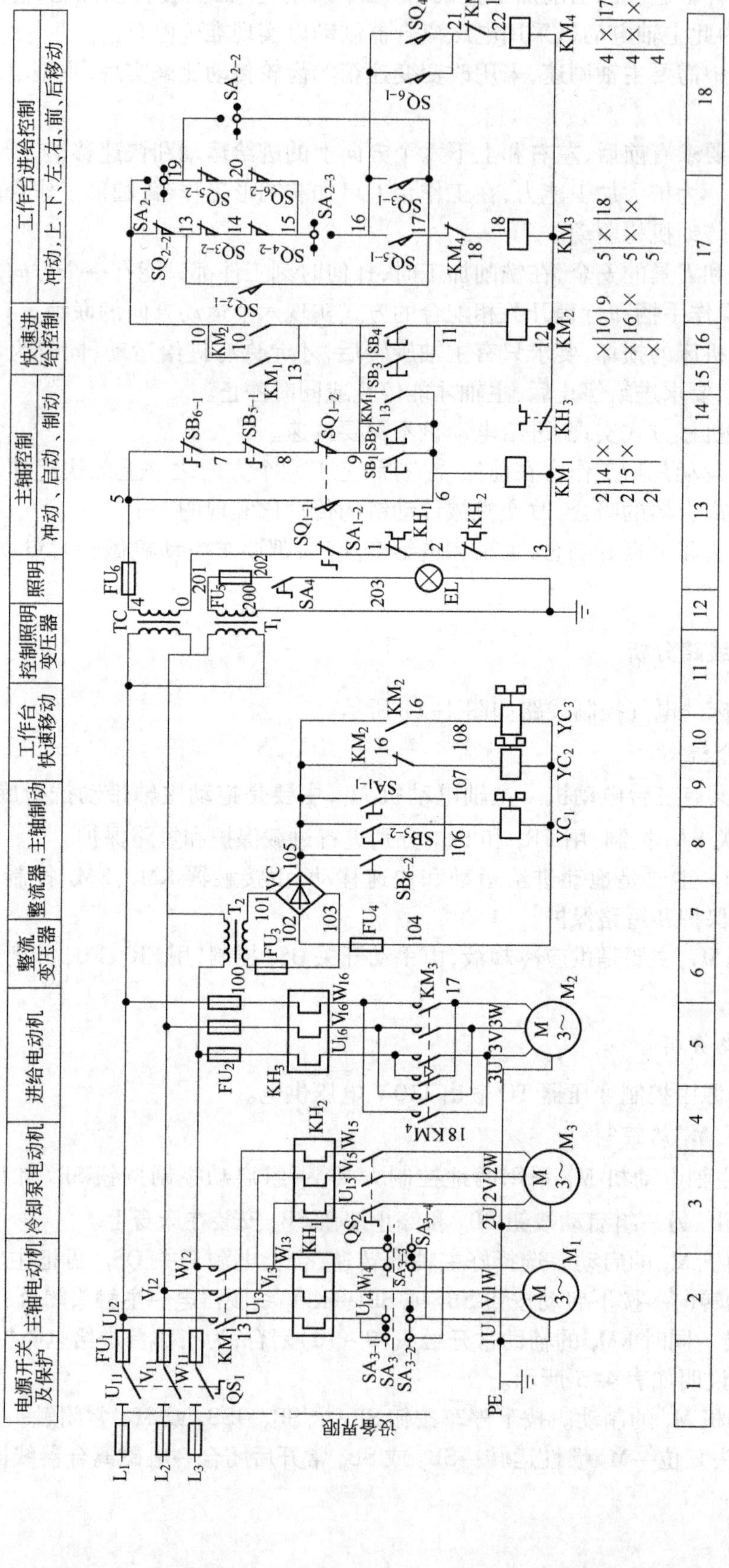

图 4-11　X62W 万能铣床电气控制线路图

表 4-5　主轴换向开关 SA_3 的位置及动作说明

位　置	正　转	停　止	反　转
SA-1	-	-	+
SA-2	+	-	-
SA-3	+	-	-
SA-4	-	-	+

（3）主轴的换刀。M_1 停转后并不处于制动状态，主轴仍可自由转动。在主轴更换铣刀时，为避免主轴转动，造成更换困难，应将主轴制动。将转换开关 SA_1 扳到换刀位置→SA_{1-1} 闭合（18 区）→电磁离合器 YC_1 线圈得电→主轴处于制动状态以方便换刀。同时 SA_{1-2}（13 区）断开，切断控制电路，铣床无法运行，保证了人身安全。

（4）主轴变速时的冲动控制。X62W 万能铣床主轴变速操纵箱装在床身左侧窗口上，主轴变速由一个变速手柄和一个变速盘来控制，如图 4-12 所示。主轴变速时的冲动控制，是利用变速手柄与冲动位置开关 SQ_1 通过机械联动机构进行控制的。变速时，先把变速手柄下压，使手柄的榫块从定位槽中脱出，然后向外拉动手柄使榫块落入第二道槽内，使齿轮组脱离啮合。传动变速盘选定转速后，把手柄推回原位，使榫块重新落进槽内，使齿轮组重新啮合。变速时为了使齿轮容易啮合，手柄推进时，会推动一下位置开关 SQ_1，使其瞬间动作，带动电动机 M_1 瞬间启动。电动机 M_1 的瞬间启动，使齿轮系统抖动，在齿轮系统抖动时刻，将变速手柄先快后慢地推进，齿轮便顺利地啮合。当瞬间点动过程中齿轮系统没有实现良好啮合时，可以重复上述过程直到啮合为止。变速前应先停车。

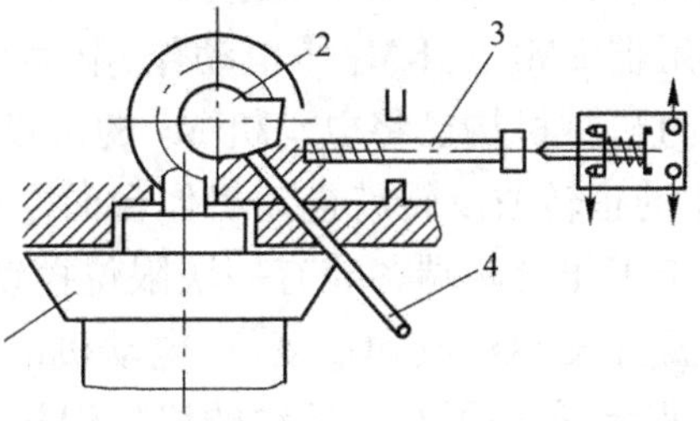

图 4-12　X62W 主轴变速冲动控制示意图
1—变速盘；2—凸轮；3—弹簧杆；4—变速手柄

2. 进给电动机 M_2 的控制

工作台的进给运动在主轴启动后方可进行。工作台的进给可在 3 个坐标的 6 个方向运动，即工作台在回转盘上的左右运动；工作台与回转盘一起在溜板上和溜板一起前后运动；升降台在床身的垂直导轨上做上下运动。进给运动是通过两个操纵手柄和机械联动机构控制相应的位置开关使进给电动机 M_2 正转或反转来实现的，并且 6 个方向的运动是联锁的，不能同时接通。

A　工作台前后、左右、上下六个方向上的进给运动

工作台的前后和上下进给运动由一个手柄控制，左右进给运动由另一个手柄控制。手柄位置与工作台运动方向的关系见表 4-6。

表 4-6　手柄位置与工作台运动方向的关系

控制手柄	手柄位置	行程开关动作	接触器动作	电动机 M_2 转向	传动链搭合丝杠	工作台运动方向
左右进给手柄	左	SQ_5	KM_3	正转	左右进给丝杠	向　左
	中	—	—	停止	—	停　止
	右	SQ_6	KM_4	反转	左右进给丝杠	向　右

续表 4-6

控制手柄	手柄位置	行程开关动作	接触器动作	电动机 M_2 转向	传动链搭合丝杠	工作台运动方向
上下和前后进给手柄	上	SQ_4	KM_4	反转	上下进给丝杠	向　上
	下	SQ_3	KM_3	正转	上下进给丝杠	向　下
	中	—	—	停止	—	停　止
	前	SQ_3	KM_3	正转	前后进给丝杠	向　前
	后	SQ_4	KM_4	反转	前后进给丝杠	向　后

工作台的左右移动控制：将左右进给手柄扳向左或右时，手柄压下位置开关 SQ_5 或 SQ_6，使其常闭触头 SQ_{5-3} 或 SQ_{6-2}（17 区）分断，常开触头 SQ_{5-1}（17 区）或 SQ_{6-1}（18 区）闭合，接触器 KM_3 或 KM_4 得电动作，电动机 M_2 正转或反转。由于在 SQ_5 或 SQ_6 被压合的同时，通过机械机构已将电动机 M_2 的传动链与工作台下面的左右进给丝杠相搭合，所以电动机 M_2 的正转或反转就拖动工作台向左或向右运动。当工作台向左或向右进给到极限位置时，由于工作台两端各装有一块限位挡铁，所以挡铁碰撞手柄连杆使手柄自动复位到中间位置，位置开关 SQ_5 或 SQ_6 复位，电动机的传动链与左右丝杠脱离，电动机 M_2 停转，工作台停止了进给，实现了左右运动的终端保护。

工作台的上下和前后进给由上下和前后进给手柄控制，其控制过程与左右进给相似，读者自行分析。

通过以上分析可知，两个操作手柄被置于某一方向后，只能压下四个行程开关 SQ_3、SQ_4、SQ_5、SQ_6 中的一个开关，接通电动机 M_2 正转或反转回路，同时通过机械机构将电动机的传动链与三根丝杠（左右丝杠、上下丝杠、前后丝杠）中的一根丝杠相搭合，拖动工作台沿选定的进给方向运动，而不会沿其他方向运动。

B　左右进给与上下前后进给的联锁控制

在控制进给的两个手柄中，当其中的一个操作手柄被置定在某一进给方向后，另一个操作手柄必须置于中间位置，否则将无法实现任何进给运动。这是因为在控制电路中对两者实行了联锁保护。如当把左右进给手柄扳向左时，若又将另一个进给手柄扳到向下进给方向，则行程开关 SQ_5 和 SQ_3 均被压下，常闭触头 SQ_{5-2} 和 SQ_{3-2} 均分断，断开了接触器 KM_3 和 KM_4 的通路，从而使电动机 M_2 停转，保证了操作安全。

C　进给变速时的瞬时点动

进给变速也需要和主轴变速一样，进行变速后的瞬时点动。进给变速时，必须先把进给操纵手柄放在中间位置，然后将进给变速盘（在升降台前面）向外拉出，选择好速度后，再将变速盘推进去。在操纵手柄推进的过程中，挡块压下行程开关 SQ_2，使触头 SQ_{2-2} 分断，SQ_{2-1} 闭合，接触器 KM_3 得电动作，电动机 M_2 启动；但随着变速盘复位，行程开关 SQ_2 跟着复位，使 KM_3 断电释放，M_2 失电停转。这样使电动机 M_2 瞬时点动一下，齿轮系统产生一次抖动，齿轮便顺利啮合了。

D　工作台的快速移动控制

快速移动是通过两个进给操作手柄和快速移动按钮 SB_3 或 SB_4 配合实现的。安装好工件后，扳动进给操作手柄选定进给方向，按下快速移动按钮 SB_3 或 SB_4（两地控制），接触器

KM_2 得电，KM_2 常闭触头（9 区）分断，电磁离合器 YC_2 失电，将齿轮传动链与进给丝杠分离；KM_2 两对常开触头闭合，一对使电磁离合器 YC_3 得电，将电动机 M_2 与进给丝杠直接搭合；另一对使接触器 KM_3 或 KM_4 得电动作，电动机 M_2 得电正转或反转，带动工作台沿选定的方向快速移动。由于工作台的快速移动采用的是点动控制，故松开 SB_3 或 SB_4，快速移动停止。

E　圆形工作台的控制

圆形工作台的工作由转换开关 SA_2 控制。当需要圆形工作台旋转时，将开关 SA_2 扳到接通位置，SA_{2-1} 断开、SA_{2-2} 断开、SA_{2-3} 闭合，接触器 KM_3 线圈得电，电动机 M_2 启动，通过一根专用轴带动圆形工作台做旋转运动。

当不需要圆形工作台旋转时，转换开关 SA_2 扳到断开位置，这时触头 SA_{2-1} 和 SA_{2-3} 闭合，触头 SA_{2-2} 断开，工作台在六个方向上正常进给，圆形工作台不能工作。

圆形工作台转动时其余进给一律不准运动，两个进给手柄必须置于零位。若出现误操作，扳动两个进给手柄中的任意一个，则必然压合行程开关 SQ_3 ~ SQ_6 中的一个，使电动机停止转动。圆形工作台加工不需要调速，也不要求正反转。

（三）冷却泵及照明电路分析

主轴电动机 M_1 和冷却泵电动机 M_3 采用的是顺序控制，即只有在主轴电动机 M_1 启动后，冷却泵电动机 M_3 才能启动。冷却泵电动机 M_3 由手动开关 QS_2 控制。

机床照明由变压器 T_1 供给 24 V 的安全电压，由开关 SA_4 控制。熔断器 FU_5 作照明电路的短路保护。

四、常见电气故障

（1）主轴电动机不能启动。可能的原因：主轴换向开关打在停止位置；控制电路熔断器 FU_1 熔丝熔断；按钮 SB_1、SB_2、SB_5、SB_6 的触点接触不良或接线脱落；热继电器 FR_1 已动作过，未能复位；主轴变速冲动开关 SQ_1 的常闭触点不通；接触器 KM_1 线圈及主触点损坏或接线脱落。

（2）主轴不能变速冲动。可能的原因：主轴变速冲动行程开关 SQ_1 位置移动、撞坏或断线。

（3）工作台不能进给。可能的原因：接触器 KM_3、KM_4 线圈及主触点损坏或接线脱落；行程开关 SQ_3、SQ_4、SQ_5、SQ_6 的常闭触点接触不良或接线脱落；热继电器 FR_3 已动作，未能复位；进给变速冲动开关 SQ_2 常闭触点断开；两个操作手柄都不在零位；电动机 M_2 已损坏；选择开关 SA_2 损坏或接线脱落。

（4）进给不能变速冲动。可能的原因：进给变速冲动开关 SQ_2 位置移动、撞坏或断线。

（5）工作台不能快速移动。可能的原因：快速移动的按钮 SB_3 或 SB_4 的触点接触不良或接线脱落；接触器 KM_2 线圈及触点损坏或接线脱落；快速移动电磁铁 YC_3 损坏。

第六节　镗床的电气控制

镗床是一种精密加工机床，主要用于加工精确度高的孔，以及各孔间距离要求较为精确的零件，例如一些箱体零件的机床变速箱、主轴箱等，往往需要加工数个尺寸不同的孔，这些孔尺寸大，精度要求高，且孔的轴心线之间有严格的同轴度、垂直度、平行度与距离的精确性等要求，这些都是钻床难以胜任的。由于镗床本身刚性好，其可动部分在导轨上活动间隙很小，且有附加支撑，故能满足上述要求。

镗床除镗孔外，在万能镗床上还可以进行钻孔、铰孔、扩孔；用镗轴或平旋盘铣削平面；加上车螺纹附件后，还可以车削螺纹；装上平旋盘刀架可加工大的孔径、端面和外圆。因此，镗床工艺范围广、调速范围大、运动多。

按用途不同，镗床可分为卧式镗床、立式镗床、坐标镗床、金刚镗床和专门化镗床等。下面以 T68 镗床为例进行分析。

一、主要结构及运动形式

T68 卧式镗床主要由床身、前立柱、镗头架、主轴、平旋盘、工作台和后立柱等部分组成。结构如图 4-13 所示。

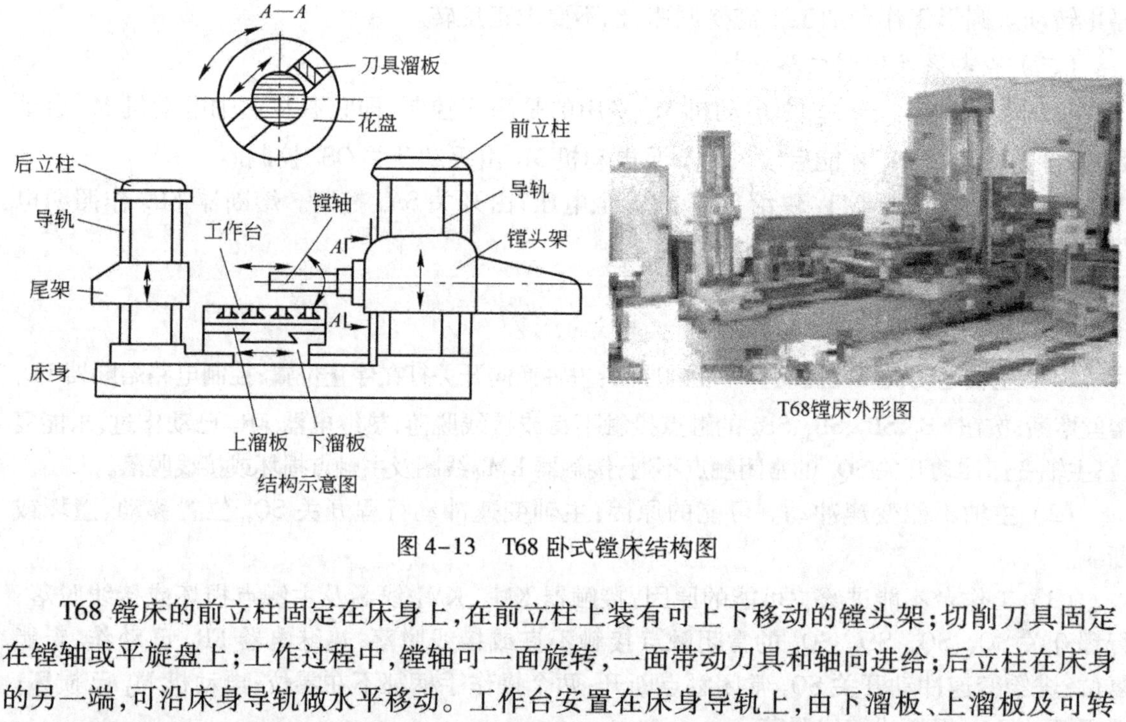

结构示意图　　T68镗床外形图

图 4-13　T68 卧式镗床结构图

T68 镗床的前立柱固定在床身上，在前立柱上装有可上下移动的镗头架；切削刀具固定在镗轴或平旋盘上；工作过程中，镗轴可一面旋转，一面带动刀具和轴向进给；后立柱在床身的另一端，可沿床身导轨做水平移动。工作台安置在床身导轨上，由下溜板、上溜板及可转动的工作台组成，工作台可平行于（纵向）或垂直于（横向）镗轴轴线的方向移动，并可绕工作台中心回转。

T68 镗床的主运动是镗轴或平旋盘的旋转运动。

进给运动是主轴和平旋盘的轴向进给，镗头架的垂直进给以及工作台的横向和纵向进给。

辅助运动是工作台的旋转运动、后立柱的水平移动和尾架的垂直移动。

T68 镗床的型号意义如下：

T 6 8

- T：镗床
- 6：卧式
- 8：镗床直径80mm

二、电力拖动要求与控制特点

(1) 主轴旋转与进给量都有较大的调速范围，主运动与进给运动由一台电动机拖动，为简化传动机构采用双速笼型异步电动机。

(2) 由于各种进给运动都有正反不同方向的运转，故主轴电动机要求正、反转。

(3) 为满足调整工作需要，主电动机应能实现正、反转的点动控制。

(4) 保证主轴停车迅速、准确，主电动机应有制动停车环节。

(5) 主轴变速与进给变速可在主电动机停车或运转时进行。为便于变速时齿轮啮合，应有变速低速冲动过程。

(6) 为缩短辅助时间，各进给方向均能快速移动，配有快速移动电动机拖动，采用快速电动机正、反转的点动控制方式。

(7) 主电动机为双速电机，有高、低两种速度供选择，高速运转时应先经低速启动。

(8) 由于运动部件多，应设有必要的联锁与保护环节。

三、电气控制线路分析

T68 镗床电气控制线路如图 4-14 所示。图中 M_1 为主电动机，用以实现机床的主运动和进给运动；M_2 为快速移动电动机，用以实现主轴箱、工作台的快速移动。前者为双速电动机，功率为 5.5kW，转速为 1460/2880r/min；后者功率 2.5kW，转速 1460r/min。整个控制电路由主轴电动机正反转启动旋转与正反转点动控制环节、主轴电动机正反转停车制动环节、主轴变速与进给变速时的低速运转环节工作台的快速移动控制及机床的联锁与保护环节等组成。图中 SQ_1 用于主电动机变速，SQ_2 用于变速联锁，SQ_3 用于主轴与平旋盘进给联锁，SQ_4 用于工作台与主轴箱进给联锁，SQ_5 快速移动正转控制、SQ_6 快速移动反转控制。

(一) 主电动机的正、反转控制

(1) 主电动机正反转点动控制。由正反转接触器 KM_1、KM_2 与正反转点动按钮 SB_3、SB_4 组成主电动机 M_1 正反转点动控制电路。此时电动机定子绕组三角形连接进行低速点动。

(2) 主电动机正反向低速旋转控制。由正反转启动按钮 SB_2、SB_5 与正反转接触器 KM_1、KM_2 构成主电动机正反转启动电路。当选择主电动机低速旋转时，应将主轴速度选择手柄置于低速挡位，此时经速度选择手柄联动机构使高低速行程开关 SQ_1 处于释放状态，其触点 SQ_1(14～16)处于断开状态。此时若按下 SB_2 或 SB_5 时→KM_3 与 KM_1 或 KM_2 通电吸合，主电动机定子绕组联结成三角形，在全压下直接启动获得低速旋转。

(3) 主电动机高速正反转的控制→当需主电动机高速启动旋转时，将主轴速度选择手柄置于高速挡位，此时速度选择手柄经联动机构将行程开关 SQ_1 压下，触点 SQ_1(14～16)闭合、(14～15)断开。按下启动按钮 SB_2 或 SB_5→KT 与 KM_1 或 KM_2 通电吸合→KM_3 通电吸合→电动机 M_1 定子绕组联结成三角形，在全压下直接启动获得低速旋转→在低速 D 形联结启动并经 3s 左右的延时→KT 延时断开的触点 KT(16～17)断开，主电动机低速转动接触器 KM_3 断电释放→KT 延时闭合的触点 KT(16～19)闭合→高速转动接触器 KM_4、KM_5 通电吸合→主电动机 M_1 定子绕组连接成 YY 形→主电动机由低速旋转转为高速旋转，实现电动机按低速挡启动再自动换接成高速挡运转的自动控制。

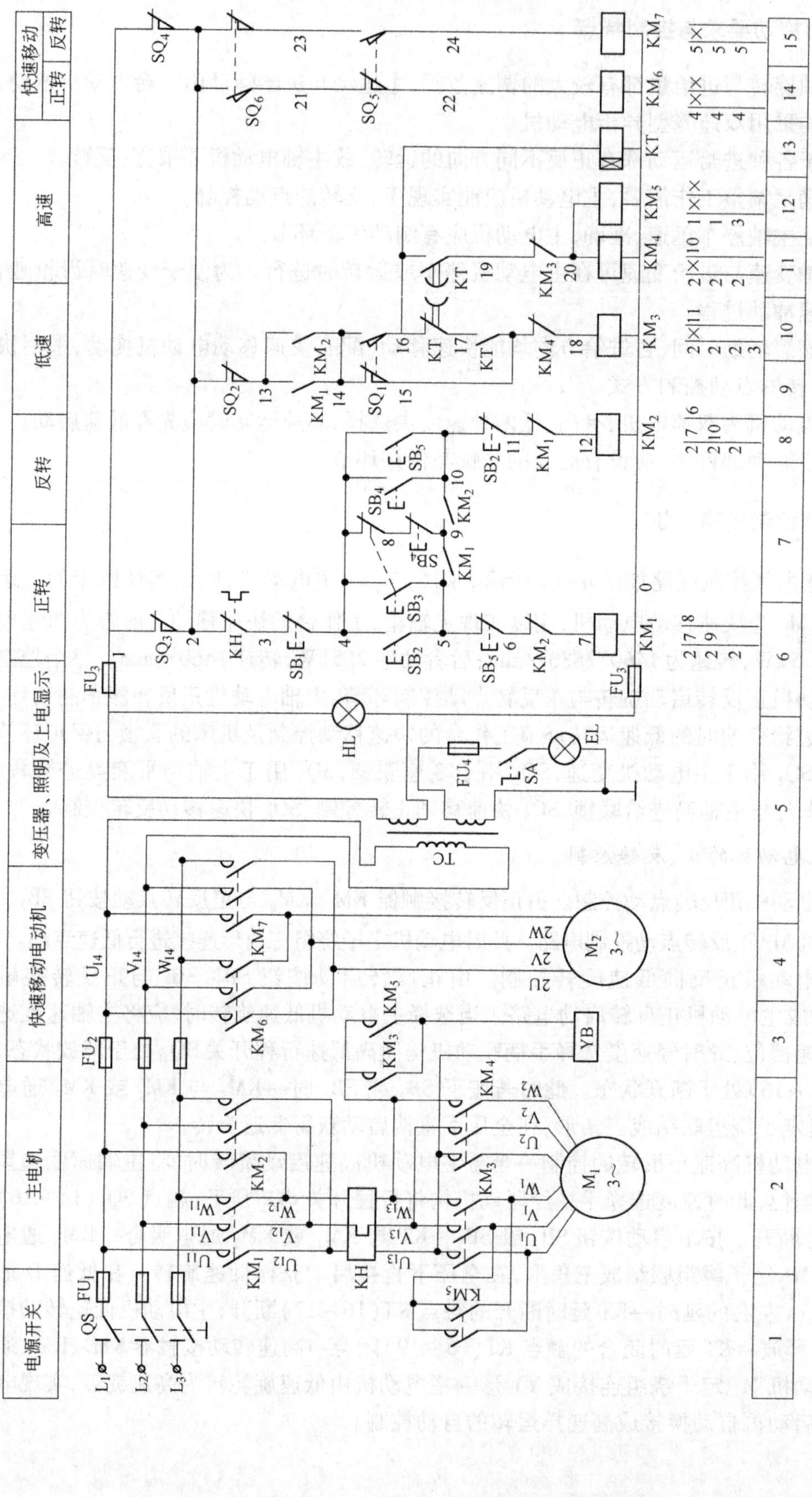

图4-14　T68镗床电气控制线路图

(二) 主电动机停车与制动的控制

主电动机 M_1 在运行中可按下停止按钮 SB_1 实现主电动机的停车与制动。按下停车按钮 SB_1→控制电路失电→接触器 KM_1 或 KM_2、KM_3 或 KM_4、KM_5 失电释放→触头复位→电磁离合器 YB 失电→制动电动机。

(三) 主电动机在主轴变速与进给变速时的连续低速冲动控制

T68 型卧式镗床的主轴变速与进给变速既可在主轴电动机停车时进行,也可在电动机运行时进行。变速时为便于齿轮的啮合,主电动机运行在连续低速工作状态。

主轴变速时,首先将变速操纵盘上的操纵手柄拉出,然后转动变速盘,选好速度后,再将变速手柄推回。在拉出或推回变速手柄的同时,与其联动的行程开关 SQ_2 相应动作。在手柄拉出时 SQ_2 受压,当手柄推回时,SQ_2 不受压。

主电动机在运行中如需变速,将变速孔盘拉出,此时 SQ_2 受压,触点 SQ_2(2～13)断开,使接触器 KM_3 或 KM_4、KM_5、KT 断电释放→主触点断开→电磁离合器 YB 失电→主电动机无论工作在正转或反转状态,都因 KM_3 或 KM_4\KM_5 断电释放而停止旋转→变速完毕后,将变速孔盘推进,此时 SQ_2 不受压,触点 SQ_2(2～13)闭合→此时,无论主电动机原运行于低速或高速→KM_3 线圈得电→主电动机 M_1 定子绕组三角连接,低速运行。若主电动机原运行于高速,KT 线圈与 KM_3 线圈同时得电→延时后→KT 延时断开的触点 KT(16～17)断开,主电动机低速转动接触器 KM_3 断电释放→KT 延时闭合的触点 KT(16～19)闭合→高速转动接触器 KM_4、KM_5 通电吸合→主电动机 M_1 定子绕组连接成 YY 形→主电动机由低速旋转转为高速旋转。

进给变速时主电动机继续低速冲动控制情况与主轴变速相同,只不过此时操作的是进给变速手柄。

(四) 镗头架、工作台快速移动的控制

机床各部件的快速移动,由快速移动操作手柄控制,由快速移动电动机 M_2 拖动。运动部件及其运动方向的选择由装设在工作台前方的手柄操纵。快速操作手柄有“正向”、“反向”、“停止”3 个位置。在“正向”与“反向”位置时,将压下行程开关 SQ_5 或 SQ_6,使接触器 KM_6 或 KM_7 线圈通电吸合,实现 M_2 电动机的正反转,再通过相应的传动机构使预先的运动部件按选定方向做快速移动。当快速移动控制手柄置于“停止”位置时,行程开关 SQ_5、SQ_6 均不受压,接触器 KM_6 或 KM_7 处于断电释放状态,M_2 电动机停止旋转,快速移动结束。

(五) 机床的联锁保护

由于 T68 型镗床运动部件较多,为防止机床或刀具损坏,保证主轴进给和工作台进给不能同时进行,为此设置了两个锁保护行程开关 SQ_3 与 SQ_4。其中 SQ_4 是与工作台和镗头架自动进给手柄联动的行程开关,SQ_3 是与主轴和平旋盘刀架自动进给手柄联动的行程开关。将行程开关 SQ_3、SQ_4 的常闭触点并联后串接在控制电路中,当两种进给运动同时选择时,SQ_3、SQ_4 都被压下,其常闭触点断开,将控制电路切断,于是两种进给都不能进行,实现联锁保护。

第七节　桥式起重机电气控制线路

起重机是一种用来吊起或放下重物并使重物在短距离内水平移动的起重设备。起重设备按结构分为桥式、塔式、门式、旋转式和缆索式等。不同结构的起重设备分别应用于不同的场所，如建筑工地使用塔式起重机；码头、港口使用旋转式起重机；生产车间使用桥式起重机；车站货场使用门式起重机。

桥式起重机一般通称行车或天车。常见的桥式起重机有5 t、10 t单钩及15/3 t、20/5 t双钩等几种。

本课题以20/5 t双钩，主钩(20 t)和副钩(5 t)桥式起重机为例，分析起重设备的电气控制线路。

一、主要结构及运动形式

桥式起重机的结构示意图如图4-15所示。

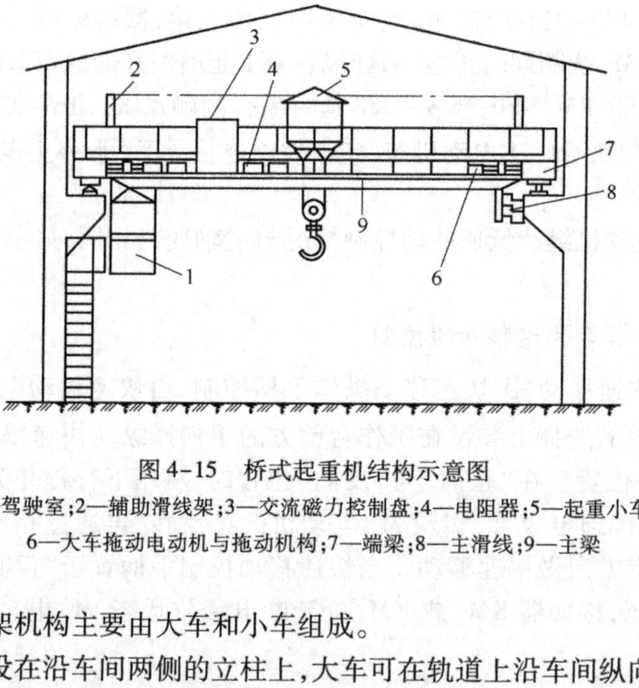

图4-15　桥式起重机结构示意图

1—驾驶室；2—辅助滑线架；3—交流磁力控制盘；4—电阻器；5—起重小车；6—大车拖动电动机与拖动机构；7—端梁；8—主滑线；9—主梁

桥式起重机桥架机构主要由大车和小车组成。

大车的轨道敷设在沿车间两侧的立柱上，大车可在轨道上沿车间纵向移动；大车上装有小车轨道，供小车横向移动；主钩和副钩都装在小车上，主钩用来提升重物，副钩除可提升轻物外，还可以协同主钩完成工件吊运，但不允许主、副钩同时提升两个物件。当主、副钩同时工作时，物件的重量不允许超过主钩的额定起重量。这样，桥式起重机可以在大车能够行走的整个车间范围内进行起重运输。

20/5 t桥式起重机采用三相交流电源供电，由于起重机工作时经常移动，因此需采用可移动的电源供电。小型起重机常采用软电缆供电，软电缆可随大、小车的移动而伸展和叠卷。大型起重机一般采用滑触线和集电刷供电。三根主滑触线沿着平行于大车轨道的方向敷设在车间厂房的一侧。三相交流电源经由主滑触线和集电刷引入起重机驾驶室内的保护控制柜上，再从保护控制柜上引起两相电源至凸轮控制器，另一相称为电源公用相，直接从保护控制柜接到电动机的定子接线端。

滑触线通常采用角钢、圆钢、V 形钢或工字钢等刚性导体制成。

二、电力拖动要求与控制特点

(1) 桥式起重机的工作环境较恶劣，经常带负载启动，要求电动机的启动转矩大、启动电流小，且有一定的调速要求，因此多选用绕线转子异步电动机拖动，用转子绕组串电阻实现调速。

(2) 要有合理的升降速度，空载、轻载速度要快，重载速度要慢。

(3) 提升开始和重物下降到预定位置附近时，需要低速，因此在 30% 额定速度内应分为几挡，以便灵活操作。

(4) 提升的第一挡作为预备级，用来消除传动的间隙和张紧钢丝绳，以避免过大的机械冲击，所以启动转矩不能太大。

(5) 为保证人身和设备安全，停车必须采用安全可靠的制动方式，因此采用电磁抱闸制动。

(6) 具有完备的保护环节：短路、过载、终端及零位保护。

三、电气控制线路分析

20/5 t 桥式起重机的电路如图 4-16 所示。

20/5 t 桥式起重机凸轮控制器触头分合表如表 4-7 ~ 表 4-10 所示。

表 4-7　AC_1 触头分合表

AC_1	向下						向上				
	5	4	3	2	1	0	1	2	3	4	5
V13-1W							×	×	×	×	×
V13-1U	×	×	×	×	×						
U13-1U							×	×	×	×	×
U13-1W	×	×	×	×	×						
1R5	×	×	×	×				×	×	×	×
1R4	×	×	×						×	×	×
1R3	×	×								×	×
1R2	×										×
1R1	×										×
AC_{1-5}						×	×	×	×	×	×
AC_{1-6}	×	×	×	×	×	×					
AC_{1-7}						×					

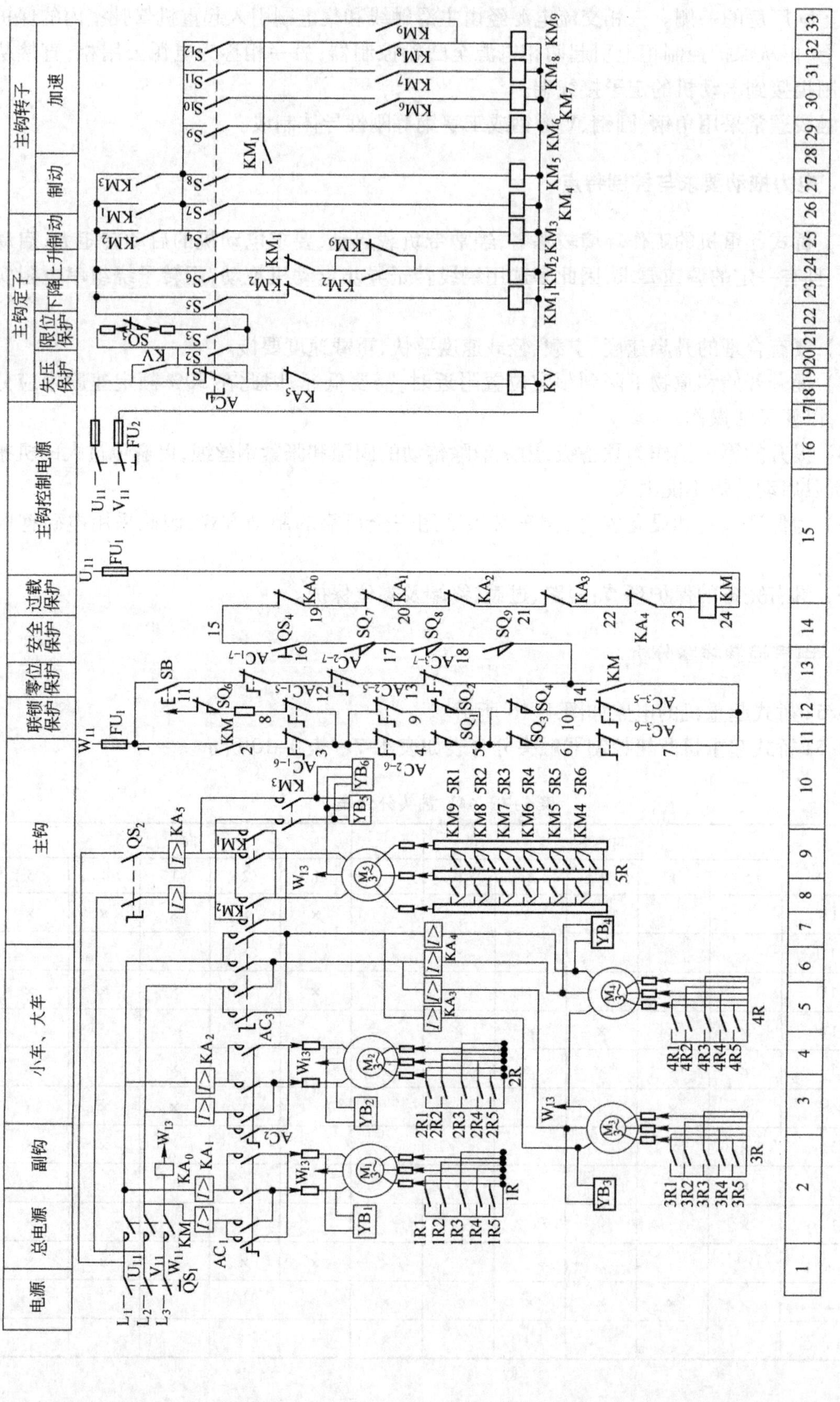

图 4-16 20/5 t 交流桥式起重机电气控制线路图

表 4-8　AC_2 触头分合表

AC_2	向下						向上				
	5	4	3	2	1	0	1	2	3	4	5
V14-2W							×	×	×	×	×
V14-2U	×	×	×	×	×						
U14-2U							×	×	×	×	×
U14-2W	×	×	×	×	×						
2R5	×	×	×	×				×	×	×	×
2R4	×	×	×						×	×	×
2R3	×	×								×	×
2R2	×										×
2R1	×										×
AC_{2-5}						×	×	×	×	×	×
AC_{2-6}	×	×	×	×	×	×					
AC_{2-7}						×					

表 4-9　AC_3 触头分合表

AC_3	向下						向上				
	5	4	3	2	1	0	1	2	3	4	5
V12-3W、4U							×	×	×	×	×
V12-3U、4W	×	×	×	×	×						
U12-3U、4W							×	×	×	×	×
U12-3W、4U	×	×	×	×	×						
3R5	×	×	×	×				×	×	×	×
3R4	×	×	×						×	×	×
3R3	×	×								×	×
3R2	×										×
3R1	×										×
4R5	×	×	×	×				×	×	×	×
4R4	×	×	×						×	×	×
4R3	×	×								×	×
4R2	×										×
4R1	×										×
AC_{3-5}						×	×	×	×	×	×
AC_{3-6}	×	×	×	×	×	×					
AC_{3-7}						×					

表 4-10　AC_4 触头分合表

AC_4		下降							上升					
		强力			制动									
		5	4	3	2	1	J	0	1	2	3	4	5	6
	S_1							×						
	S_2	×	×	×										
	S_3				×	×	×		×	×	×	×	×	×
KM_3	S_4	×	×	×	×	×			×	×	×	×	×	×
KM_1	S_5	×	×	×										
KM_2	S_6				×	×	×		×	×	×	×	×	×
KM_4	S_7	×	×	×		×	×		×	×	×	×	×	×
KM_5	S_8	×	×	×			×			×	×	×	×	×
KM_6	S_9	×	×								×	×	×	×
KM_7	S_{10}	×										×	×	×
KM_8	S_{11}	×											×	×
KM_9	S_{12}	×	0	0										×

（一）20/5 t 桥式起重机的电气设备及控制、保护装置

20/5 t 桥式起重机共有五台绕线式转子异步电动机，其控制和保护电器见表 4-11。

表 4-11　20/5 t 桥式起重机中电动机的控制和保护电器

名称及代号	控制电器	过流和过载保护电器	终端限位保护电器	电磁抱闸制动器
大车电动机 M_3、M_4	凸轮控制器 AC_3	KA_3、KA_4	SQ_3、SQ_4	YB_3、YB_4
小车电动机 M_2	凸轮控制器 AC_2	KA_2	SQ_1、SQ_2	YB_2
副钩升降电动机 M_1	凸轮控制器 AC_1	KA_1	SQ_5 提升限位	YB_1
主钩升降电动机 M_5	主令控制器 AC_4	KA_5	SQ_6 提升限位	YB_5、YB_6

整个起重机的控制和保护由交流保护柜和交流磁力控制屏来实现。总电源由隔离开关 QS_1 控制，由过电流继电器 KA_0 实现过流保护。KA_0 的线圈串联在公用相中，其整定值不超过全部电动机额定电流总和的 1.5 倍。各控制电路由熔断器 FU_1、FU_2 实现短路保护。

为了保障维修人员的安全，在驾驶室舱门盖上装有安全开关 SQ_7；在横梁两侧栏杆门上分别装有安全开关 SQ_8、SQ_9；在保护柜上还装有一只单刀单掷的紧急开关 QS_4。上述各开关的常开触头与副钩、大车、小车的过电流继电器及总过电流继电器的常闭触头串联，这样，当驾驶室舱门或横梁栏杆门开启时，主接触器 KM 不能获电，起重机的所有电动机都不能启动运行，从而保证了人身安全。

起重机还设置了零位联锁保护，只有当所有的控制器的手柄都处于零位时，起重机才能启动运行，其目的是为了防止电动机在转子回路电阻被切除的情况下直接启动，产生很大的冲击电流造成事故。

电源总开关 QS_1、熔断器 FU_1 和 FU_2、主接触器 KM、紧急开关 QS_4 以及过电流继电器 KA_0 ~ KA_5 都安装在保护柜上。保护柜、凸轮控制器及主令控制器均安装在驾驶室内，以便

于司机操作。电动机转子的串联电阻及磁力控制屏则安装在大车桥架上。

由于桥式起重机在工作过程中小车要在大车上横向移动，为了方便供电及各电气设备之间的连接，在桥架的一侧装设了21根辅助滑触线，它们的作用分别是：

用于主钩部分10根，其中3根连接主钩电动机 M_5 的定子绕组接线端；3根连接转子绕组与转子附加电阻5R；2根用于主钩电磁抱闸制动器 YB_5、YB_6 与交流磁力控制屏的连接；另外2根用于主钩上升行程开关 SQ_5 与交流磁力控制屏及主令控制器 AC_4 的连接。

用于副钩部分6根，其中3根连接副钩电动机 M_1 的转子绕组与转子附加电阻1R；2根连接定子绕组接线端与凸轮控制器 AC_1；另1根将副钩上升行程开关 SQ_6 接到交流保护柜上。

用于小车部分5根，其中3根连接小车电动机 M_2 的转子绕组与附加电阻2R；2根连接 M_2 定子绕组接线端与凸轮控制器 AC_2。

起重机的导轨及金属桥架应可靠接地。

（二）主接触器KM的控制

准备阶段：在起重机投入运行前，应将所有凸轮控制器手柄置于零位，使零位联锁触头 $AC_{1\text{-}7}$、$AC_{2\text{-}7}$、$AC_{3\text{-}7}$ 闭合；合上紧急开关 QS_4，关好舱门和横梁杆门，使行程开关 SQ_7、SQ_8、SQ_9 的常开触头也处于闭合状态。

启动运行阶段：

合上电源开关 QS_1，按下启动按钮SB，主接触器KM得电吸合，KM主触头闭合，使两相电源引入各凸轮控制器。同时，KM的两副辅助常开触头闭合自锁，主接触器KM的线圈，主接触器的线圈经1-2-3-4-5-6-7-14-18-17-16-15-19-20-21-22-23-24至 FU_1 形成通路获电。

（三）凸轮控制器的控制

20/5t桥式起重机的大车、小车和副钩电动机的容量都较小，一般采用凸轮控制器的控制。

由于大车被两台电动机 M_3 和 M_4 同时拖动，所以大车凸轮控制器 AC_3 比 AC_1、AC_2 多了5对常开触头，以供切除电动机 M_4 的转子电阻4R1～4R5用。大车、小车和副钩的控制过程基本相同，下面以副钩为例，说明控制过程。

副钩凸轮控制器 AC_1 的手轮共有11个位置，中间位置是零位，左、右两边各有5个位置，用来控制电动机M1在不同转速下的正、反转，即用来控制副钩的升降。

在主接触器KM得电吸合、总电源接通的情况下，转动凸轮控制器 AC_1 的手轮至向上位置任一挡时，AC_1 的主触头V13-1W和U13-1U闭合，电动机接通三相电源正转，副钩上升。反之将手轮扳至向下位置的任一挡时，AC_1 的主触头V13-1U和U13-1W闭合，M_1 反转，带动副钩下降。

当将 AC_1 的手柄扳到“1”时，AC_1 的五对辅助常开触头1R1～1R5均断开，副钩电动机 M_1 的转子回路串入全部电阻启动，M_1 以最低转速带动副钩运动。依次扳到“2～5”挡时，五对辅助常开触头1R1～1R5逐个闭合，依次短接电阻1R1～1R5，电动机 M_1 的电阻转速逐步升高，直至达到预定转速。

当断电或将手轮转至“0”位时，电动机 M_1 断电，同时电磁抱闸制动器 YB_1 也断电，M_1 被迅速制动停转。当副钩带有重负载时，考虑到负载的重力作用，在下降负载时，应先把手轮逐级扳到“下降”的最后一挡，然后根据速度要求逐级退回升速，以免引起下降过快造成事故。

（四）主令控制器的控制

主钩电动机容量较大，一般采用主令控制器配合磁力控制屏进行控制，即用主令控制器，再由接触器控制电动机。为提高主钩运行的稳定性，在切除转子附加电阻时，采用三相平衡切除，使三相转子电流平衡。

主钩上升与副钩上升的工作过程基本相似，区别仅在于它是通过接触器控制的。

主钩下降时与副钩的工作过程有明显的差异，主钩下降有 6 挡位置，“J”“1”“2”为制动位置，用于重负载低速下降，电动机处于倒拉反接制动运行状态；“3”“4”“5”挡为强力下降位置，主要用于轻负载快速下降。

先合上电源开关 QS_1、QS_2、QS_3，接通主电路和控制电路电源，将主令控制器 AC_4 的手柄置于零位，其触头 S_1 闭合，电压继电器 KV 得电吸合，其常开触头闭合，为主钩电动机 M_5 启动做准备。手柄处于各挡时的工作情况见表 4–12。

表 4–12　主钩电动机的工作情况

AC_4 手柄位置	AC_4 闭合触头	得电动作的接触器	主钩的工作状态
制动下降位置“J”挡	S_3、S_6、S_7、S_8	KM_2、KM_4、KM_5	电动机 M_5 接正序电压产生提升方向的电磁转矩，但由于 YB_5、YB_6 线圈未得电而仍处于制动状态，在制动器和载重的重力作用下，M_5 不能启动旋转。此时，M_5 转子电路接入四段电阻，为启动做好准备
制动下降位置“1”挡	S_3、S_4、S_6、S_7	KM_2、KM_3、KM_4	电动机 M_5 仍接正序电压，但由于 KM_3 得电动作，YB_5、YB_6 得电松开，M_5 能自由旋转；由于 KM_5 断电释放，转子回路接入五段电阻，M_5 产生的提升转矩减小，此时若重物产生的负载倒拉力矩大于 M_5 的电磁转矩，M_5 运转在倒拉反接制动状态，低速下放重物。反之，重物反而被提升，此时必须将 AC_4 的手柄迅速扳到下一挡
制动下降位置“2”挡	S_3、S_4、S_6	KM_2、KM_3	电动机 M_5 仍接正序电压，但 S_7 断开，KM_4 断电释放，附加电阻全部串入转子回路，M_5 产生的电磁转矩减小，重负载的下降速度比“1”挡时加快
强力下降位置“3”挡	S_2、S_4、S_5、S_7、S_8	KM_1、KM_3、KM_4、KM_5	KM_1 得电吸合，电动机 M_5 接负序电压，产生下降方向的电磁转矩；KM_4、KM_5 吸合，转子回路切除两级电阻 5R6 和 5R5；KM_3 吸合，YB_5、YB_6 的抱闸松开，此时若负载较轻，M_5 处于反转电动状态，强力下降重物；若负载较重，使电动机的转速超过其同步转速，M_5 将进入再生发电制动状态，限制下降速度
强力下降位置“4”挡	S_2、S_4、S_5、S_7、S_8、S_9	KM_1、KM_3、KM_4、KM_5、KM_6	KM_6 得电吸合，转子附加电阻 5R4 被切除，M_5 进一步加速，轻负载下降速度加快。另外，KM_6 的辅助常开触头闭合，为 KM_7 获电做准备
强力下降位置“5”挡	S_2、S_4、S_5、S_7 ~ S_{12}	KM_1、KM_3、KM_4 ~ KM_9	AC_4 闭合的触头较“4”挡又增加了 S_{10}、S_{11}、S_{12}，KM_7 ~ KM_9 依次得电吸合，转子附加电阻 5R3、5R2、5R1 依次逐级切除，以避免过大的冲击电流；M_5 旋转速度逐渐增加，最后以最高速度运转，负载以最快速度下降。此时若负载较重，使实际下降速度超过电动机的同步转速，电动机将进入再生发电制动状态，电磁转矩变成制动力矩，限制负载下降速度的继续增加

桥式起重机在实际运行过程中，操作人员要根据具体情况选择不同的挡位。例如主令控制器 AC_4 的手柄在强力下降位置“5”挡时，仅适用于起重负载较小的场合。如果需要较低的下降速度或起重较大负载的情况下，就需要将 AC_4 的手柄扳回到制动下降位置“1”或“2”挡进行反接制动下降。为了避免转换过程中可能发生过高的下降速度，在接触器 KM_9 电路中常用辅助常开触头 KM_9 自锁；同时为了不影响提升调速，在该支路中再串联一个辅

助常开触头 KM_1，以保证 AC_4 的手柄由强力下降位置向制动下降位置转换时，接触器 KM_9 线圈始终通电，只有将手柄扳至制动下降位置后，KM_9 的线圈才断电。

在 AC_4 的触头分合表中，强力下降位置"3"和"4"挡上有"0"符号，表示手柄由"5"挡回转时，触头 S_{12} 接通。如果没有以上联锁措施，在手柄由强力下降位置向制动下降位置转换时，若操作人员不小心，误将手柄停在了"3"或"4"挡，那么正在高速下降的负载速度不但得不到控制，反而会增加，很可能造成事故。

另外，串接在接触器 KM_2 线圈电路中的 KM_2 常开触头与 KM_9 常闭触头并联，主要作用是当接触器 KM_1 线圈断电释放后，只有在 KM_9 断电释放的情况下，接触器 KM_2 才能得电自锁，从而保证了只有在转子电路中串接一定附加电阻的前提下，才能进行反接制动，以防止反接制动时产生过大的冲击电流。

四、常见电气故障

桥式起重机的结构复杂，工作环境较恶劣，故障率较高。为保证人身和设备的安全，必须坚持经常性的维护保养和检修。

(1) 合上电源总开关 QS_1 并按下启动按钮 SB 后，接触器 KM 不动作。可能的原因：线路无电压；熔断器 FU_1 熔断或过电流继电器动作后未复位；紧急开关 QS_4 或安全开关 SQ_7、SQ_8、SQ_9 未合上；各凸轮控制器手柄未在零位；主接触器 KM 线圈断路。

(2) 主接触器 KM 吸合后，过电流继电器立即动作。可能的原因：凸轮控制器电路接地；电动机绕组接地；电磁抱闸线圈接地。

(3) 接通电源并转动凸轮控制器的手轮后，电动机不启动。可能的原因：凸轮控制器主触头接触不良；滑触线与集电刷接触不良；电动机的定子绕组或转子绕组接触不良；电磁抱闸线圈断路或制动器未松开。

(4) 转动凸轮控制器后，电动机能启动运转，但不能输出额定功率且转速明显减慢。可能的原因：电源电压偏低；制动器未完全松开；转子电路串接的附加电阻未完全切除；机构卡住。

(5) 制动电磁铁线圈过热。可能的原因：电磁铁线圈的电压与线路电压不符；电磁铁工作时，动、静铁心间的间隙过大；电磁铁的牵引力过载；制动器的工作条件与线圈数据不符；电磁铁铁心歪斜或机械卡阻。

(6) 制动电磁铁噪声过大。可能的原因：交流电磁铁短路环开路；动、静铁心端面有油污；铁心松动或铁心端面不平整；电磁铁过载。

(7) 凸轮控制器在工作过程中卡住或转不到位。可能的原因：凸轮控制器的动触头卡在静触头下面；定位机构松动。

(8) 凸轮控制器在转动过程中火花过大。可能的原因：动、静触头接触不良；控制的电动机容量过大。

*第八节　同步电动机可控硅励磁电气控制分析

KGLF 系列同步电动机励磁装置主要用于轻载启动的同步电动机励磁。如球磨机、空气压缩机、轴流风机、泵类负载等。与 200 ~ 4000 kW 容量范围内 TDK 系列同步电动机单机配套，用于三相半控桥式整流电路。电气原理图如图 4-17、图 4-18 所示。

本装置的规格为：KGLF - 200/110。

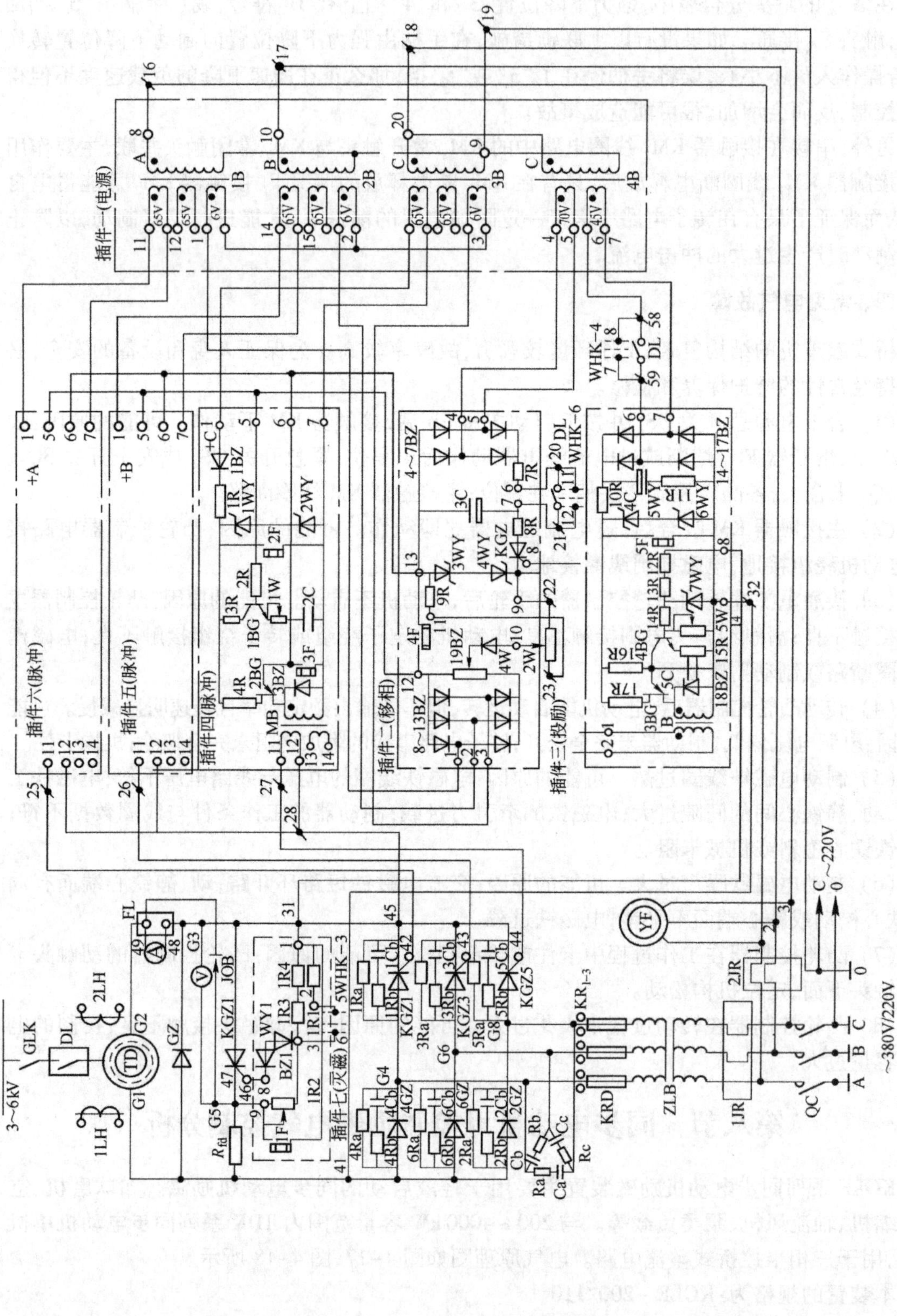

图4-17 KGLF 系列同步电动机励磁装置电气原理图

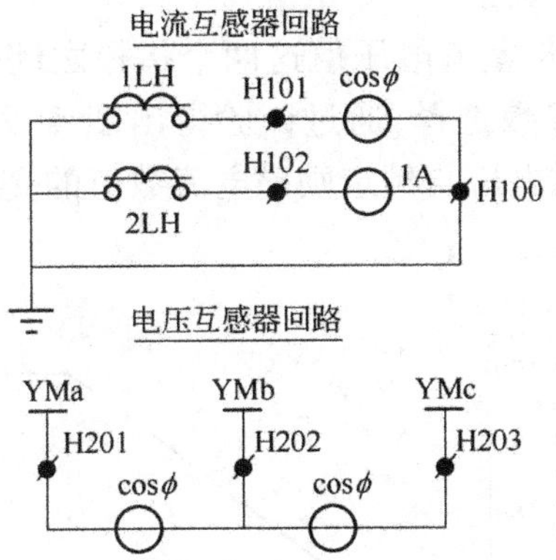

WHK 开关触点位置表

线路号	触头号	检测 1 45°	允许 0 0°	调定 2 45°
WHK-1	1~2	+		
WHK-2	3~4			+
WHK-3	5~6	+		
WHK-4	7~8	+		+
WHK-5	9~10		+	
WHK-6	11~12	+		+

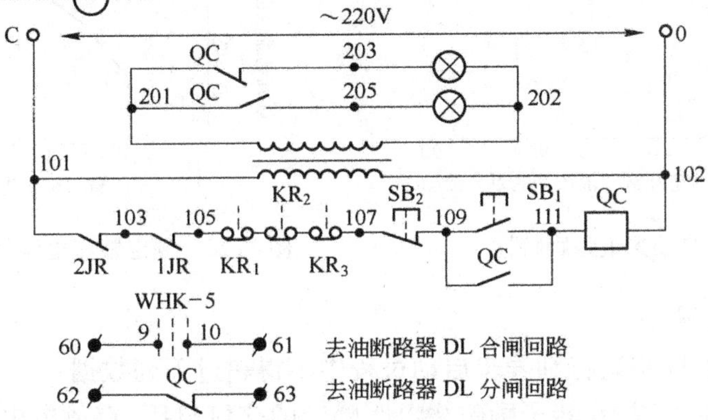

图 4-18　同步机励磁装置控制与测量回路

同步电动机额定励磁电压 110 V，额定励磁电流 200 A，是一种强迫风冷的可控硅励磁装置。

一、主要特性

（一）本装置有以下特点

（1）与同步电动机定子回路没有直接的电气联系，因此同步电动机可根据电网情况设计为高压 3 ~ 6 kV 或低压 380 V，全压启动与降压启动（不得低于额定值 85%）不受限制。

（2）实现了同步电动机转子回路固接励磁。

（3）实现了按同步电动机转子滑差，顺极性，无触点自动投励。同步电动机启动后，进入亚同步速度，转差到达 3% ~ 5% 时，自动投励，使同步机牵入同步运行。

（4）具有按电网电压波动，自行无级强励磁的作用。

（5）同步电动机启动与停机时自行灭磁，并在同步电动机异步运行时（启动与失步过程），具有过电压保护，保证同步机及装置免受过压击穿。

（6）可以手动调节励磁电压，进行功率因数调整，可从额定整流电压值的 10% 左右至额定值连续可调。

（7）本装置电源为交流三相四线 380 V/220 V，必须与同步电动机定子回路电源来自同一段母线。负反馈特性在电压波动 -10% ~ +5% 范围内有效。

（二）两个特性

（1）自动无级强励特性。

本装置电网电压负反馈自动无级强励特性曲线如图 4-19 所示。

（2）本装置的额定整流电流值与整流电压值的关系。

在选配本系列装置时，应注意额定整流电流值与整流电压值这两个指标之间存在一定的关系，按照可控硅整流元件运行规范与本装置参数选择，通过试验得出图4-20工作曲线，在选配本装置时，应保证同步电动机的额定励磁电压与额定励磁电流数值的交点在此工作区内。

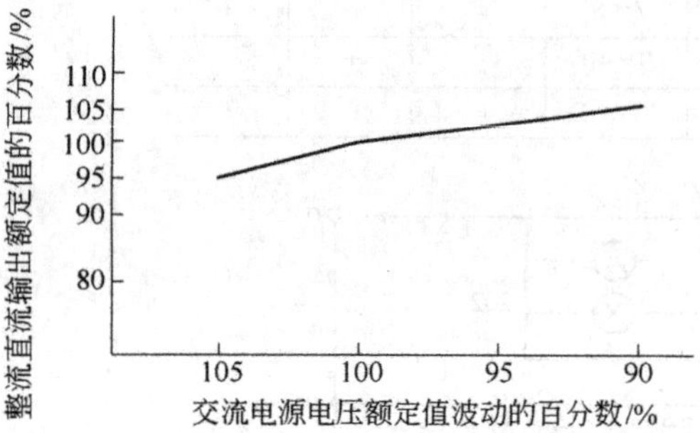

图4-19　自动无级强励特性

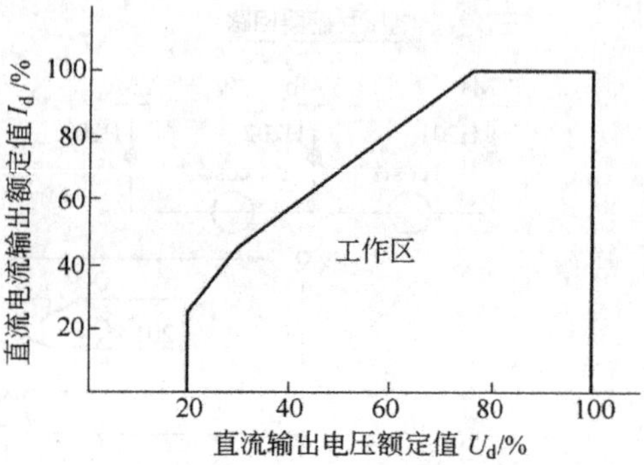

图4-20　额定整流电流值与电压值的工作曲线

（三）取值范围

同步电动机在同步运行和异步启动过程中不得超过下列数据：

（1）整个启动过程中，转子励磁绕组所感应的交流电压，在放电电阻 R_{fd} 两端不得大于800 V（峰值）。

（2）整个启动过程中，转子励磁绕组所感应的交流电流通过放电电阻 R_{fd} 回路，不得大于（3.14×KGZ1可控硅整流元件之额定电流）峰值。

（3）转子励磁绕组外接放电电阻 R_{fd}，其阻值不得小于 $\frac{\text{额定励磁电压(V)}}{\text{KGZ1 可控硅额定电流(A)}}$，但不得大于10倍的转子励磁绕组直流电阻值。

（四）复调

本装置内以下元件的整定值在现场试车时复调。

（1）可控硅整流器KGZ1的导通开放电压G1，G2两点电压380V（峰值）。

（2）投励环节（插件三）电容器5C的充电时间应整定为0.3 s左右发出脉冲（可更换电阻16R）。

（五）运行方式

100%连续。使用各部位最高温升如表4-13所示。

表4-13　各部位最高温升

部　位	允许最高温升/℃	测量方法
整流变压器铁心	70	点温计法
整流变压器线圈	55	电阻法
晶闸管整流元件（结温）	60	热敏电压法
硅整流元件（结温）	100	热敏电压法
箱体表面	60	点温计法

二、工作原理

（一）主电路的工作原理

图 4-21 为主电路电气原理图。

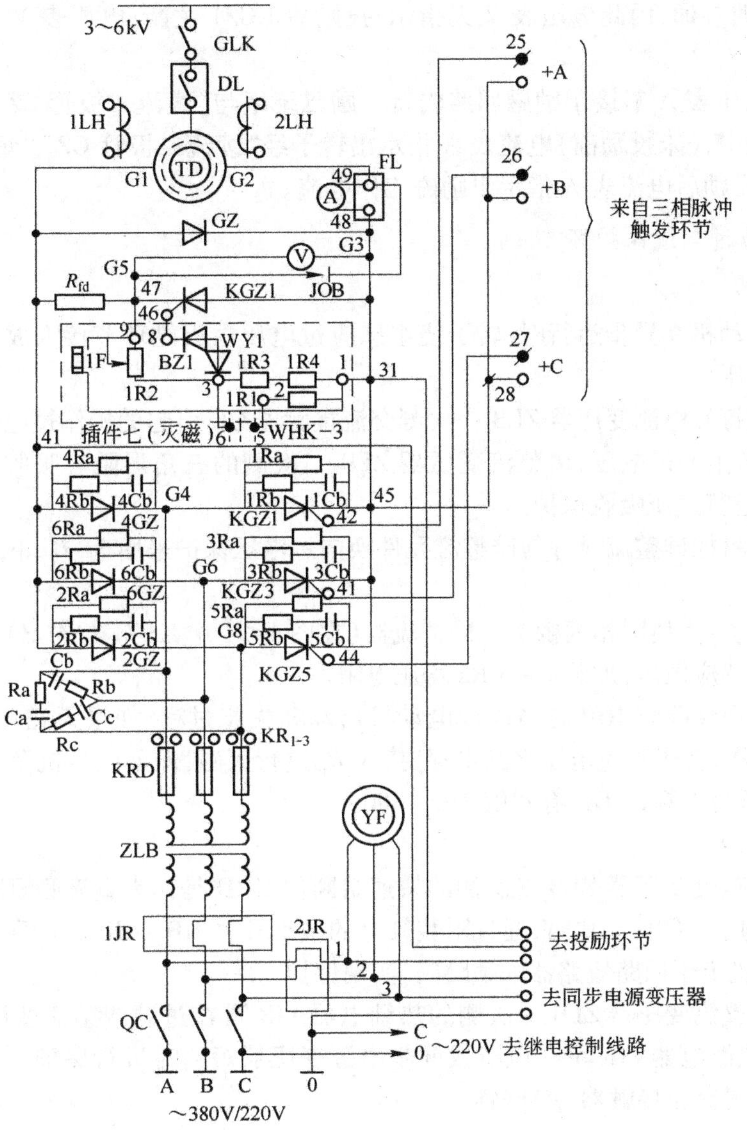

图 4-21　主电路电气原理图

1. 交流供电及整流环节

（1）由整流变压器 ZLB 供给整流电压，经三相半控整流桥输出脉动直流。控制可控硅整流器 1、3、5KGZ 的导通角(β)，便可以调节整流桥输出的直流电压、电流。

（2）大功率硅整流元件 GZ 在线路中起“续流”的作用。

在直流励磁电压过零值时，由于转子励磁绕组电感放电，使整流桥应换相关断的可控硅整流元件维持导通，造成换相困难或失控，采用 GZ 与整流桥并联，给其电感放电造成通路，使主电路可控硅换相（或停机时）顺利关断，这样即可准确地控制整流励磁电压。

（3）直流电压表 V 与放电电阻 R_{fd} 串联后并接于整流桥的输出端，作为整流电压的测量，相对于电压表 V 的内阻，R_{fd} 阻值所造成的误差可以省略不计，电压表 V 跨接于晶闸管 KGZ1 两端，对 KGZ1 起到监视作用，在同步电动机启动过程中，KGZ1 在转子感应电压"经放电电阻半波"时导通，因此电压表 V 无指示，投励后 KGZ1 关断，电压表 V 指示出整流励磁电压。

（4）直流电压表 A 串接于励磁回路内转子励磁绕组与"续流二极管 GZ"之间，在同步电动机启动过程中，（未投励前）电流表 A 指示出转子经"续流二极管 GZ""短接启动半波"的电流平均值，投励后电流表 A 指示出励磁工作电流。

2. 过电压与过电流保护环节

过电压保护：

（1）同步电动机在异步运行时，转子绕组感应过电压由灭磁环节接入放电电阻 R_{fd}，消除转子开路过电压。

（2）闭合或打开整流变压器 ZLB 一次侧交流接触器 QC 引起的操作过电压和快速熔断器 KRD 熔断时产生的过电压，由整流变压器 ZLB 二次侧的三角形阻容吸收装置（Ra，Ca，Rb，Cb，Rc，Cc）进行过压吸收保护。

（3）主电路可控硅整流元件与硅整流元件换向过电压保护采用 1～6 Rb，1～6 Cb 阻容保护。

（4）均压保护：为使同相两桥臂上硅整流器（在图 4-21 中 KGZ1 与 4GZ）合理分担同步机启动时的转子感应电压，加装 1～6 Ra 均压电阻。

（5）低压击穿保险丝 JOB 是当同步电动机启动和失步过程，如果灭磁环节失灵，可控硅 KGZ1 停止工作，转子感应电压将其击穿，接入 R_{fd} 进行灭磁，保证同步机及装置本身的安全，JOB 击穿电压为工频 50 Hz，有效值 250～300 V。

过电流保护：

（1）安装于整流变压器 ZLB 二次侧的快速熔断器 KRD 是作为直流侧短路和整流元件本身短路保护之用。KRD 动作时，通过附装其上的微动开关 KR_1～KR_3 将励磁装置交流接触器 QC 与同步机定子回路短路器联锁跳闸，实现保护。

（2）安装于整流变压器 ZLB 一次侧的热继电器 1JR 可在过载或整流变压器二次侧短路时进行保护，热继电器 2JR 可在风机或同步电源变压器短路时进行保护。1JR，2JR 的控制触头与励磁装置交流接触器 QC 联锁。

（二）触发控制电路的工作原理

触发控制电路包括以下七个插件：电源，脉冲（三相三个），移相，投励，灭磁插件。

1. 脉冲插件

图 4-17 中，三相脉冲触发环节插件四、插件五、插件六原理图，如图 4-22 所示。

脉冲插件共三组，＋A，＋B，＋C 脉冲插件分别控制主电路可控硅整流元件 KGZ1，3，5，其内部接线原理均相同。下面以＋C 相为例说明：

由同步变压器（1～3B）引来的同步电压（65 V）经 1BZ 半波整流后，由稳压管 1～2WY

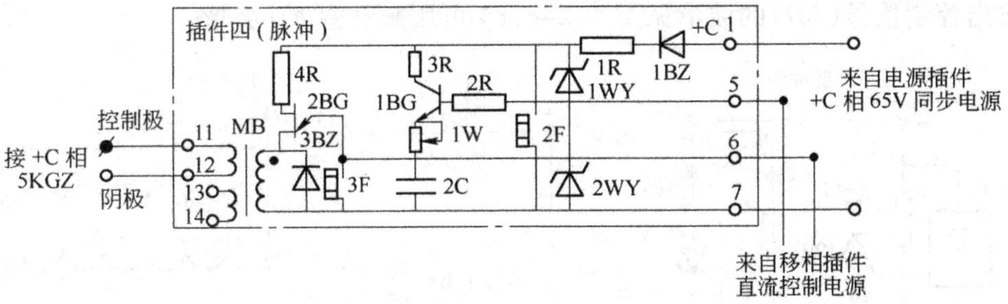

图 4-22　脉冲插件原理图

削波，成为梯形同步直流电压，由移相插件来的直流控制信号，改变了三极管 1BG 的等效内阻，因此改变了电容器 2C 的充电时间常数，当电容器 2C 的充电电压达到单结晶体管 2BG 的峰点电压（V_p）时，2BG 导通，2C 经脉冲变压器一次绕组放电，从而产生输出脉冲，当 2C 放电至 2BG 的谷点电压 VV（约 2 V 左右）时，2BG 封锁，2C 再次充电，重复上述过程。因此改变移相插件来的控制信号，就可改变 2C 充电到 V_p 的时间，即改变了产生第一只脉冲的时间，从而使触发脉冲相位移动，使主电路可控硅 KGZ1，3，5 导通角变化，达到调节励磁电压的目的。

由于各插件所用元件（1BG，2BG，1 ~ 2WY）参数有差异，将造成输出脉冲的相位不一致，电位器 1 W 就是为调节三个脉冲插件的脉冲输出使其对称。

插孔 2F 和 3F 是供调试中观察稳压梯形波与电容器充放电锯齿波而设。

本线路同步电压底宽 180°，未采取扩大移相范围的措施，对应于三相半控桥式整流线路，移相控制角 α 可在 150°电角度范围内调节，实际上由于梯形波电压斜度的限制，要小于此范围。

2. 移相插件

移相插件的原理图如图 4-23 所示。

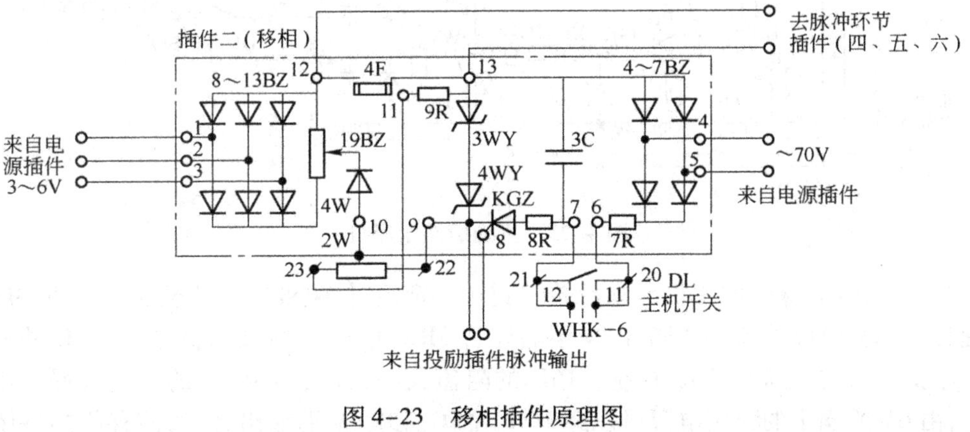

图 4-23　移相插件原理图

在触发脉冲环节中，三极管 1BG 的直流控制信号来自移相插件，移相插件电源有两部分（图 4-24 中 $E\gamma$ 与 EC），由电位器 2 W 与 4 W 各取一部分电压，极性相反地串联后将差值输出，加到脉冲插件 1BG 的基极回路上，$E\gamma$ 为稳压电源，EC 则与电网电压成比例，形成电压负反馈。调节 2 W 即调节给定电压，改变励磁输出电压。调节 4 W 即调节强励特性。$E\gamma$，

EC 与输出控制信号(*ED*)的波形见图 4-24c,F4 可用来观察 *ED* 波形。

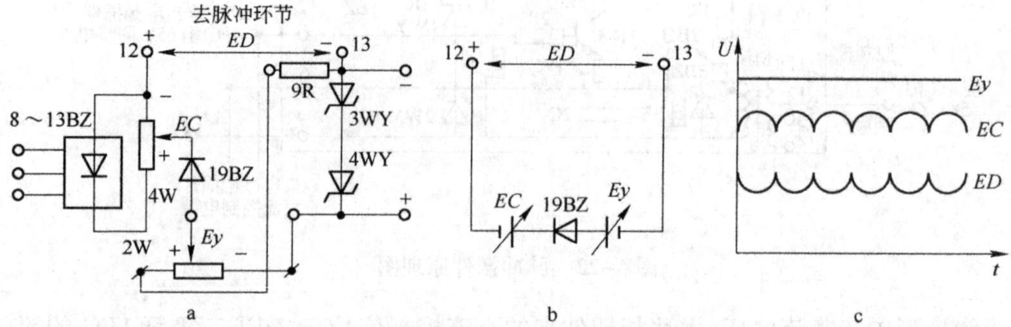

图 4-24　移相插件的简化电路

a—给定电压与反馈电压串联;b—等效电路;c—*EC*、*Ey*、*ED* 波形

由移相插件的简化电路可得出:*ED* = *Ey* - *EC*。

二极管 19BZ 为防止 *Ey* < *EC* 时,*ED* 反向输出,造成 1BG 的反加偏压。

小可控硅 KGZ,作为 *Ey* 的开关,在同步电动机启动过程中,KGZ 处于阻断状态,直至同步机进入亚同步速投励插件给 KGZ 控制极一触发脉冲时,KGZ 即导通,移相插件即有输出,从而投入励磁。

此环节 *Ey* 回路,还串入同步机定子回路油开关 DL 的辅助接点,供电气联锁。WHK-6 为万能转换开关接点,供调试时代替定子回路开关辅助接点。

3. 投励插件

投励插件的原理图如图 4-25 所示。

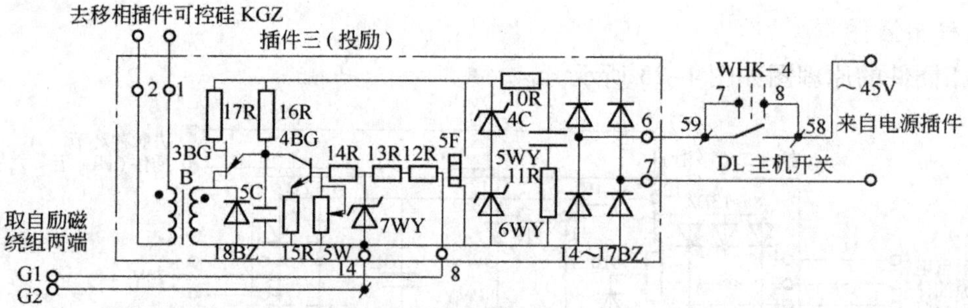

图 4-25　投励插件原理图

此插件的作用:保证同步机启动后转差到达一定值时,顺极性自动投励。此插件脉冲发生原理与三相触发脉冲插件相同,以单结晶体管 3BG 为核心,构成振荡电路。5C 的充放电时间常数受 16R 与三极管 4BG 控制。16R 的阻值大小,直接影响 5C 的充电快慢。当 4BG 关断时,由 6WY 输出的稳压电源可以经 16R 对 5C 充电,从而输出脉冲,使移相插件中小可控硅 KGZ 导通,当 4BG 饱和导通时,则稳压电源经过 16R→4BG 的集电极 C 与发射极 e→15R 构成通路,5C 充不上电,投励插件就不能产生脉冲。

在同步机启动过程中,三极管 4BG 基极信号来自转子励磁绕组两端,其感应电压是交变的(此交变电压频率随转速升高而降低,由刚启动时的 50 Hz,逐渐降至亚同步速的 1.5 ~

2.5 Hz 左右）。在 G2 点为正，G1 点为负，转子经续流二极管 GZ“短接启动半波”时，4BG 基极无信号，处于关断，稳压电源可经 16R 向 5C 充电，本装置整定 5C 充电至单结晶体管 3BG 峰点电压（V_p）需在 0.26 ~ 0.4 s 时间范围内，同步机未进入亚同步速前，G2 点为正的半波时间达不到 0.26 ~ 0.4 s，所以无脉冲输出。在 G1 点为正，G2 点为负转子“经放电电阻 R_{fd} 启动半波”时，4BG 接受正信号，饱和导通，5C 不能充电，并且将上半波已充上的电经 4BG，15R 放掉。同步机启动进入亚同步速后，G2 为正的半波时间达到 0.26 ~ 0.4 s，5C 即可充电至 3BG 峰点电压（V_p），则 5C 经 3BG 与脉冲变压器 B 放电一次，产生输出脉冲，触发了移相插件中的小可控硅 KGZ，从而投入励磁。

按转子频率顺极性投励的波形变化如图 4-26 所示。

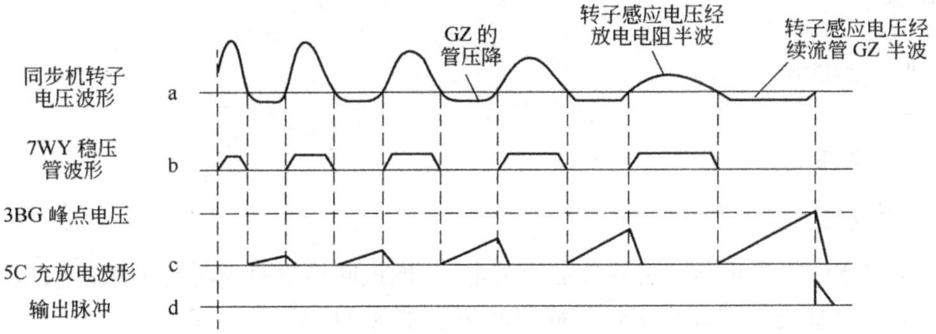

图 4-26　顺极性投励的波形图

整定电位器 5 W，可以避免电动机未进入亚同步速时，4BG 提前截止，造成误投励。此插件工作电源经过定子回路由开关 DL 辅助接点接通，保证主开关合闸后才开始工作。WHK-4 为万能转换开关接点，供调试时使用。

4. 灭磁插件

灭磁插件的原理图如图 4-27 中虚线部分所示。

在同步机启动过程中，转子励磁绕组中感应出的交变电压，当 G2 点为正时，经 GZ 短接，当 G1 点为正时，便由 KGZ1 将放电电阻 R_{fd} 接入，从而大大降低启动时转子感应的过电压。同步机进入亚同步速后，KGZ1 自动关断，将 R_{fd} 切除。

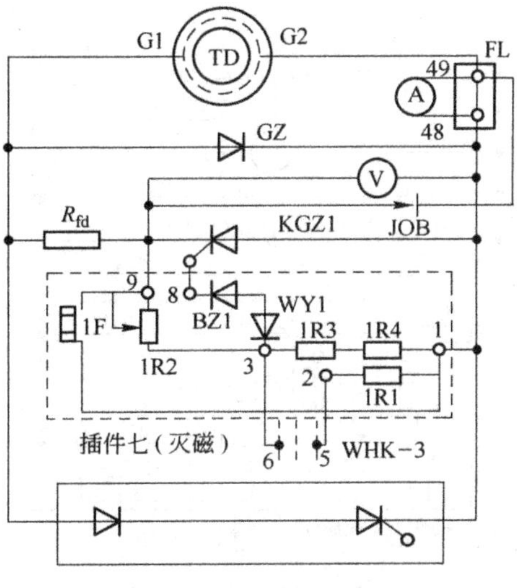

图 4-27　灭磁插件原理图

当 G1 点为正而转子绕组感应电压未达到 KGZ1 所整定的导通电压值（300V 峰值）之前，转子只能经过 1R2，1R3，1R4，R_{fd} 形成回路，由于此回路电阻值很大，转子相当于开路启动，感应电压急剧上升至 KGZ1 整定导通电压，此时电位器 1R2 上分到的电压降 U_{R2}，等于稳压管 WY1 的稳压值 U_{WY1} 与二极管 BZ1 的正向压降 U_{BZ1} 及可控硅 KGZ1 控制极可触发电压 U_g 之和，即：

$$U_{R2}=U_{WY1}+U_{BZ1}+U_g$$

此时，KGZ1 控制极得到可触发电压 U_g，立即导通，到 G1 点为正的半波结束时，KGZ1 由于阳极电压过零而自行关断，待同步机启动至相当转速后，转子感应的开路电压达不到 KGZ1 的整定导通值，KGZ1 即不再导通，相当于切除了放电电阻 R_{fd}（因 R_{fd}，1R2，1R3，1R4 回路串联阻值很大）。

调整电位器 1R2 即可改变 KGZ1 的整定导通电压值。

WHK-3 为此插件外接万能转换开关接点，供检测此环节正常与否。

当 WHK-3 接点闭合时，使 1R1 与 1R3，1R4 并联，由于 1R1 阻值很小，相对增加了 1R2 上的压降，调节装置在较低的输出电压时可控硅 KGZ1 即可导通，电压表 V 指示为零，电流表 A 读数不变。

三、整定与调试

（一）灭磁环节

1．整定电压选择

在可控硅 KGZ1 阳极与阴极间外加交流电压，模拟同步机启动时转子感应电压，使其导通开放。导通开放电压选择在 300 V（峰值），有效值为 213 V。

2．调试设备

如图 4-28 所示：K—刀开关（15A）；RD—熔断器（15A）；V1—交流电压表（250 V）；*R*—电阻（30～60 Ω，10 A 可用电炉丝）；TB—单相自耦调压器（3 kV · A，220 V/0～250 V）。

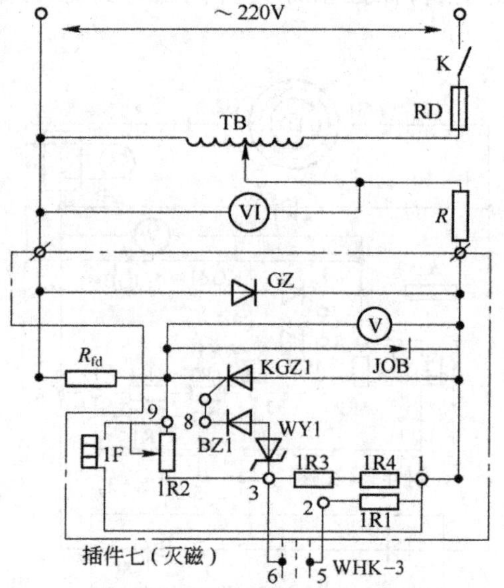

图 4-28　灭磁环节调试整定接线图

另需：SB—14 示波器或其他型号示波器。

调试方法：

照图 4-28 接线，将示波器接至“灭磁插件”插孔 1F 上（示波器外壳千万不可接地）；将励磁装置总电源切掉；将面板上万能转换开关放到“调定(2)”位置，使 WHK-3 接点分离。

合刀开关 K，调节调压器 TB 二次侧输出电压，至 10 V 左右，此时示波器出现图 4-29a 波形，即示正常，然后缓慢上升 TB 输出电压，至电压表 V1 指示 210 V 左右时（此值为有效值，相当于 300 V 峰值），示波器出现图 4-29b 波形（此种状态不要持续时间过长），然后微降 TB 输出电压，又出现图 4-29a 波形。将 TB 输出电压降至 50V 左右，把面板上万能转换开关放到“检测(1)”位置，使 WHK-3 接点闭合，即出现图 4-29b 波形，万能转换开关又复回“调定(2)”位置，波形也变化为图 4-29a。

以上介绍为复测方法，如改变 KGZ1 导通电压，需调节 1R2，即可达到。

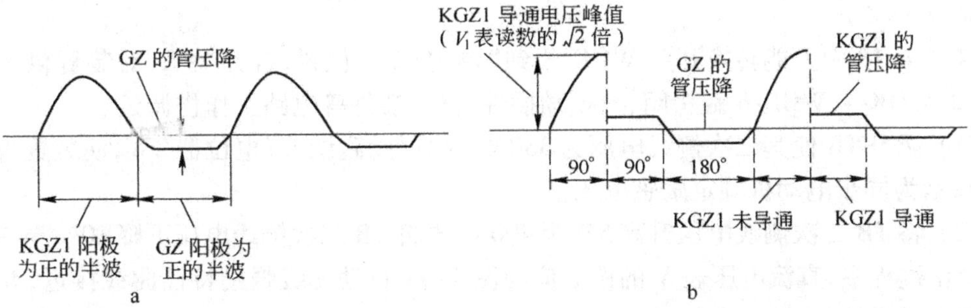

图 4-29 灭磁环节调试整定波形图

(二) 三相脉冲触发环节

(1) 接线:脉冲触发环节调试接线图如图 4-30 所示,在本装置输出端子上接入放电电阻(5 倍左右的转子励磁绕组阻值),假负载电阻(其阻值选定在将输出电流限在 1/3 额定电流左右,可用高温炉丝或电阻片,需保证容量)。

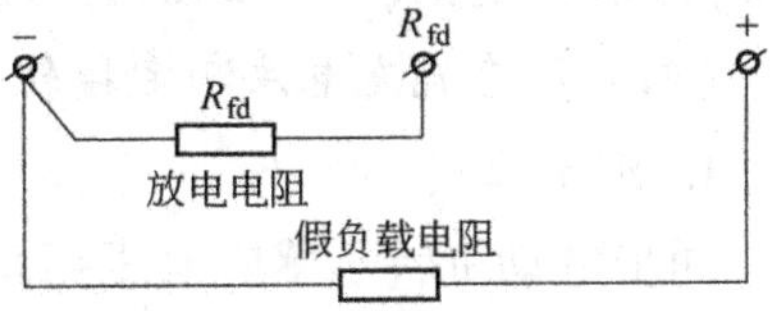

图 4-30 脉冲触发环节调试接线图

(2) 调试方法:将面板万能转换开关放到"调定(2)"位置,然后励磁装置送电,示波器分别接至 + A, + B, + C 脉冲插件插孔 2F 上,应出现不同移相角时的梯形波,调节装置面板上"励磁调节"电位器 2 W,电压表 V,电流表 A,应均匀上升,将示波器分别接至 + A, + B, + C 脉冲插件插孔 3F 上,应出现不同移相角时对应的锯齿波,并应随 2 W 的调节,充放电周期变化。

将示波器接至灭磁插件插孔 1F 上,调节 2 W,应逐次出现不同移相角时的整流电压波形,且随控制角的减小,整流输出电压越大,波形越是平滑变化,并观察波形在额定励磁电压附近是否对称,如不对称可调节脉冲插件面板上电位器 1 W,满意后锁紧。

(三) 电压负反馈自动无级强励磁特性调整

1. 接线

电压负反馈自动无级强励磁特性调整按图 4-31 接线。

调试设备: K——空气开关或铁壳开关(50 A);

RD——熔断器(50 A);

TB——三相自耦调压器(9 ~ 15 kV · A, 380 V/0 ~ 450 V);

V_1——交流电压表(0 ~ 500 V);

R——假负载电阻(选取方法与上述"三相脉冲触发环节"调试相同);

R_{fd}——放电电阻(选取方法与上述"三相脉冲触发环节"调试相同)。

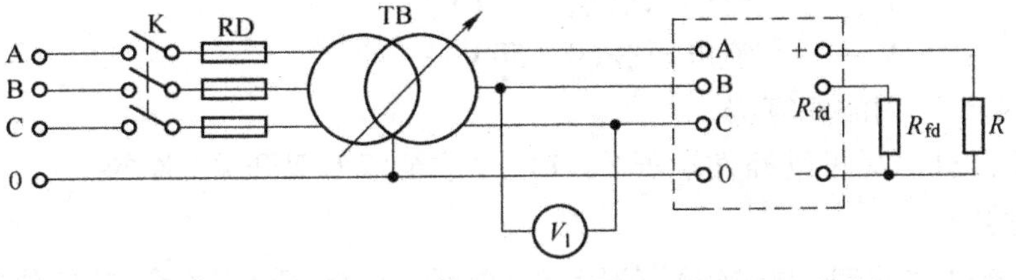

图 4-31 电压负反馈自动无级强励磁特性调整接线图

2. 调试方法

将图 4-18 中万能转换开关 WHK 放到“调定(2)”位置,合开关 K,对装置供电。此时 WHK-2、WHK-4、WHK-6 触头闭合,投励插件、移相插件等电路工作供调试。

(1) 调节 TB 使其二次侧线电压为 380 V,调节“励磁调节”电位器 2 W,使装置直流电压表 V 指示为同步电动机额定励磁电压值。

(2) 将 TB 二次侧线电压升高 5% 至 400 V,再将 TB 二次侧线电压下降 10% 至 340 V,在上述变化过程中,直流电压表 V 的读数应与图 4-19 自动无级强励特性曲线接近,并用示波器观察灭磁插件 1F 波形变化正常。

(3) 如对电压负反馈强度感觉不适,可调节移相插件上电位器 4 W 改变电压负反馈强弱,并配合调节脉冲环节电位器 1 W,至满意为止,一般反馈不宜过强。

在调节 2 W 时,可将示波器接至移相插件插孔 4F 上,观察此插件输出的直流控制信号(ED)波形的变化(图 4-24c),此波形应随 2 W 的调节上下移动。

(四) 用直流充电法测定按转子滑差(频率)的自动投励特性

1. 测定原理

同步电动机转子感应电压频率随转速的上升而降低。刚启动瞬间,转子感应电压频率(f_1)与定子回路电网频率相同为 50 Hz 而到达任一转差(S)时的转差感应电压频率(f)即为:

$$f = f_1 S = 50S$$

当转差在 5% ~3% (即转速为 95% ~97% 同步速)时投入励磁,此时转子感应电压频率为:

$$f = 50 \times 0.05 = 2.5(\text{周})(S = 5\%\text{时})$$

$$f = 50 \times 0.03 = 1.5(\text{周})(S = 3\%\text{时})$$

此时一个周期时间即为 $T = 1/f = 1/2.5 \sim 1/1.5 = 0.4 \sim 0.66(\text{s})$

同步电动机用本装置励磁,在启动过程中的转子感应电压波形如图 4-26a 所示,经放电电阻启动半波所占时间要小于经续流二极管短接启动半波所占时间,其比例约为 1∶2。则对应于转差到达 5% ~3% 时,转子感应电压经续流二极管短接启动半波所占时间为:2/3 (0.4 ~0.66) 即:0.26 ~0.44 s。

如整定投励插件电容器 5C 充电至单结晶体管 3BG 峰点电压(V_p)输出脉冲之时间为 0.26 ~0.44 s,即可在转差 $S = 5\% \sim 3\%$ 内自动投励。

2. 接线

用直流充电法测定按转子滑差(频率)的自动投励特性按图 4-32 接线。

假负载 R,放电电阻 R_{fd},选取法同上面试验。

另需调试设备:2K——双刀双开关(5 A);

1J——直流中间继电器(24 V);

V_1——交流电压表(0 ~50 V);

周波积算器。

将接线端子 31,32(投励插件端子 8,14),改接至双刀双开关 2 K 的中点。

3. 调试方法

将万能转换开关放到“调定(2)”位置,将试验用双刀双开关 2 K 合向“1”位置,合开关 1 K,

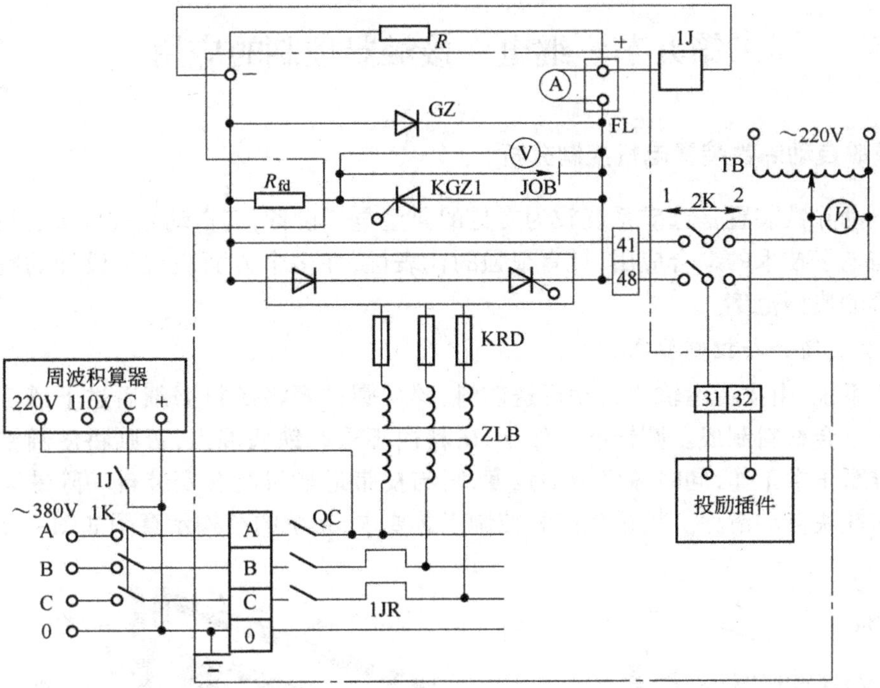

图 4-32　直流充电法测定按转子频率自动投励特性接线图

按装置上“硅整流投入”按钮，此时周波积算器开始计时，调节“励磁调节”电位器 2 W，使直流输出电压为 30 V(可视 1 J 线圈电压而定)，1 J 即吸合，周波积算器停止计时，此时按“停止”按钮，装置断电。再按“硅整流投入”按钮，对装置供电，投励插件 5C 即充电，周波积算器同时记下充电时间，直至投励环节动作，装置输出直流电压(刚才调定的 30 V)使 1J 吸合，周波积算器即停止计时，记录的时间在 0. 26 ~ 0. 4 s(13 ~ 20 周)即可，如达不到此要求，可更换投励插件上电阻 16R，阻值变化大致在 180 ~ 360 KΩ 之间。此时，将电源开关 1 K 断开，将周波积算器及直流继电器 1J 从线路中取消，将双刀双开关 2 K 合向“2”位置，将自耦调压器 TB 二次侧电压调至 50 V，再合电源开关 2 K，按“硅整流投入”按钮，因 TB 输出电压为 50 周交流电，4BG 不导通时间只有 0. 01 s，5C 充不到 3BG 峰点电压(V_p)，装置无输出电压，装置直流电压表 V 无指示。

将 TB 输出电压降低，低于 10 V 时，投励环节应动作，装置直流电压表指示出刚才调定的 30 V。如投励环节在 10 V 以上就动作，则可调节投励插件电位器 5 W，直至合适为止(需注意反复调整时，应将万能转换开关由“调定(2)”放到“允许(0)”位置，使移相插件小可控硅 KGZ 关断，再放到“调定(2)”位置继续调整，否则调整参数将不准)。

装置供电后，将示波器接至投励插件插孔 5F 上，示波器出现如图 4-33 波形图，表示 5C 充放电间隔。

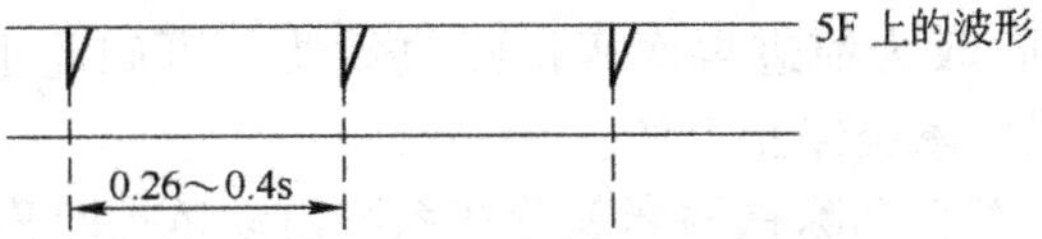

图 4-33　投励插件 5F 上的波形

*第九节　继电 - 接触器控制的应用

一、原矿自动除铁装置电气控制分析

原矿自动除铁装置是选矿系统较为常见的典型电气设备，其自动化程度高，是继电 - 接触器控制与电子技术的综合应用，具有很强的代表性，在多个方面表现了设计的精妙之笔，是不可多得的典型范例。

（一）系统简介与控制要求

某碎矿系统，由皮带运输机自动运送矿料，碎矿圆锥磨将矿料磨细后送下道工序加工，圆锥磨齿为合金材料制成。圆锥磨工作中，矿料内不得有铁块混入，否则将使圆锥磨损坏。为确保圆锥磨正常工作，同时减轻劳动强度，需与皮带运输机配套安装自动除铁装置，将矿料中含混的铁块自动清除。根据生产和控制工艺要求，系统的结构示意图如图 4-34 所示。

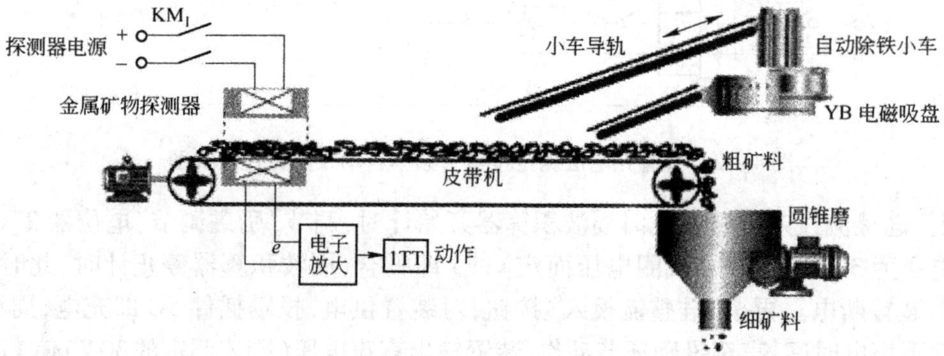

图 4-34　原矿自动除铁装置系统结构示意图

其中，金属矿物探测器的工作原理为：

金属矿物探测器由线圈、铁心等组成“开口”的磁路系统，并在线圈中通入直流电源，使磁路中产生恒定磁场，将皮带机运送的原矿从开口处穿过，当有铁块时→铁心气隙等效长度发生变化→磁路的磁阻发生变化→引起磁通 Φ 变化→在感应线圈中产生感应电势 e，经电子放大→驱动 1TT 继电器动作，发出相应的控制指令。

控制要求为：

1TT 继电器发出控制指令后，自动除铁小车在 4 s 内启动前进，并使小车上的电磁吸盘带电，若小车在 4 s 内不能启动前进则系统停机；当小车行至皮带机正上方时，小车自动停止等待铁块；从小车启动前进并吸附铁块返回设置时间为 10 s，到整定时限 10 s 后，小车自动返回，返回到终端小车停、电磁吸盘 YB 断电，铁块落入收集箱中。

若小车吸附铁块并返回的途中，金属矿物探测器又探出铁块（1TT 再次发出控制指令），则小车自动停止返回，改为前进再次等待吸收铁块。可如此重复，但最多能执行 9 次（90 s），9 次即 90 s 到时限后系统停止工作。

金属矿物探测器和小车自动除铁两套装置在系统启动运行时需同时投运。

此外，为检修及调试方便，要求小车自动除铁装置及金属矿物探测器除上述联动控制外，还能单独启动停止控制，并设置必要的电气联锁等保护环节。

该系统要求自动化程度高、控制准确、反应灵敏，电磁吸力强，能在 700 mm 的高度吸取 5 kg 以下的铁块。

（二）原矿自动除铁装置电气原理图分析

1. 主电路分析

原矿自动除铁装置的电气原理图如图 4-35 所示。M 为驱动小车运行的交流异步电动机，由 KM_3、KM4 控制其正反转（前进、后退）。由于小车的工作属短期工作制，故电机不需设置过载热保护。

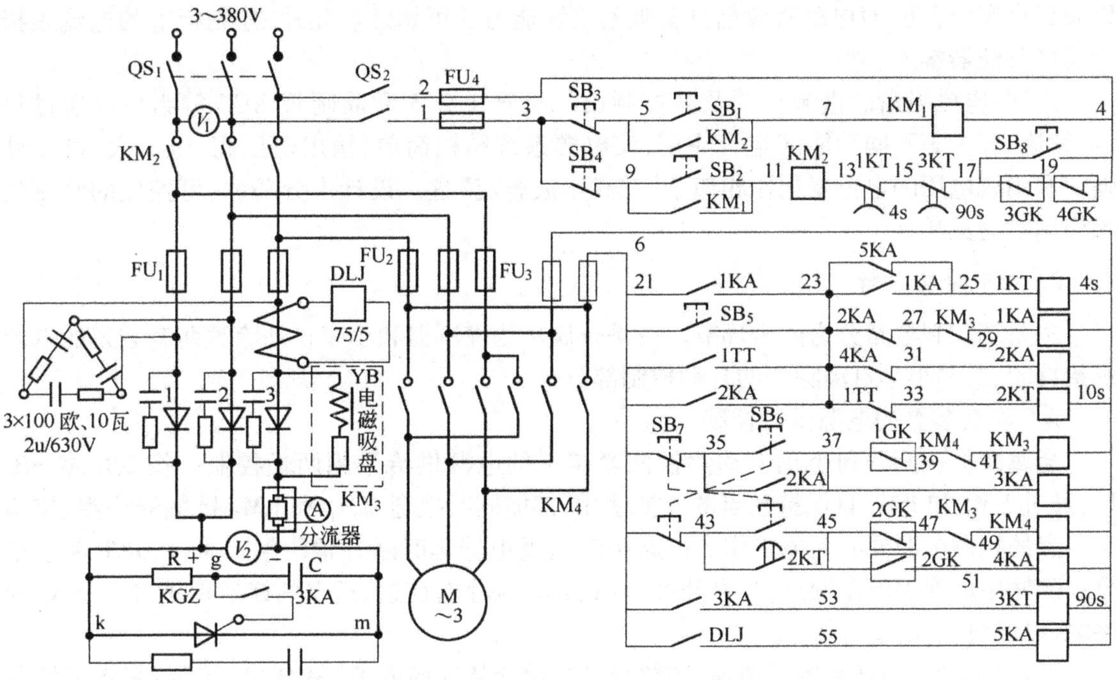

图 4-35　原矿自动除铁装置电气原理图

在电磁吸盘的电源控制环节中，设置了 RC 阻容吸收保护环节。其中，三角形接法的阻容吸收保护环节用于吸收电源的过电压，与各二极管和晶闸管并联的阻容吸收保护环节用于吸收整流换相时的尖峰过电压。

晶闸管 KGZ 在本电路中起开关作用。与晶闸管控制极相联的电阻和电容 RC，构成了触发晶闸管的阻容移相触发电路。当中间继电器 3KA 触点闭合后，晶闸管的阳极—阴极、控制极—阴极之间均承受正向电压，满足导通条件被触发导通，此时整流二极管方可对电磁吸盘整流供电。

二极管 1、2 为整流二极管，3 为续流二极管。如图 4-36 所示，在 $t_1 \sim t_2$ 区间内，1 相电位高于 2、3 相，则 1 相电源经“二极管—KGZ—电磁吸盘”回到 3 相；在 $t_2 \sim t_3$ 区间内，2 相电位高于 1、3 相，则 2 相电源经“二极管—KGZ—电磁吸盘”回到 3 相；在 $t_3 \sim t_4$ 区间内，3 相电位高于 1、2 相，则 3 相二极管与电磁吸盘形成回路，放电续流，反复循环。

电磁吸盘通过电流后，并经电流互感器变换供电流继电器 DLJ 对控制电路实施控制，

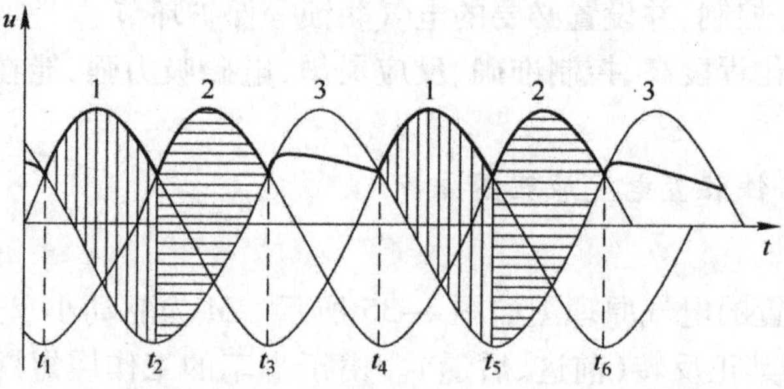

图 4–36　二极管整流工作波形图

以确保小车“行动”时电磁吸盘已具备吸附铁块能力的可靠性。此外，控制柜上的电流表指示需经分流器接入。

点评：电磁吸盘的直流电源及其控制由二极管 1、2、3 和晶闸管 KGZ 等组成。通过整流、续流、开关等不同功能的组合应用，使电源系统结构简单，输出电压高、电流大，可控性强。利用线电压的电位变化作相似于“三相半波整流”这一设计十分巧妙，可控性的整流技术应用较为灵活。

2. 控制电路分析

本系统控制电路分为两个环节。一是金属矿物探测器和小车自动除铁两套装置的电源供给控制；二是小车自动除铁的自动控制部分。

A　两套装置的电源供给控制

金属矿物探测器和小车自动除铁两套装置的电源供给采用两地控制。按 SB_1 或 SB_2 后，通过 KM_1 和 KM_2 自保持触点的互换使用，都能同时接通 KM_1 和 KM_2 接触器线圈，使两套装置的控制电源同时上电工作。电路中时间继电器延时断开常闭触点 1KT、3KT 为小车自动除铁中的保护停车触点；光电开关 3GK、4GK 为小车前进、后退的终端保护开关；SB_8 为终端保护动作后的复位按钮。

点评：本设计两套装置的两地控制很特别，两套装置形成了“捆绑式”控制，简化了控制电路结构。此时的 1KT、3KT、3GK、4GK 各保护环节，串联于 KM_2 线圈支路的功能与串联于 KM_1 线圈支路或总线上的保护功能相同。

B　金属矿物探测器探有铁块后的自动除铁控制

初始状态时，小车在原位，控制电路中光电开关 2GK 已经发生动作，1GK 不动作。

当金属矿物探测器探有铁块后，继电器1TT作瞬间动作，控制电路中常开及常闭触点1TT瞬动

→1KA 通电（若2KA不能正常工作则通过1KT使系统保护停车）

→1KT通电计时（若小车不能正常前进则通过1KT使系统保护停车）

→2KA通电→自保、切断1KA线圈（表明2KA工作正常）

　　→KM_3通电→联锁保护、断开1KA（表明KM_3工作正常）

　　　　→小车前进→到皮带机上方1GK断开，小车停

　　→3KA通电→3KT通电（作系统保护）

　　　　→触点闭合KGZ导通→电磁吸盘带电→DLJ触点动作→5KA通电→5KA常闭触点断→1KT断电（上述动作在1KT定时4s内完成）。

此外，当小车前进离开原位时，光电开关 2GK 动作复位；小车前进到皮带机上方 1GK 断开，KM_3 断电时联锁触点复位；1TT 瞬动其常闭触点复位后→2KT 通电作 10 s 计时，为小车吸附铁块后返回作准备。

当2KT到整定时限后→其延时闭合常开触点闭合→KM_4通电→小车返回→到终端时→2GK动作
→KM_4断电，小车停
→4KA通电→2KA断电→"35~37"断开→3KA断电丢铁块
　　　　　　　　　→自保复位→2KT断电→4KA断电结束。

点评：1TT 瞬动后进行了一系列的顺序逻辑控制，其中还包含了一些逻辑保护环节。全套动作连贯性好，逻辑性和可靠性强。利用 2KA"35～37"常开触点控制小车前进并使电磁吸盘通电工作、利用 2KT 触点"43～45"闭合使小车自动返回，两个触点的巧妙搭配使用是本系统设计的又一亮点。

C　小车吸铁块返回途中又探有铁块后的自动控制

在小车吸附铁块的返回途中，靠 2KT 触点"43～45"闭合使 KM_4 通电返回；靠 2KA"35～37"闭合使 3KA 通电吸附铁块；KM_4 的联锁保护使 KM_3 接触器不能通电。

返回途中再次检有铁块时，继电器 1TT 动作，"21～23"已由 2KA 自保，1TT 常开动作不起作用；1TT 常闭动作→2KT 断电再次计时→触点"43～45"复位→KM_4 断电小车停→联锁保护触点"39～41"复位→KM_3 通电小车前进→皮带机上方 1GK 断开，小车停等待再次吸铁。

当 2KT 到整定时限后→"43~45"闭合→KM_4通电→小车返回→终端 2GK 动作KM_4断电小车停；同时 4KA 通电→2KA 断电→"35~37"断开→3KA 断电丢铁块
　　　　　　　　　　　　　　　→自保复位→2KT 断电→4KA 断电结束。

在第二次吸铁返回途中若又探有铁块后，再次重复上述动作。但从第一次动作后 3KT 通电计时作系统保护，整定时限为 90 s，即 90 s 到时限后系统停止工作，最多能重复执行 9 次。

点评：在小车吸附铁块返回途中又探有铁块后，靠 1TT 常闭触点的瞬间动作切断 2KT 线圈使其触点"43～45"复位实现小车停止返回并改为前进，1TT 常闭触点与 2KT 线圈的配合使用是本系统设计的又一精妙之处。

二、浓缩机自动提升装置电气控制线路

浓缩机(又名浓密机)自动提升装置是选矿、化工常用的典型设备。在选矿行业中用于将低浓度的矿料进行浓缩，分离出高密度的矿料供下一生产工序加工，同时进行清水回收再利用，可有效降低生产成本。

(一) 系统简介

浓缩机结构的示意图如图 4-37 所示。浓缩机池的直径有十多米至数十米，由主传动电机拖动耙子在池底做低速转动，把沉淀的高浓度矿料经耙子刮向池底，浓度较高的矿料经高密矿出口处流出供下一生产工序加工，清水从回水出口处回收。

耙子可由耙子升降电动机拖动实现提升和下放。耙子在低速旋转中若沉淀的高浓度矿料太多，受到的阻力过大时，则拖动耙子转动的主传动电机过载，在主传动继续工作的同时，通

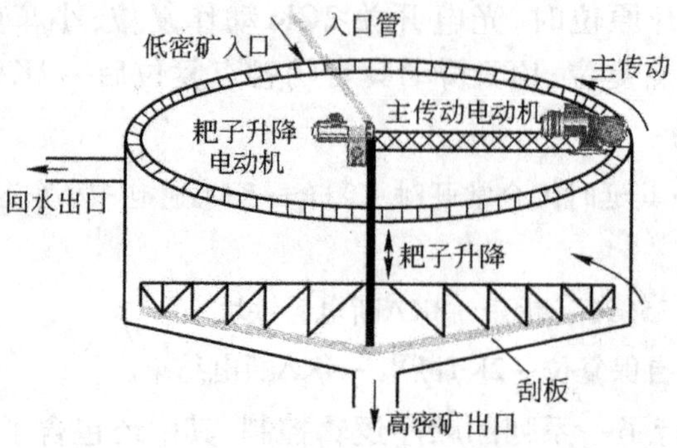

图 4-37　浓缩机结构示意图

过过流继电器动作使耙子边低速转动边缓慢提升；耙子缓慢提升后阻力减小，电机过流减小，直至过电流状态消除后，耙子又边低速转动边缓慢下放。耙子提升和下放均有限位开关进行限位控制。

（二）电气控制

浓缩机自动提升装置电气控制的原理图如图 4-38 所示。

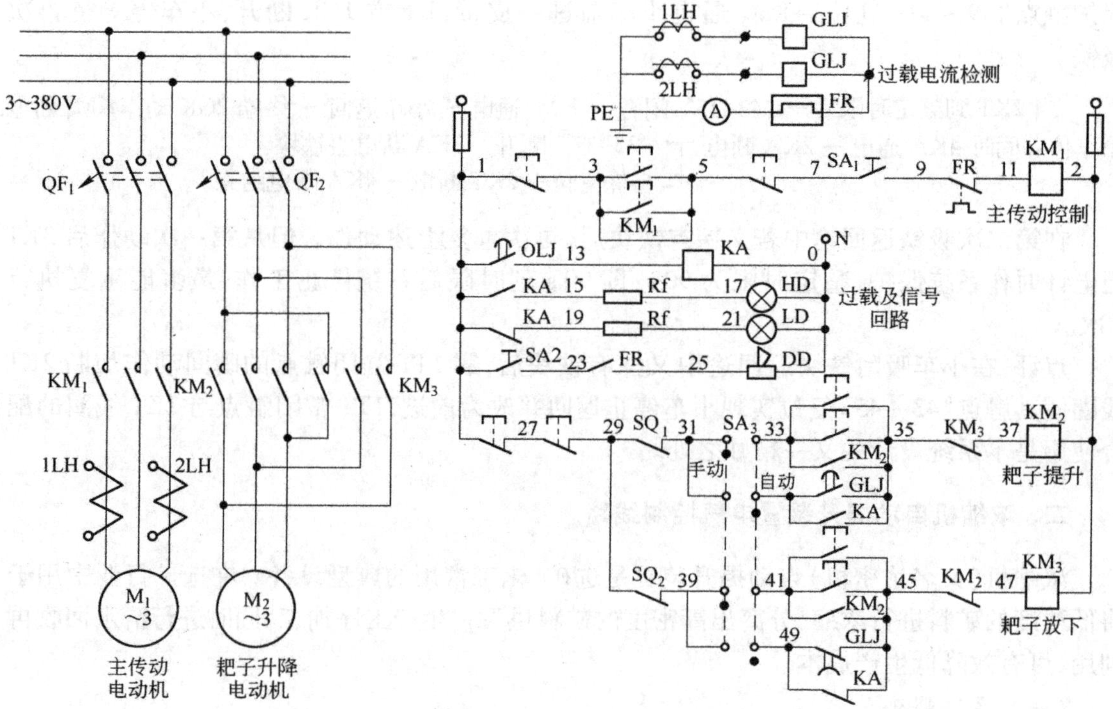

图 4-38　浓缩机自动提升装置电气控制原理图

1. 主电路

两电机使用自动空气开关 QF_1、QF_2 作为隔离开关，并有短路等保护功能。主传动电机单向运行，由交流接触器 KM_1 进行通断控制。电机容量较大，但启动时属重负载启动，一般不使用降压启动，且通过电流互感器1LH、2LH的二次侧接入过流检测控制、过载保护及控制盘上的电流指示。耙子升降电机由KM_2、KM_3进行正反转控制，且属短期工作制，不设热继电器过负载保护。

2. 控制电路

A 元件使用

(1) 过电流继电器GLJ：它是线圈电流高于整定值动作的继电器。是反映输入量为电流的继电器，使用时线圈串联在被测电路中，以反映电路中电流的变化而动作。用于按电流原则控制的场合。正常工作时，线圈电流为额定电流，此时衔铁为释放状态；当电路中电流大于负载正常工作电流时，衔铁才产生吸合动作，从而带动触点动作，控制相应的电路动作。

在本装置的电气控制原理图中，使用了两个过电流继电器分别串入电流互感器1LH、2LH的二次侧回路，它进行相同的检测及控制功能，故其文字符号同名。

(2) 控制按钮：在端子号“1～3”、“3～5”、“5～7”、“1～27”、“27～29”、“33～35”、“41～45”等串联或并联了常开或常闭按钮，同行都知道这是启动及停止且为两地控制，故其文字符号在工程图中也省略了。上述这种不规范的特征在工业现场的应用中会时常见到，通过本例可增强读者对实际应用的适应性。

(3) 安全开关SA_1：普通的单极开关，只有在SA_1闭合后，才能启动主传动电机。类似这种应用较多，还可根据安全级，把SA_1设为操作员或工程师专用的钥匙开关。

(4) 电笛DD：电动机过电流时，通过热继电器FR触点接通电笛DD进行声音报警，不需要报警时断开普通的单极开关SA_2即可。

(5) 信号灯LD、HD：LD为绿色信号灯，电动机正常工作时LD亮。HD为红色信号灯，电动机正常工作但耙子有较大阻力，由过流继电器GLJ动作接通中间继电器KA后HD亮。发出灯光警示信号。

信号灯LD、HD、电笛DD、中间继电器KA均为220 V，检修时应注意其电压等级。

(6) 转换开关SA_3：用于耙子上升或下降控制的“自动”、“手动”选择。设备运行时一般使用“自动”状态，检修和调试时用“手动”状态。

(7) 限位开关SQ_1、SQ_2：SQ_1为耙子提升的上限位，SQ_2为耙子放下的下限位。正常运行时耙子放下到最底，故SQ_2为断开状态，只要耙子不在最底，接触器KM_3线圈都将被接通，升降电动机自动将耙子放下到最底，直到SQ_2动作后才停。

B 电路控制过程

浓缩机自动提升装置电气控制较为简单，控制过程分析读者可作阅图练习。

三、低压双回路备用电源自动切换控制

备用电源的双回路供电多用于6～10 kV以上的高压供配电系统，而要求低压380/220 V三相四线具有备用电源的场合仍然很多（如医院、学校食堂、重要娱乐场所和重要商场等），只是由于低压380/220 V电源的供电半径所限，故低压双回路备用电源供电相对来说应用较少。但是，如果需要备用电源的重点负荷区距离另一线路的配电变压器不太远，仍有条件对低压重点负荷进行双回路备用电源供电。本节介绍了应用继电-接触器实施双回

路备用电源自动切换的供电典型应用。

（一）功能要求

低压双回路备用电源自动切换控制电气的原理图如图 4-39 所示。本系统是对医院和学校食堂实施低压 380/220 V 双回路备用电源自动切换的成功应用，两组电源的连接十分大胆，应用继电－接触器控制技术实施自动控制，控制电路结构简单，可靠性强。具有以下控制功能：

（1）主电源和备用电源的主干线上长期通电，重点负荷区的用电以主电源为首先电源；

（2）当主电源停电时，自动切换并投入备用电源供电；

（3）备用电源运行过程中，若主电源停电后又突然送电，备用电源自动断开并投入主电源供电。

（4）备用电源配电室有电度计量，有必要的短路、过电流等电气保护，安全可靠；

（5）控制系统结构简单，工程量小，易施工易维护，成本低、运行经济。

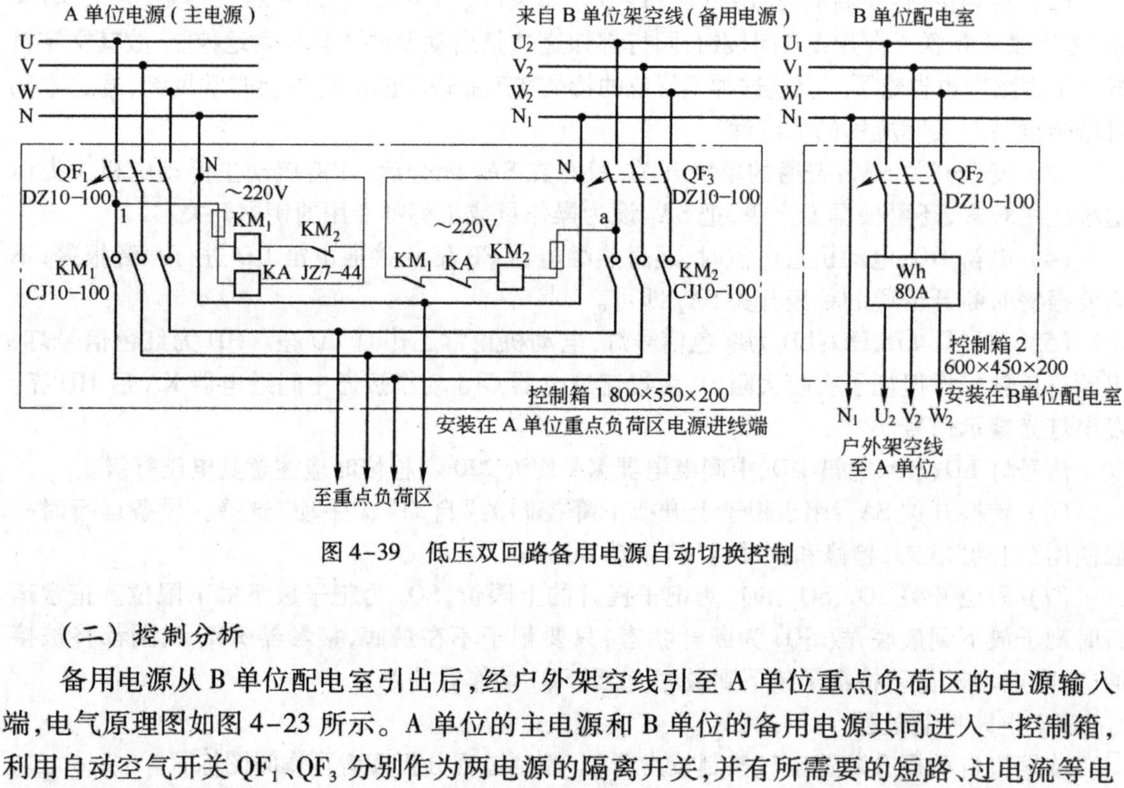

图 4-39　低压双回路备用电源自动切换控制

（二）控制分析

备用电源从 B 单位配电室引出后，经户外架空线引至 A 单位重点负荷区的电源输入端，电气原理图如图 4-23 所示。A 单位的主电源和 B 单位的备用电源共同进入一控制箱，利用自动空气开关 QF_1、QF_3 分别作为两电源的隔离开关，并有所需要的短路、过电流等电气保护功能。通过两个线圈电压为 220 V 的交流接触器 KM_1 和 KM_2 主触点向重点负荷区的用电设备供电，并能带动负荷控制两组电源的接通或断开。

本控制电路的设计简单、精准。两条控制支路分别接入主电源和备用电源，利用 KM_1 和 KM_2 常闭辅助触点作联锁保护，确保两电源“不打架”，保障了控制的安全性和可靠性；利用一支中间继电器 KA 实现自动切换控制。

其控制原理如下：

自动空气开关 QF_1、QF_3 闭合后，只要主电源有电，中间继电器 KA 线圈做通电动作，其

触点断开 KM_2 线圈支路，则备用电源不被接通，KM_1 线圈通电其触点动作接通主电源。一是联锁保护触点使 KM_2 线圈可靠断开，二是 KM_1 主触点动作由主电源对重点负荷区的用电设备供电。当主电源停电时，KM_1 和 KA 线圈断电其常闭触点复位，KM_2 线圈通电，由备用电源对重点负荷区的用电设备供电，并有联锁保护。当主电源又送电时，中间继电器 KA 线圈通电，其触点首先切断 KM_2 线圈的电源，KM_2 触点复位，停止备用电源的供电并使 KM_1 线圈通电，恢复主电源的正常供电，从而实现了以主电源为首选电源的自动切换控制。

本设计按 30 A 负荷量并适当留有余地考虑设备选型，所使用的电气元器件其规格型号在电气原理图中已标出。此外，在 B 单位配电室内单独引出一条回路，并在控制箱 2 中装有 80 A 的电度计量。

习 题

一、问答题

1. 试述 C650 型车床主轴电动机的控制特点及时间继电器 KT 的作用。
2. C650 型车床电气控制具有哪些保护环节？
3. 在 M7130 型磨床励磁、退磁电路中，电器 RP 有何作用？
4. 在 Z3040 型摇臂钻床电路中，时间继电器 KT 的作用是什么？
5. 在 X62 型铣床电路中，电磁离合器 YC_1、YC_2、YC_3 的作用是什么？
6. X62 型铣床电气控制有哪些特点？
7. T68 镗床电气控制有哪些特点？
8. 桥式起重机的电气控制线路中设置了哪些安全保护措施来保证人身安全？
9. 桥式起重机主钩下降的制动下降挡主要用于哪些情况？

二、分析题

1. 当 M7130 型磨床工件磨削完毕，为使工件容易从工作台上取下，应使电磁吸盘去磁，此时应如何操作，电路工作情况如何？
2. Z3040 型摇臂钻床在摇臂升降过程中，液压泵电动机 M_3 和摇臂升降电动机 M_2 应如何配合工作，并以摇臂上升为例叙述电路工作情况。
3. 在 Z3040 型摇臂钻床电路中 SQ_1、SQ_2、SQ_3 各行程开关的作用是什么？结合电路工作情况说明。
4. X62 型铣床电气控制具有哪些联锁与保护，为什么要有这些联锁与保护，它们是如何实现的？
5. X62 型铣床进给变速能否在运行中进行，为什么？
6. X62 型铣床主轴变速能否在主轴停止时或主轴旋转时进行，为什么？
7. 试述 T68 型铣床主轴电动机 M_1 高速启动控制的操作过程及电路工作情况。
8. T68 型镗床电路中行程开关 $SQ_1 \sim SQ_6$ 各有什么作用？安装在何处，它们分别由哪些操作手柄控制？
9. 在 T68 镗床电路中时间继电器 KT 有何作用，其延时长短有何影响？
10. 在 T68 镗床电路中接触器 KM_3 在主轴电动机 M_1 什么状态下不工作？
11. 试述 T68 镗床快速进给的控制过程。
12. 桥式起重机为什么多选用绕线转子异步电动机拖动？
13. 根据图 4-16 所示桥式起重机的电路图，分析主令控制器手柄置于下降位置“J”挡时，桥式起重机的工作过程。

14. 压入式水泵自动控制电气设备及其系统组成如题图 4-1 所示。水泵的排气灌水已通过“压入式”自行完成，由于变压器容量所限不能直接启动，需考虑自耦变压器降压启动措施，自动开关闸等要求与题图 4-1 系统相同，试提出电气控制原理图的设计方案。

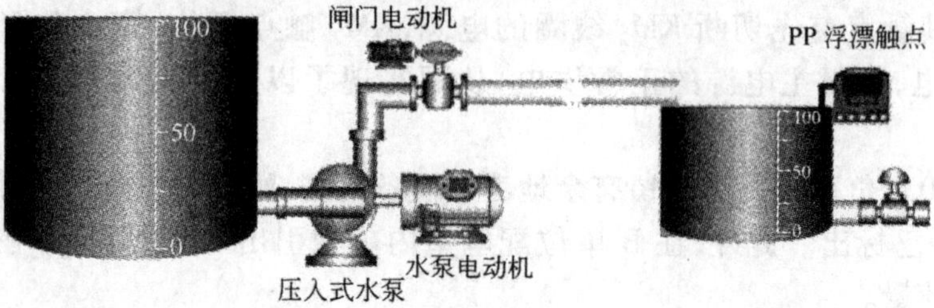

题图 4-1

附　　录

常用电器、电动机的图形符号与文字符号

摘自 GB/T 4728.2～4728.13—1996～2000 和 GB/T 7159—1987。

附表　常用电器、电动机的图形符号与文字符号

类别	名称	图形符号	文字符号	类别	名称	图形符号	文字符号
开关	单极控制开关	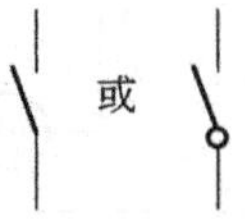	SA	行程开关	复合触头		SQ
	手动开关一般符号	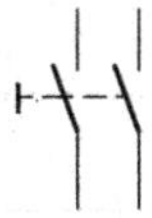	SA	熔断器	熔断器		FU
	三极控制开关	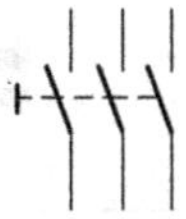	QS	按钮	常开按钮		SB
	三极隔离开关	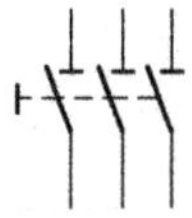	QS		常闭按钮		SB
	三极负荷开关	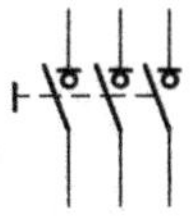	QS		复合按钮	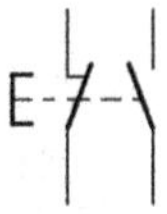	SB
	组合开关	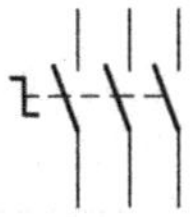	QS	接触器	线圈	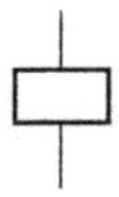	KM
	低压断路器	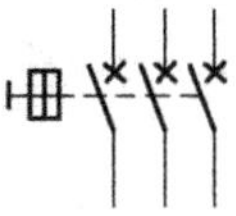	QF		常开主触头	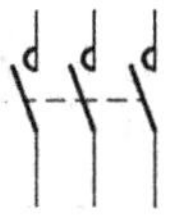	KM
行程开关	常开触头		SQ		辅助常开触头		KM
	常闭触头		SQ		辅助常闭触头		KM

续附表

类别	名 称	图形符号	文字符号	类别	名 称	图形符号	文字符号
热继电器	热元件	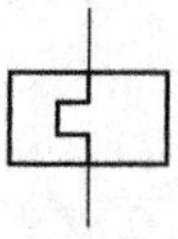	KH	电动机	三相绕线异步电动机		M
	常闭触头	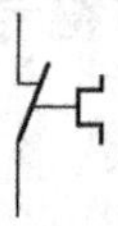	KH		他励直流电动机		M
中间继电器	线圈	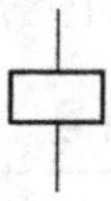	KA		并励直流电动机	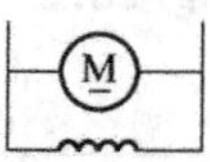	M
	常开触头		KA		串励直流电动机	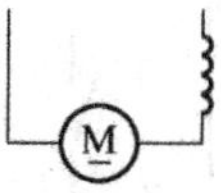	M
	常闭触头		KA	时间继电器	通电延时线圈	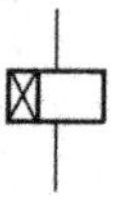	KT
电流继电器	过电流线圈	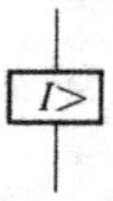	KA		断电延时线圈	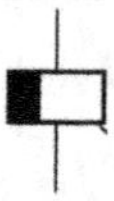	KT
	欠电流线圈		KA		瞬时常开触头		KT
	常开触头		KA		瞬时常闭触头		KT
	常闭触头		KA		延时闭合的常开触头		KT
灯	信号灯指导灯		HL		延时断开的常闭触头		KT
	照明灯		EL		延时闭合的常闭触头		KT
电动机	三相笼型异步电动机		M		延时断开的常开触头	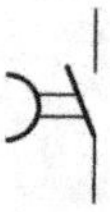	KT

续附表

类别	名 称	图形符号	文字符号	类别	名 称	图形符号	文字符号
电压继电器	过电压线圈		KV	接插器	插头插座		X 插头 XP 插座 XS
	欠电压线圈		KV	电抗器	电抗器		L
	常开触头		KV	互感器	电流互感器		TA
	常闭触头		KV		电压互感器	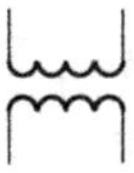	TV
发电机	发电机		G	变压器	单相变压器	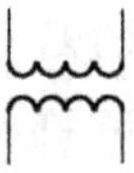	TC
	直流测速发电机		TG		三相变压器	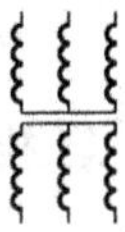	TM
非电量控制的继电器	速度继电器常开触头	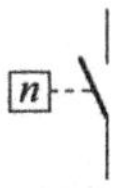	KS	电磁操作器	电磁离合器	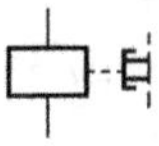	YC
	压力继电器常开触头	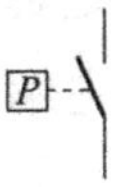	KP		电磁制动器	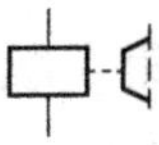	YB

冶金工业出版社部分图书推荐

书　名	作　者	定价(元)
变频器基础及应用（第2版）	原　魁　等编著	29.00
大数据挖掘技术与应用	孟海东　宋宇辰　著	56.00
电工基础	王丽霞　刘　霞　主编	25.00
电工与电子技术（第2版）	荣西林　肖　军　主编	49.00
电力电子变流技术	曲永印　主编	28.00
电力电子技术	杨卫国　肖　冬　编著	36.00
电路理论（第2版）	王安娜　贺立红　主编	36.00
电路原理	梁宝德　主编	29.00
电气传动控制技术	钱晓龙　闫士杰　主编	28.00
电气传动控制系统	钱晓龙　主编	35.00
电气传动系统综合实训教程	王华斌　主编	29.00
电气控制技术与PLC	刘　玉　主编	45.00
电气控制及PLC原理与应用	吴红霞　刘　洋　主编	32.00
电子技术及应用	龙关锦　仇礼娟　主编	34.00
电子技术实验	郝国法　梁柏华　编著	30.00
电子技术实验实习教程	杨立功　主编	29.00
工厂电气控制技术	刘　玉　主编　严之光　副主编	27.00
工厂电气控制设备	赵秉衡　主编	20.00
工厂系统节电与节电工程	周梦公　编著	59.00
工程制图与CAD	刘　树　主编　李建忠　副主编	33.00
工程制图与CAD习题集	刘　树　主编　李建忠　副主编	29.00
工业企业供电（第2版）	周　瀛　李鸿儒　主编	28.00
机电工程控制基础	吴炳胜　主编	29.00
控制工程基础	王晓梅　主编	24.00
模拟电子技术项目化教程	常书惠　王　平　主编	26.00
数字电子技术	谭文辉　李　达　主编	39.00
数字电子技术基础教程	刘志刚　陈小军　主编	23.00
维修电工技能实训教程	周辉林　主编	21.00
无线供电技术	邓亚峰　著	32.00
自动检测和过程控制（第4版）	刘玉长　主编	50.00
自动控制原理（第4版）	王建辉　等主编	32.00